本教材第二版获首届全国教材建设奖全国优秀教材一等奖

注塑模具 CAD/CAE/CAM综合实训

（第三版）

主　编　王正才

副主编　肖国华　吴银富　商建方
　　　　黄宏辉

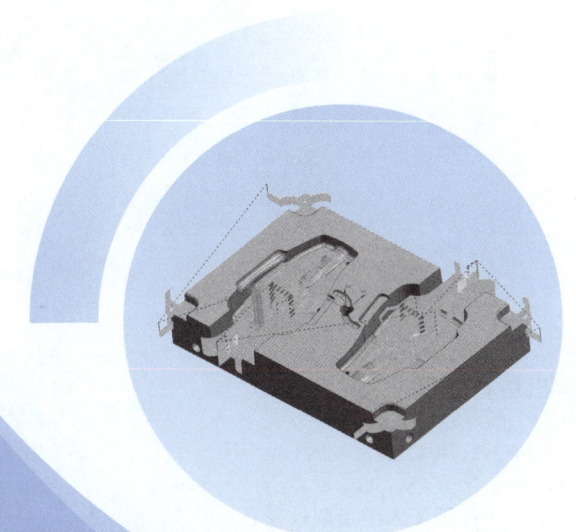

大连理工大学出版社

图书在版编目(CIP)数据

注塑模具 CAD/CAE/CAM 综合实训 / 王正才主编.
3 版. -- 大连 : 大连理工大学出版社, 2024.8.
ISBN 978-7-5685-5080-2

Ⅰ. TQ320.66-39

中国国家版本馆 CIP 数据核字第 20243VT432 号

大连理工大学出版社出版

地址:大连市软件园路 80 号　邮政编码:116023
电话:0411-84708842　邮购:0411-84708943　传真:0411-84701466
E-mail:dutp@dutp.cn　URL:https://www.dutp.cn
大连日升印刷有限公司印刷　　　　　大连理工大学出版社发行

幅面尺寸:185mm×260mm　　印张:15.25　　字数:370 千字
2014 年 7 月第 1 版　　　　　　　　　　　2024 年 8 月第 3 版
2024 年 8 月第 1 次印刷

责任编辑:刘　芸　　　　　　　　　　责任校对:吴嫒嫒
　　　　　　　　　封面设计:张　莹

ISBN 978-7-5685-5080-2　　　　　　　　定　价:55.00 元

本书如有印装质量问题,请与我社发行部联系更换。

前 言

本教材根据教育部《高等职业学校专业教学标准》的要求，以科学发展观为指导，围绕现代职业教育体系建设，坚持行业指导、企业参与、校企合作的教材"双元"开发机制，由企业专家和高职教学名师组成编写团队编写而成。

本教材全面贯彻党的二十大精神，落实立德树人根本任务，在每个项目的开篇设置了蕴含思政元素的"素质目标"，旨在加强学生的素质教育，培养爱岗敬业、精益求精、勇于创新的工匠精神；优化了模具设计前的准备等相关内容，坚持问题导向，并由此制定出切实可行的开发工作计划和设计方案，针对不同的新产品及其工艺要求，提出解决实际问题的有效方法；完善了模具设计优化的思考与实践等相关内容，旨在培养学生诚信、敬业、科学、创新的良好职业素养。

本教材突出企业真实模具的生产过程，以在行业最新版主流软件平台上设计与制造典型模具的详细操作步骤和小组成员合作完成模具设计与制造的训练过程为主线，便于实现教、学、做一体化，有利于教师的教学和学生的自主学习。

本教材在项目化情境教学中融入企业生产要求和文化，参照企业的设计流程，采用来源于生产一线的实用、鲜活的案例构建完整的学习体系，营造真实的企业工作情境。本教材的内容涉及模具设计、模流分析与数控编程这三项模具专业核心技能，其中在模具主要零件的制造部分特别设置了三坐标检测方面的内容，以使学生了解模具制造的精度要求，增强学生的质量控制意识。教材通过一副典型模具将CAD/CAE/CAM贯穿于模具设计与制造的全过程，在边学边做的过程中培养学生分析问题和解决问题的能力，同时使学生具备良好的职业素养。

本教材由七个项目组成，具体包括：综合实训的策划；模具设计前的准备；模具设计；模具的设计评审与生产备料；模具主要零件的制造；模具的装配；模具的试模与验收。附录部分给出了50个可用于模具设计与制造训练的制件模型，以培养学生设计与制造中等及以上复杂程度塑料模具的综合运用能力。

本教材由宁波职业技术学院王正才任主编，浙江工商职业技术学院肖国华及宁波职业技术学院吴银富、商建方和宁波远东制模有限公司黄宏辉任副主编。具体编写分工如下：王正才编写项目一、项目二、项目三（任务一、三～十一）、项目五（任务一～四）、项目七、附录；肖国华编写项目三（任务二）；吴银富编写项目五（任务五）；商建方编写项目六；黄宏辉编写项目四。全书由王正才负责统稿和定稿。

在编写本教材的过程中，我们参考、引用和改编了国内外出版物中的相关资料以及网络资源，在此对这些资料的作者表示诚挚的谢意。请相关著作权人看到本教材后与出版社联系，出版社将按照相关法律的规定支付稿酬。

尽管我们在教材特色的建设方面做出了许多努力，但由于编者水平有限，书中仍可能存在一些疏漏和不妥之处，恳请各教学单位和读者在使用本教材时多提宝贵意见，以便下次修订时改进。

编　者

所有意见和建议请发往：dutpgz@163.com

欢迎访问职教数字化服务平台：https://www.dutp.cn/sve/

联系电话：0411-84708979　84707424

目　录

项目一　综合实训的策划 ·· 1
任务一　了解课程实施流程 ··· 1
任务二　明确实训总任务 ··· 4
任务三　了解模具企业的生产运作流程 ··· 5

项目二　模具设计前的准备 ·· 7
任务一　产品可行性（技术要求）分析 ··· 7
任务二　报价、签合同 ··· 8
任务三　熟悉整体模具设计流程 ··· 12

项目三　模具设计 ·· 14
任务一　模具可制造性设计（DFM）分析 ·· 14
任务二　模具方案的确定及 CAE 分析 ··· 18
任务三　2D 布局设计 ··· 31
任务四　模具分型设计 ··· 64
任务五　模架与标准件设计 ··· 84
任务六　浇注系统设计与 CAE 分析 ··· 87
任务七　侧向分型机构与侧抽芯机构设计 ··· 96
任务八　冷却系统设计 ··· 102
任务九　推出机构设计 ··· 103
任务十　电极设计 ··· 106
任务十一　模具工程图绘制 ··· 114

项目四　模具的设计评审与生产备料 ············ 117

　　任务一　模具的设计评审 ············ 117

　　任务二　模具的生产备料 ············ 119

项目五　模具主要零件的制造 ············ 120

　　任务一　凹模的编程加工 ············ 120

　　任务二　模具型芯的编程加工 ············ 141

　　任务三　模具滑块的编程加工 ············ 157

　　任务四　电极的编程加工 ············ 168

　　任务五　三坐标检测 ············ 181

项目六　模具的装配 ············ 199

项目七　模具的试模与验收 ············ 204

　　任务一　试　模 ············ 204

　　任务二　常见注塑制品的缺陷及其解决方法 ············ 206

　　任务三　模具的验收 ············ 208

参考文献 ············ 210

附　录　模具设计与制造案例 ············ 211

本书配套数字资源

序号	资源名称	二维码	页码	序号	资源名称	二维码	页码
1	CAE 模流分析		18	12	电极图绘制		113
2	模具排位与分型设计		65	13	型腔铣粗加工(1)		122
3	模架与标准件设计		84	14	型腔铣粗加工(2)		122
4	模具标准件调用		85	15	型腔平面区域精加工		122
5	浇注系统设计		87	16	型腔半精加工		122
6	滑块设计(1)		96	17	型腔精加工		122
7	滑块设计(2)		96	18	型腔流道加工		122
8	滑块设计(3)		96	19	型芯粗加工		141
9	冷却系统设计		102	20	型芯二次粗加工		141
10	镶件和顶出系统设计		103	21	型芯侧壁精加工		141
11	电极 3D 设计		106	22	型芯平面精加工		141

续表

序号	资源名称	二维码	页码	序号	资源名称	二维码	页码
23	型芯加强筋加工		141	28	滑块两侧精加工		158
24	型芯点孔加工		141	29	滑块半精加工		158
25	型芯流道加工		141	30	滑块精加工		158
26	滑块零件新建与分析		158	31	电极编程加工		169
27	滑块零件开粗		158				

项目一

综合实训的策划

知识目标

1. 了解整套模具的设计与制造流程,并能进行合理安排。
2. 对各加工工艺方法所用的时间进行合理估算。
3. 采用合理的加工工序,以达到降低模具制造难度、节省制造时间的目的。

能力目标

1. 具备团队协作精神,团队成员能够合理分工以完成模具开模策划。
2. 具备策划、协调、沟通能力。

素质目标

1. 明确任务,结合模具企业生产实际,培养积极主动、善于沟通的能力,具备良好的合作能力及团队精神。
2. 了解国内模具设计软件的现状,坚持自信自立,具有家国情怀,立志技能报国、振兴中华。

任务一 了解课程实施流程

模具设计与制造综合实训是模具设计与制造专业的核心课程,该课程的内容包括注塑模具、冲压模具、压铸模具等的设计与制造,其中注塑模具 CAD/CAE/CAM 综合实训是该课程的重要组成部分。该课程采用理实一体化的教学方法,将学生的学习过程与模具的实际制造过程有机结合在一起,经过多年的教学改革与实践,使教学设计与教学实践过程基本一致,达到了预期的教学效果。

该课程的学习目标如下:运用 CAD/CAM 技术和现代制造技术,利用现有的加工设备,模拟真实的生产场景,在实训教师的指导下,完成模具从图纸到零件的生产过程,进一步综合运用所学知识,掌握模具设计方法、模具典型零件的制造工艺规程编制、工序分析等基本方法;掌握典型模具零件数控加工编程与操作的基本方法、电火花与线切割操作的基本方法及普通机械加工方法;掌握模具装配工艺过程、模具装配调试的基本方法;熟悉模具制造企业的设计部门、技术测量部门、装配车间的工作流程和内容;通过小组讨论、分工协作、总结汇报,培养团队合作精神,全面提高自身的综合素质。该课程的实施流程见表1-1-1。

表 1-1-1　　　　　　　　　　课程实施流程

实训主要内容	教学实施步骤	时间安排
分小组,布置任务	(1)模具设计与制造综合实训介绍 (2)组织学生自愿分组(8～10人为一组) (3)学生根据塑料制件的零件图或造型图,分析其加工工艺性及材料的工艺性能 (4)讨论模具类型及设计方案	第1～3天
制订模具设计方案	(1)模具设计方案的策划、比较、分析,确定初步方案 (2)模具设计方案的论证	第4～5天
教师点评与学生互动	(1)各小组提交工艺方案及可制造性分析 (2)小组讨论 (3)教师对方案合理性进行点评 (4)小组成员组内实训任务的具体分配	第6～8天
模具结构设计策划	(1)确定模具的主要结构 (2)校核注塑机技术参数 (3)合理选择标准模架及其他标准件	第9天
模具零件数字化建模	(1)使用UG软件(或Pro/E软件)进行模具3D结构设计建模 (2)模具零件三维实体建模	第10～11天
生成工程图	(1)2D排位设计及由三维装配图生成二维工程图 (2)工程图中视图、尺寸及技术要求(公差、表面粗糙度等)的调整 (3)材料及热处理工艺的确定	第12～14天
模具装配图	模具装配及结构调整	第15天
答辩与评定成绩	(1)学生答辩 (2)教师点评模具结构的合理性、模具设计的要点 (3)对本模具的设计部分进行成绩评定 (4)各小组根据教师的点评进行方案修正	第16～18天
分组讨论,确定模具零件生产工艺方案	(1)教师指导学生了解模具典型零件的加工工艺过程和技术参数的要求 (2)各小组收集有关资料,讨论并确定模具典型零件的生产工艺方案 (3)各小组讨论、记录、整理生产工艺方案	第19～21天
教师点评与学生互动	(1)各小组提交工艺方案(草稿),教师进行修正 (2)教师点评各小组的讨论记录,分析典型问题	第22～23天
绘制毛坯,编制工艺卡	(1)学生选择毛坯,绘制毛坯草图,教师进行过程控制 (2)编制模具加工工艺过程卡	第24～25天
编制工序卡	(1)学生了解模具工作零件的制造特点 (2)学生完成工序卡的编制 (3)教师完成相应项目的考核记录	第26天

续表

实训主要内容	教学实施步骤	时间安排
答辩与评定成绩	(1)学生整理所有工作文件,按组进行考核,如成员之间的协作状况、完成工作任务的质量、有无工艺设计亮点等 (2)给出模具零件加工工艺部分的成绩	第27天
熟悉车间,分组讨论	(1)学生全面了解模具实习车间、数控车间,接受安全教育 (2)学生熟悉机床、刀具、量具,分组讨论并确定切削加工参数 (3)教师进行过程控制,对典型和普遍的问题进行讲解	第28~29天
加工程序的编写与调试	(1)模具工作零件数控加工程序的自动或手动编写 (2)程序的导入或直接输入 (3)程序的模拟与调试	第30~31天
模具零件机加工	(1)数控车间、模具车间现场及设备安全操作规程的教育 (2)毛坯、工件、刀具、量具的领取 (3)完成模具零件热处理前的粗加工 (4)机床的打扫、清洁等现场的"7S"管理	第32天
模具钳工加工	(1)螺纹孔、销钉孔等孔系加工 (2)检验方案的制订 (3)按工艺卡及图纸进行检验 (4)机床的打扫、清洁	第33天
零件热处理	(1)学习热处理工艺规范 (2)淬火炉加热 (3)零件淬火 (4)零件回火 (5)检验零件是否达到热处理标准 (6)场地的打扫、清洁	第34~35天
零件精密磨削	(1)完成模具零件热处理后的精密磨削 (2)按工程图检验尺寸和技术要求 (3)零件检验 (4)填写检验文件 (5)学生整理所有工作文件 (6)归还所有量具、工具 (7)机床的打扫、清洁	第36~37天
答辩与评定成绩	(1)学生答辩 (2)教师点评模具加工方法的合理性及模具零件检验的要点 (3)对本模具零件的加工部分进行成绩评定	第38天
分组讨论,确定装配工艺流程	(1)读模具装配图,明确模具装配技术要求 (2)确认模具装配质量的解决方案 (3)明确模具与成型设备的连接、固定方式 (4)分析模具装配的先后顺序,确定装配基准 (5)确定模具工作零件的固定方法 (6)学生小组讨论、记录、整理装配工艺流程	第39~40天

续表

实训主要内容	教学实施步骤	时间安排
教师点评与学生互动	(1)每位学生就装配工艺流程发言,教师点评,答疑并分析,解决典型问题 (2)学生完善装配工艺流程 (3)装配任务分配 (4)选择并领取装配、检测工具及模具标准件	第41天
模具装配图	(1)检验自制件是否合格 (2)模架的装配及检测 (3)上模(定模)装配 (4)下模(动模)装配 (5)上、下模合模,调整相对位置,保证间隙 (6)总装配完成后进行检查:活动件的动作是否可靠;是否满足装配图的其他技术要求,并进行合理修配	第42天
模具试模	(1)成型机操作、工具装配、安全要求讲解 (2)模具安装 (3)试模 (4)制件检验 (5)分析缺陷产生的原因及解决方法 (6)模具调整、成型机参数调整 (7)模具重新安装 (8)再次试模 (9)填写试件的检验报告	第43~44天
答辩与评定成绩	(1)学生陈述:模具的装配过程;自己承担内容的工作过程;试模件不合格的原因及解决方法 (2)教师提问与总结 (3)根据学生装配过程的表现、答辩情况、完成工作任务的质量、协作情况等评定成绩	第45天

任务二 明确实训总任务

模具设计与制造综合实训课程的总任务如下：
(1)每组完成一副以上真实模具的制作,完成企业下达的临时性模具开发制造任务。
(2)每个学生完成一套模具设计二维图纸的绘制,包括总装图、零件工程图。
(3)每个学生完成整套模具的三维设计。
(4)每个学生完成一份模具设计说明书的撰写。
(5)每组学生完成一份真实模具CAE模流分析报告的撰写(至少含四种以上方案并进行比较)。
(6)每个学生完成模具成型零件及主要结构零件加工工艺过程卡的编制。
(7)每个学生完成一张注塑成型工艺卡的编制。
(8)每个学生结合自己的任务,完成一份PPT汇报材料的撰写,以备答辩。
(9)每个学生完成课堂笔记。

本课程分小组开发一副模具和每个学生设计一副模具这两条主线同步进行,将课堂教学和学生作业有机结合起来。

本任务要求学生了解以上实训总任务的具体要求,明确实训要达到的目标。

任务三　了解模具企业的生产运作流程

1. 产品结构审核
接到产品实物或图纸后,由模具设计员全面检查产品零件的工艺结构、脱模、质量要求等细节,如有问题,则应与产品设计者沟通并对产品的结构进行合理更改。

2. 模具结构布局
由模具负责人(模具钳工组长)、模具设计员、主管(模具车间主任)三方论证确定,若意见不统一,则少数服从多数。具体工作由模具设计员填写材料采购单,主管审核,文员登记采购。

3. 模具 3D 设计
模具设计员负责具体模具设计,设计中细节如有问题,则应与模具负责人协商解决。若两人意见不统一,处理方案确定困难,则要与主管再次协商确定。

4. 设计与制造的统一
模具设计员必须对模具设计的合理性和加工图纸的正确性负责,所承担的责任与模具负责人的责任等同。模具生产加工一律按图施工,不得随意更改。设计与制造必须正确、统一,这是做好模具的先决条件。

5. 出模具图纸
模具设计完毕,应绘制出相应的结构图、推杆加工图,并一律由模具负责人审核签字,图纸审批合格后方可发送车间进行普通加工和数控加工。

6. 加工流程的确定
一般作业顺序:模具设计→材料订购→来料检验→铣削加工→磨削加工→数控编程→数控加工(CNC)→线切割加工(W/C)→电火花加工(EDM)→孔系加工→抛光→模具装配→试模→样件检测→改模→再次试模→样件合格→模具入库。

模具负责人对加工工艺负全部责任,每一道工序的加工必须做到尺寸到位、形状准确(特别是形状有要求的)。模具负责人参与模具设计的最终目的是更合理地安排加工工艺。

7. 按图操作加工
各工种加工组的成员是模具加工工艺的实际操作者,应服从各模具组长加工任务的安排。一般按工艺要求的先后顺序进行零件加工,特殊情况下须由主管在加工图上审核签字后方可提前加工。

8. 毛坯基准的确定
模具工件发送到各工种加工组后,必须先在模板上正确、清楚地标好基准,并与加工示意图和相关加工图纸保持一致,以免影响加工中心、线切割机或车床等加工。要有正确的观念,不做无数据的主观加工,避免做一步看一步的模糊加工。

9. 异常情况处理
各加工组一律按工件基准、模具零件图纸加工,拒绝按照模糊图纸、当事人口令进行加工。要严格按上一道工序的图纸指令或负责人图纸指令进行加工,发现问题或加工失误要及时与开模负责人汇报,然后方可再次加工,并确保加工基准准确。

10. 数控加工

对工件进行数控加工前,模具负责人要配合编程者做加工工艺指导,如碰穿、拆穿、余量缩放、三维电极规划等。放电加工前领取电极,并对其拔模斜度进行检测后方可加工。

11. 过程监控

当模具负责人在加工中途确实发现问题时,必须经模具设计员更改后方可继续加工,模具设计员全权负责中途数据更改,以确保模具的准确加工。一定要注意避免由于没有及时更改而导致加工出错所造成的经济损失。

12. 具有预见性

模具负责人对模具的实际制造要有一定的预见性。根据"加胶容易减胶难""配合尺寸宁紧勿松"等原则,对实际加工误差留一定的余量,以方便后续修整,这是做好模具的必要手段。

13. 牢记加工基准的重要性

在飞模(合模修配)之前要再次检查加工基准(加工基准越少越好),复查各模具零件加工后的实际尺寸,做到了如指掌,然后修正各相关配合尺寸。思想上要意识到,经验固然重要,但数据比经验更重要,一切主观意识都应服从实际尺寸。

14. 生产计划安排

模具负责人对模具加工时间负全部责任,对工作进程中遇到的实际困难,要提前提交给主管并进行协商,找出解决问题的具体办法并实施。如果加工组中个别人员不配合,则模具负责人有权投诉,直到问题顺利解决,确保生产正常进行。

15. 分工职责

模具设计员与模具负责人对模具生产和加工效益负全部责任。模具设计员主要负责确保图纸正确,指导数控工艺准备。模具负责人主要负责模具的生产调度、工艺安排、模具进度控制,确保本组人员安全、文明生产。

16. 车间管理

车间主管总负责车间内的安全与文明生产、各区域卫生、模具生产总调度、各组生产配合、模具成本控制、材料进出、外协加工、机床保养、劳动纪律监督等。

上述规定是发生纠纷、事故时进行责任认定的依据。对于违反上述规定且造成重大损失者,将从严追究责任,进行经济处罚,甚至开除出厂。

项目二

模具设计前的准备

知识目标

1. 掌握制件模具设计有关的结构工艺性知识。
2. 了解模具生产成本知识,熟悉模具生产流程。

能力目标

1. 具备对塑料制件进行结构可行性分析的能力,并能根据产品特征进行合理的结构设计。
2. 能进行模具生产成本核算,并具备安排模具开发生产计划的能力。

素质目标

1. 通过完成模具设计前的准备工作,坚持问题导向,制订出切实可行的工作计划,提出解决实际问题的方法。
2. 通过报价、合同签订的学习,培养严谨、规范、认真细致的工匠精神。

任务一 产品可行性(技术要求)分析

一、产品制件的技术要求概要

(1) 材料:ABS。
(2) 材料收缩率:0.5%。
(3) 技术要求:表面光洁无毛刺、无缩痕,浇口不允许设在产品外表面。
(4) 原始数据:参照制件二维工程图及三维数据模型。

二、模具结构设计要求

(1)模腔数：一模两腔，平衡布置。
(2)成型零件收缩率：0.5%。
(3)模具能够满足制件全自动脱模方式要求。
(4)优先选用标准模架及相关标准件。
(5)以保证模具质量和制件生产率为前提条件，兼顾模具的制造工艺性及制造成本，充分考虑模具的使用寿命。
(6)保证模具使用时的操作安全，确保模具修理、维护方便。
(7)设计时要参照热塑性塑料注塑机的规格型号及主要技术参数（相关资料），将其作为选择注塑机的依据。模具应与注塑机相匹配，保证安装方便、安全可靠。

三、主要零件加工要求

(1)加工用毛坯材料为 P20，尺寸规格为 180 mm×130 mm×40 mm、180 mm×130 mm×50 mm（均已六面磨削加工）。
(2)以模具主要型腔和型芯零件作为加工任务，其形状、精度等参照模具设计的三维数模及二维工程图。

四、模具 CAE 分析要求

(1)将提供的原始产品数据文件作为 CAE 分析的依据，并对各个不同的模具设计方案进行分析。
(2)分析结果并保存，根据分析结果优化模具设计方案，生成分析报告。

任务二 报价、签合同

一、模具报价

模具报价时，通常采用两种不同的价格处理方法，即新产品价格与老产品（相似的产品）价格。

报价前需要列出用来核算模具成本的报价单，报价单包括材料费、标准件费、辅助材料费、加工费（主要加工）、设计费、管理费、其他费用、利润、税收等。

项目二　模具设计前的准备

如果该产品为老产品,则要根据以前多次制作发生的费用成本核算体系来定价。如果该产品为新产品,则可根据工程部研讨的数据进行报价。模具报价单示例见表 2-2-1。

表 2-2-1　　　　　　　　　　　　模具报价单示例

宁波××模具制造有限公司模具报价单 Mold Quotation Form					项目名称 Project	
					联系人 Attention	
					电话　Tel	
模具名称 Mold Specification		型腔数量 Cav.			产品零件号 Part No.	第一次试模时间 T1 time
		2				45 天
产品大小 Part Size/(mm×mm×mm)		产品质量 Part Weight/g			数据文件名 Drawing No.	
110×140×52						
模具外形尺寸 Mold Size/(mm×mm×mm)		模具质量 Mold Weight/kg			模具寿命 Longevity(模次)	设备吨位 Press/t
400×400×301		300			200 000	
加工材料费 Machining Material Cost	项目 Item	牌号 Specification	尺寸 Size/(mm×mm×mm)	质量 Weight/kg	金额 Price/元	小计 Subtotal/元
	模架 Mold Base	S50C	400×400×301	226.83	4 083.00	12 570.79
	型芯 Core	P20	230×220×90	35.75	893.72	
	型腔 Cavity	P20	230×220×85	33.76	844.07	
	电极 Electrode	石墨和紫铜	×	×	40.00	2 400.00
	滑块 Slide	P20	×	×	10.00	350.00
	其他材料	P20	×	×	200.00	4 000.00
热处理费 Heat Treatment Cost	项目 Item	质量 Weight/kg	单价 Unit Price/元		金额 Price/元	小计 Subtotal/元
	调质 Tempered	20	4.00		80.00	480.00
	淬火 Hardened	20	20.00		400.00	
	氮化 Nitriding					

续表

	项目 Item	规格型号 Specification	品牌 Supplier	数量 Number	金额 Price/元	小计 Subtotal/元
标准件费 Standard Part Cost	推杆 Ejection Pin					1 500.00
	推管 Ejection Sleeve					
	水管接头 Connector					
	标准件 Standard Components				1 500.00	
	热流道 Hot Runner					
	温控器 Temp Controller					
	油缸 Hydraulic Cylinder					

	项目 Item	工时 Hour/h	单价 Unit Price/元	金额 Price/元	小计 Subtotal/元
设计费 Design Cost	扫描测绘 Scanning				3 000.00
	结构设计 CAD			3 000.00	
	CAE 分析 CAE				

	项目 Item	工时 Hour/h	单价 Unit Price/元	金额 Price/元	小计 Subtotal/元
加工费 Manufacturing Cost	一般机床 Machining	50	30.00	1 500.00	10 700.00
	数控机床 CNC(雕刻机)	100	40.00	4 000.00	
	电火花加工 EDM	50	20.00	1 000.00	
	线切割 W/C	80	15.00	1 200.00	
	钳工 Fitting	100	30.00	3 000.00	

	项目 Item	工时 Hour/h	单价 Unit Price/元	金额 Price/元	小计 Subtotal/元
三坐标测量费 CMM Measure Cost	型腔 Cavity	3	100.00	300.00	600.00
	产品 Part	3	100.00	300.00	

续表

项目 Item		说明 Description	金额 Price/元	小计 Subtotal/元
其他费用 Other Fee	管理费 Managing Fee		1 000.00	10 500.00
	试模费 Trial Fee	含样品费	1 000.00	
	运输费 Freight Fee		500.00	
	利润 Profit	10%	3 000.00	
	税收 Tex	13%	5 000.00	
模具总价 Mold Price/元		39 350.79		

备注:含 $\phi 12$ mm 以下的圆型芯、推杆备件 1 套

二、签订模具合同

模具报价后,买卖双方进行确认,签订如下合同:

××零件模具购销合约书

卖方:宁波××模具制造有限公司(甲方)　　　买方:　　　(乙方)

经买卖双方协议订立合约条款如下:

1. 买卖物的模具部分名称、数量及价格。

项目	品名	数量	金额/元(含13%增值税发票)
1		1套	￥38 000
2		1套	￥
3		1套	￥
4		1套	￥
合计		(人民币)	

备注:上述款项含制造、检测、氮化热处理、材料、配件、样品等费用

2. 交货日期:甲、乙双方协议的日期。

3. 模具费付款方式:

A. 合约订立后 10 个工作日内,乙方向甲方支付模具总费用的 50%(定金)。

B. 各送试模样 10 套,产品经乙方确认合格后,发货前乙方向甲方支付模具总费用的 40%。

C. 模具移转签收后两个月,或生产 5 000 模次或者 2 个月后,付模具总费用的 10%。

4. 保固责任。甲方应保证制造的模具在正常使用状况下至少有 10 万模次的寿命。这套模具在使用寿命期间,一切维修、保养等其他事项均由甲方负责,甲方不得向乙方收取费

用。(乙方提出设计变更而涉及模具变更的另行协商)

5.模具款全部付清后,模具的产权归乙方所有,甲方不得有异议。

6.交货地点:_____

运输工具、转输费、包装费等由___甲方___支付。

甲方(卖方)	乙方(买方)
公司名称:宁波××模具制造有限公司	公司名称:
公司地址:	公司地址:
法定代表人:	法定代表人:
委托代理人:	委托代理人:
电话: 传真:	电话: 传真:

任务三　熟悉整体模具设计流程

随着现代企业管理的不断发展,企业对模具设计与制造的工作流程进行了规范。塑料模具设计与制造的一般工作流程见表2-3-1。

表 2-3-1　　　　塑料模具设计与制造的一般工作流程

	工作内容	责任部门	备注
模具设计与制造前的资料准备分析	(1)塑件分析	模具设计部	
	(2)塑件成型工艺分析	模具设计部	
	(3)报价与签合同	营销部	顾客参与
	(4)模具开发计划制订	生产计划部	
	(5)塑件测绘及三维造型	模具设计部	顾客参与
模具结构设计	(6)模具材料的选择	模具设计部	
	(7)型腔数量及排列方式的确定	模具设计部	
	(8)模具外形尺寸的确定	模具设计部	
	(9)分型面的选择	模具设计部	
	(10)浇注系统设计	模具设计部	
	(11)塑件侧凹部分的处理	模具设计部	
	(12)推出与复位机构设计	模具设计部	
	(13)模具成型零件设计	模具设计部	
	(14)UG 或 Pro/E 三维模具设计	模具设计部	
	(15)装配图及零件图的绘制	模具设计部	顾客参与
模具制造	(16)模具生产技术准备	生产计划部	采购部参与
	(17)模具零件的加工	模具车间	
	(18)模具装配	模具车间	
	(19)模具安装与调试	模具车间	顾客确认

在模具企业中，有必要将并行工程的理念灌输给每个员工，并在实践中切实加以贯彻。并行工程是对产品及其相关过程（包括制造和支持过程）进行并行、一体化设计的系统化工作模式。这种工作模式旨在使开发者从一开始就考虑产品全生命周期（从概念形成到产品报废）的所有因素，包括质量、成本、进度和用户要求等。在并行工程思想的指导下，模具设计的做法可总结为：合同签订时即确认产品图；总工程师与设计人员在1～2天内确定模架大小并提出型腔材料备料单；在购买模架和型腔材料的同时进行模具设计和工艺准备；模架和型腔材料到位时，模具设计工作也基本结束，可以立即开始加工。

模具设计完成后，必须经过有关人员审查无误后才能投入生产。在模具图样投放的过程中要做到两点：一是模具图样的再审查，图样投入加工前虽然已经过设计部门的检查，但难免有纰漏或与设备要求不一致的地方，故需要与生产部门沟通、协调；二是模具图样和电极图样可以分批投放，不必等到整套图样全设计完后再投产。

根据模具的合同要求，制订模具设计与制造计划，协调模具开发全过程，确保在规定的时间内生产好模具，经过验收合格后交付给客户。所以，我们要制订好模具的生产计划表，同时要做好跟踪检查工作。

项目三

模具设计

> **知识目标**

1. 掌握 CAE 模型处理、CAE 流程分析、工艺方案优化调整等知识。
2. 了解中等复杂注塑模具的结构。
3. 掌握模具设计常用软件的操作方法。

> **能力目标**

1. 能够使用 CAE 软件进行方案优化分析,并能对产品成型工艺方案进行调整。
2. 能够进行中等复杂注塑模具的 2D、3D 设计。

> **素质目标**

1. 能够保质保量准时完成复杂的绘图任务,具备良好的意志力和心理承受能力。
2. 通过模具设计优化的思考与实践,坚持守正创新,具备诚信、敬业、科学、创新的职业素养。

任务一　模具可制造性设计(DFM)分析

一、开模信息

产品开模信息见表 3-1-1。

表 3-1-1　　　　　　　　　　　产品开模信息

项目名称	播放器上盖模具设计	模架类型	两板模
产品名称	播放器上盖	型芯、型腔材质	HT160J2-A
塑胶材质	ABS DG-417	模具尺寸	400 mm×400 mm×301 mm
产品单重	23.3 g	浇道形式	冷流道
成型机台	280T	浇口形式	潜伏式浇口

续表

收缩率	0.5%	表面处理	光面
模腔数	一模两腔		

本任务的产品如图 3-1-1 所示。

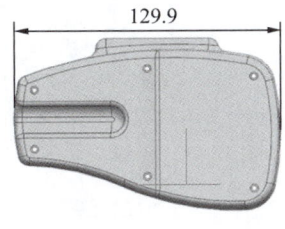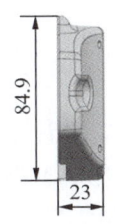

图 3-1-1　产品

二、产品脱模斜度及表面要求

（1）设计产品脱模斜度是为了使产品更好地脱模。

（2）脱模通常以减胶方式设计，以使产品质量变小，达到节约成本的目的。

（3）脱模高度在 2 mm 以上的产品都需要拔模。

（4）如果产品表面需要蚀细纹，脱模斜度就必须在 3°以上。

（5）如果产品表面需要蚀粗纹，脱模斜度就必须在 5°以上。

（6）如图 3-1-2 所示，箭头所指的绿色面型芯侧的减胶脱模角度为 1°，单边减胶最大为 0.026 mm。

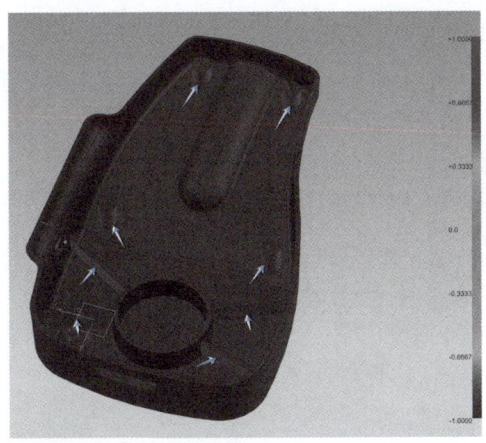

图 3-1-2　产品拔模特征

（7）需要达到产品表面要求。

三、产品壁厚分析

(1) ABS：一般优先考虑选择的材料，其壁厚通常为 1、1.2、1.5、2、2.5、3（mm），实际选择视产品的大小和功能而定。

(2) 一般热塑性塑料的壁厚设计为 1～5 mm，产品壁厚要均匀。

(3) 本产品的壳体壁厚与筋位壁厚若设计不均匀，如图 3-1-3 所示，会发生缩水现象，可以通过优化成型条件加以改善。

(4) 本产品的平均壁厚为 1.8 mm，最大壁厚为 2.57 mm。

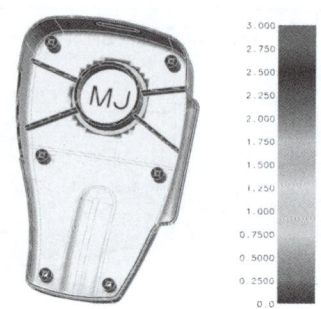

图 3-1-3　产品壁厚分析

四、动模与定模分型线分析

(1) 分型线：内模镶块的边界线。

(2) 内模镶块：主要有型芯、凹模、滑块、斜顶等。

(3) 各内模镶块有相交于产品面的边界线，称为分型线。

(4) 分型线的选择原则：

① 塑件外形最大轮廓，否则产品就取不出。

② 有利于塑件的顺利脱模，防止其停留在定模。

③ 有利于保证塑件的精度要求。

④ 满足产品的外观质量要求。

⑤ 便于模具的加工制造。

(5) 本产品的分型线如图 3-1-4 所示。

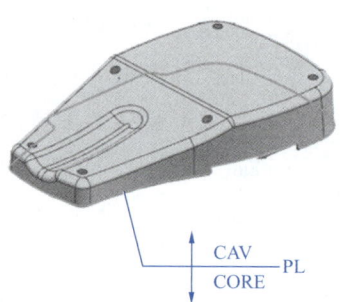

图 3-1-4　产品分型线

五、滑块痕迹线

滑块痕迹线处有轻微段差，如图 3-1-5 所示。

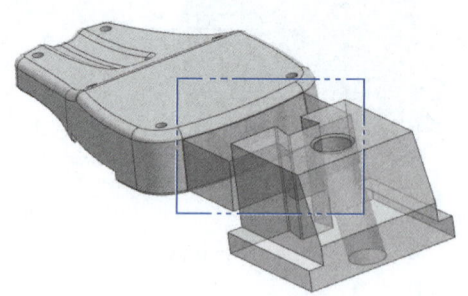

图 3-1-5　滑块痕迹线

六、滑块设计分析

(1)本产品的滑块结构如图 3-1-6 所示,滑出行程 $S=4$ mm,滑块角度 13°。

(2)滑块尺寸关系如图 3-1-7 所示,c 为斜导柱所需长度,b 为开模所需高度,S 为滑出行程,α、β 为斜导柱角度。

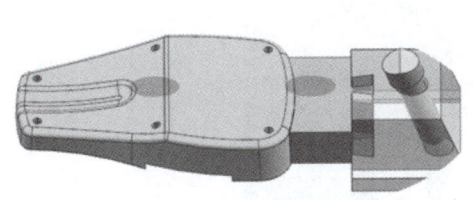

图 3-1-6 滑块结构

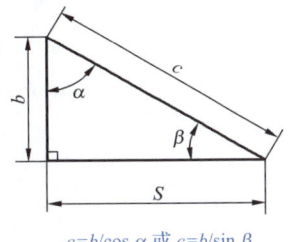

$c=b/\cos\alpha$ 或 $c=b/\sin\beta$

图 3-1-7 滑块尺寸关系

七、浇口类型及位置分析

(1)本产品采用冷流道潜伏式浇口,如图 3-1-8 所示。

(2)浇口直径为 2 mm,主流道直径为 6 mm,如图 3-1-9 所示。

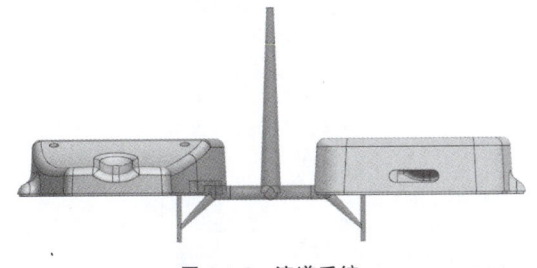

图 3-1-8 流道系统

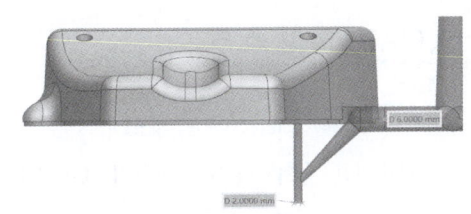

图 3-1-9 浇口的形状及大小

八、推出方式

(1)本产品采用推管顶出,如图 3-1-10 所示。

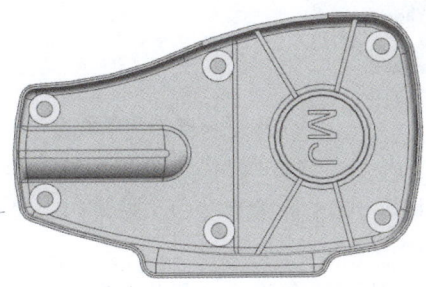

图 3-1-10 推出结构

(2)本产品推出结构的类型有推杆推出、推块推出、斜顶推出、推板推出和气顶推出。

九、布局图

本产品的模具布局如图 3-1-11 所示,模架大小为 400 mm×400 mm。

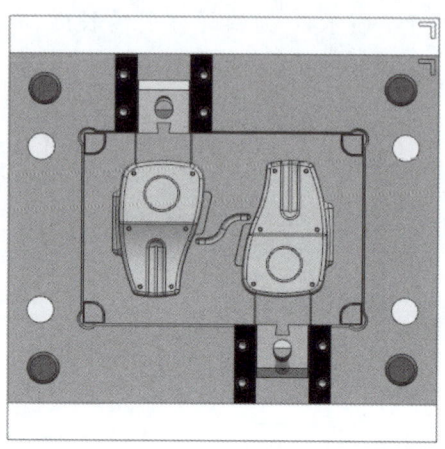

图 3-1-11 模具布局

任务二 模具方案的确定及 CAE 分析

一、CAE 模型处理

1. 产品模型 UG 前期处理

利用 UG 软件打开产品 CP_03,如图 3-2-1 所示。

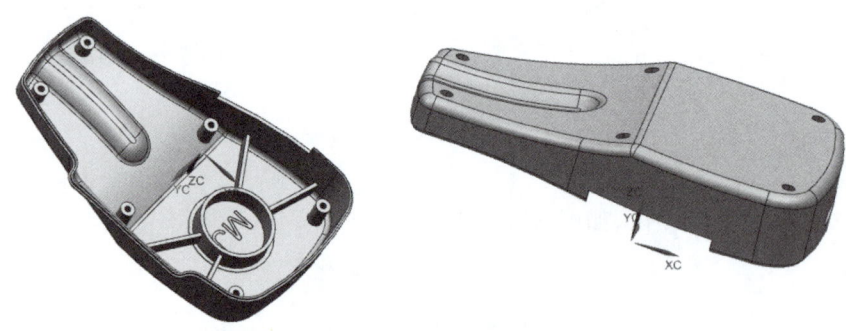

图 3-2-1 产品内、外侧展示

（1）设置产品收缩率。进入 UG 软件"建模",选择"HB_MOULD M6.4"→"模具特征建模"→"缩水率",设置产品材料为 ABS,收缩率为 0.5%,将 CAE 模型放大为原来的 1.005 倍,如图 3-2-2 所示。

（2）去除模型小孔、小圆角及薄壁台阶。分析模型,直径小于 1 mm、圆角小于 1 mm、壁厚小于 0.5 mm 的筋位和台阶应去除。

项目三 模具设计

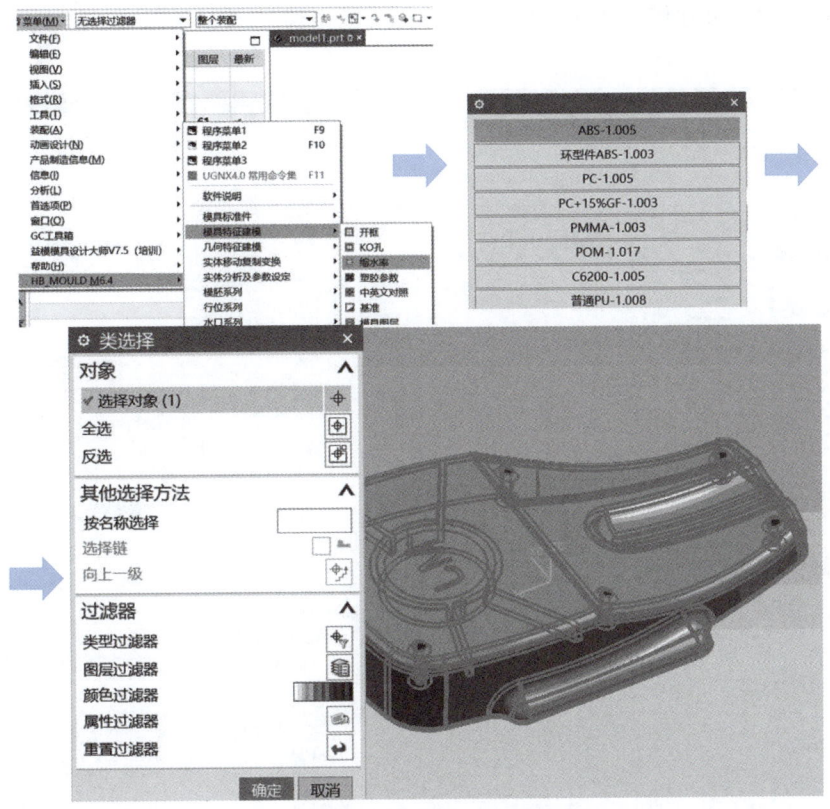

图 3-2-2 设置产品收缩率

进入 UG 软件"加工",选择"分析"→"NC 助理",设置圆角半径为 1 mm,将 CAE 模型放大为原来的 1.005 倍,如图 3-2-3 所示。

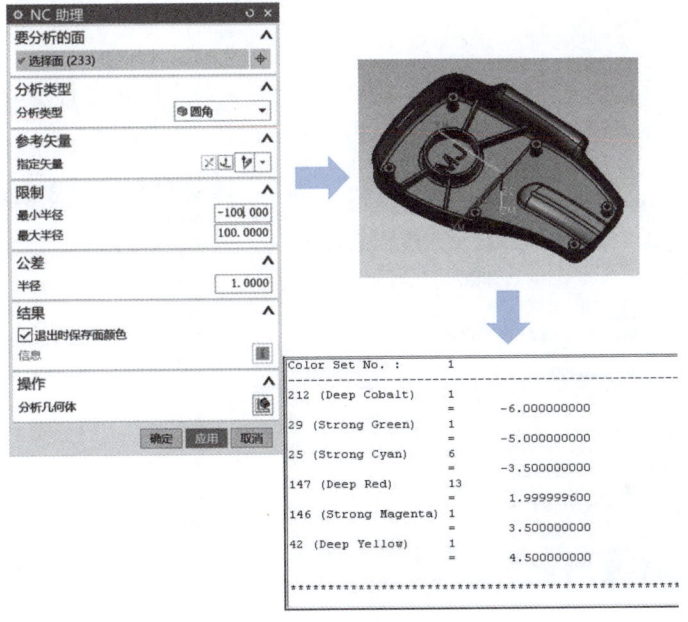

图 3-2-3 去除模型小孔及小圆角

(3)进入 UG 软件"建模",选择"分析"→"分析可成型性-一步式",检测产品壁厚,如图 3-2-4 所示。

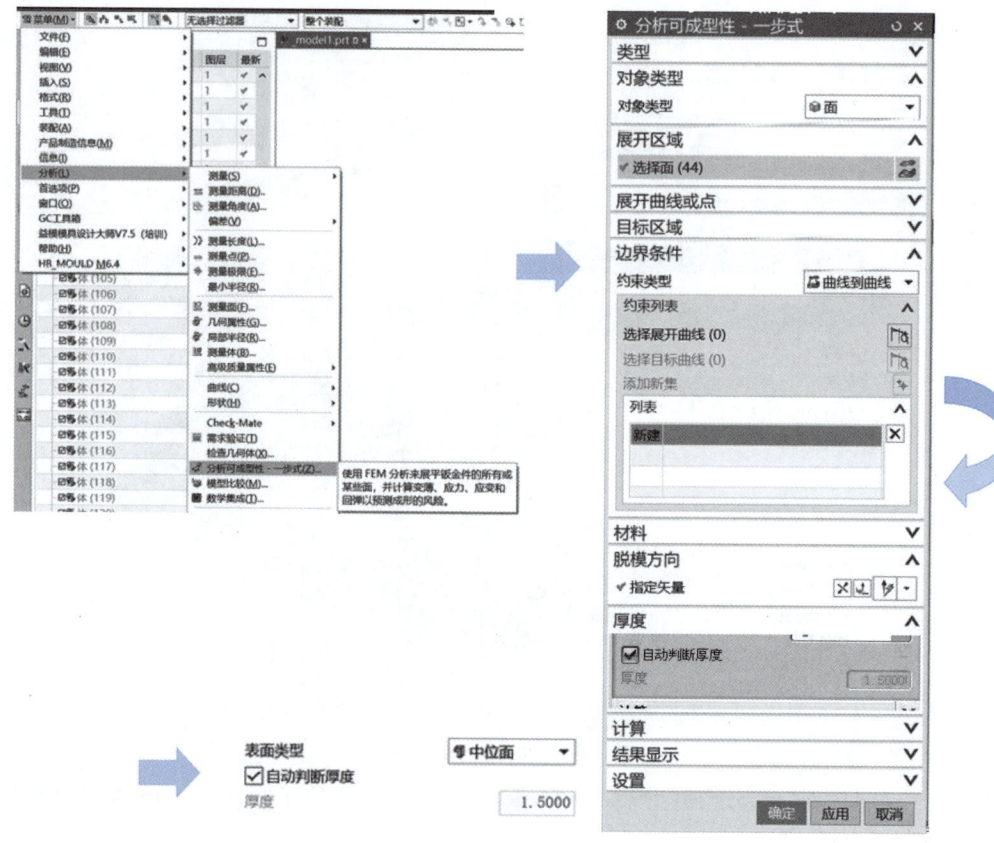

图 3-2-4　检测产品壁厚

2. 模型输出

将产品处理好后输出为 Moldflow MPI 可接受的 *.stl 格式文件。

在 UG 软件建模界面选择"文件"→"导出"→"STL",如图 3-2-5 所示。

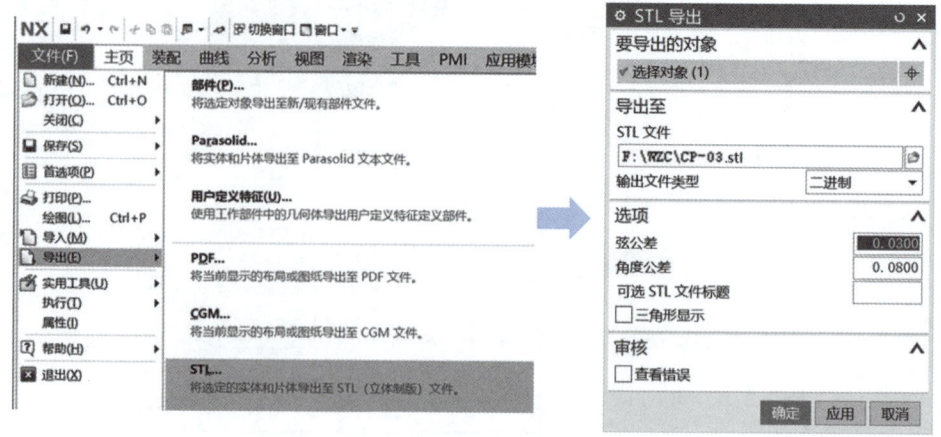

图 3-2-5　模型输出 STL 格式

二、CAE 网格模型前期处理

开启 CAE 软件 Autodesk Moldflow Insight 2023，如图 3-2-6 所示。

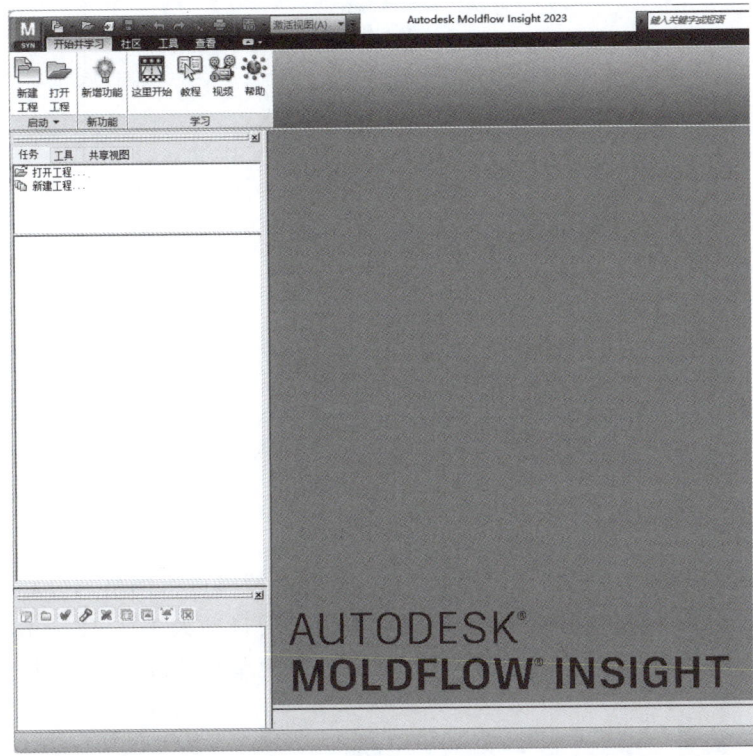

图 3-2-6　Autodesk Moldflow Insight 2023 操作界面

1. 产品模型导入

单击"导入模型"，如图 3-2-7 所示。

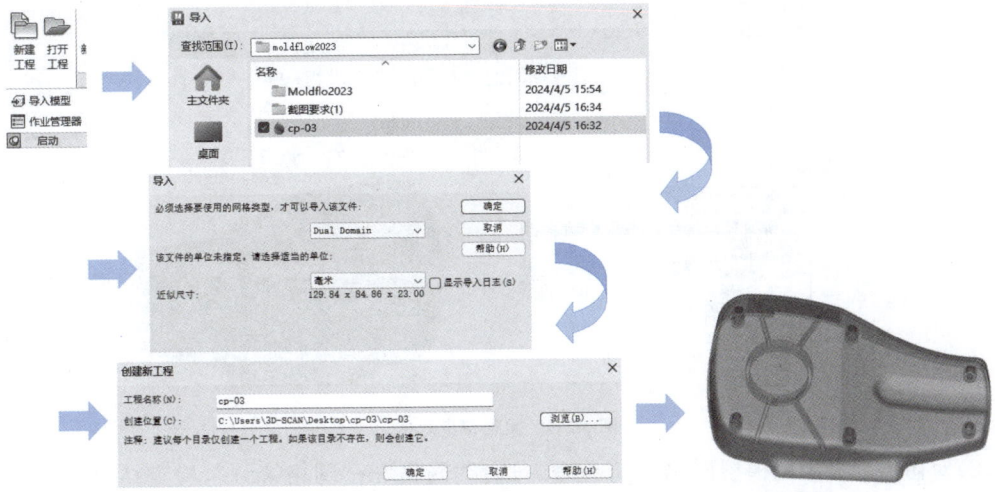

图 3-2-7　将模型导入 Moldflow

2. 模型位置调整

选择"几何"→"移动"→"旋转"/"平移",将模型调整为模具预设方案的方位,如图 3-2-8 所示。

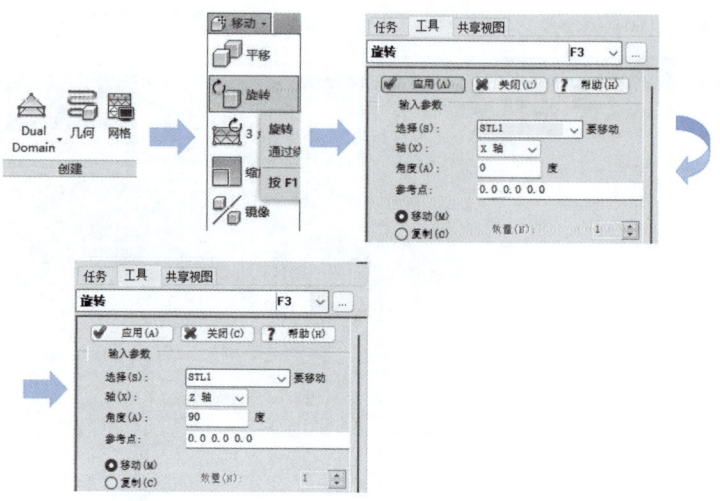

图 3-2-8　模型操作

3. CAE 网格划分

(1)对于双层面网格,应根据产品形状、大小及壁厚特点进行网格划分和网格模型修补。双击"创建网格",进入网格划分管理器,设置网格边长为自动大小 4.48 mm,在 2.5 倍壁厚范围内进行网格划分,并将网格节点置于网格层内,以便单独管理及查看,如图 3-2-9 所示。

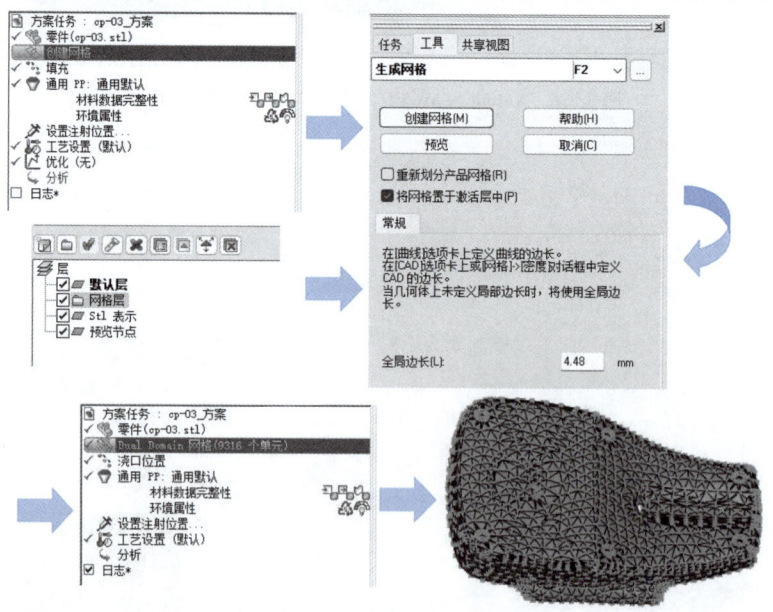

图 3-2-9　网格初步划分

(2)对初步划分后的模型网格进行检查。选择"网格"→"网格统计",检查结果如图 3-2-10 所示。

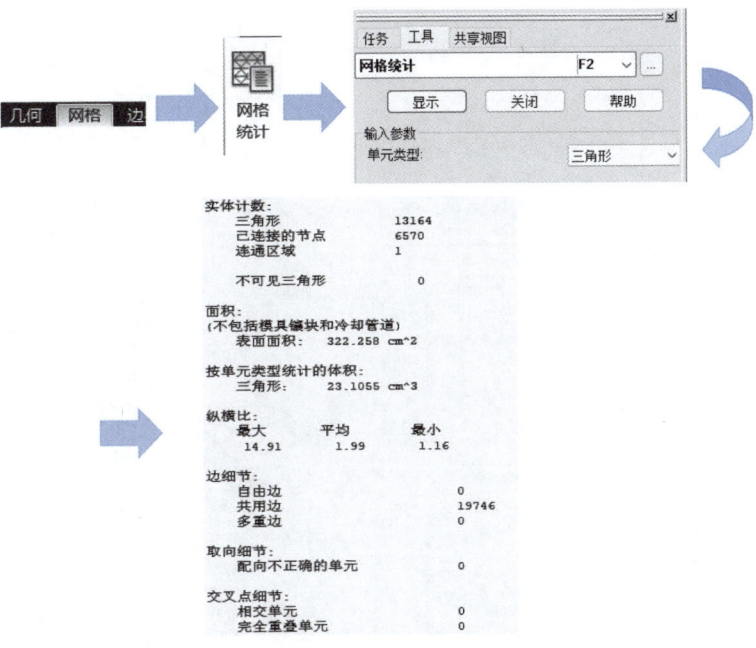

图 3-2-10　网格统计

（3）单击"纵横比"，设置纵横比最小值为 7.5 倍壁厚，检查结果如图 3-2-11 所示。

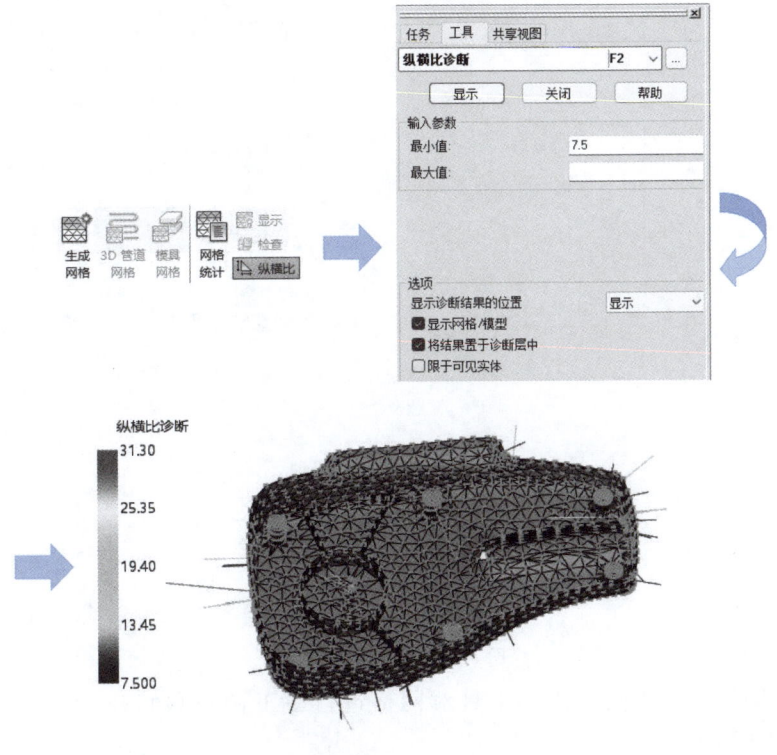

图 3-2-11　纵横比检查

（4）单击"网格修复向导"，对网格进行自动修复，如图 3-2-12 所示。

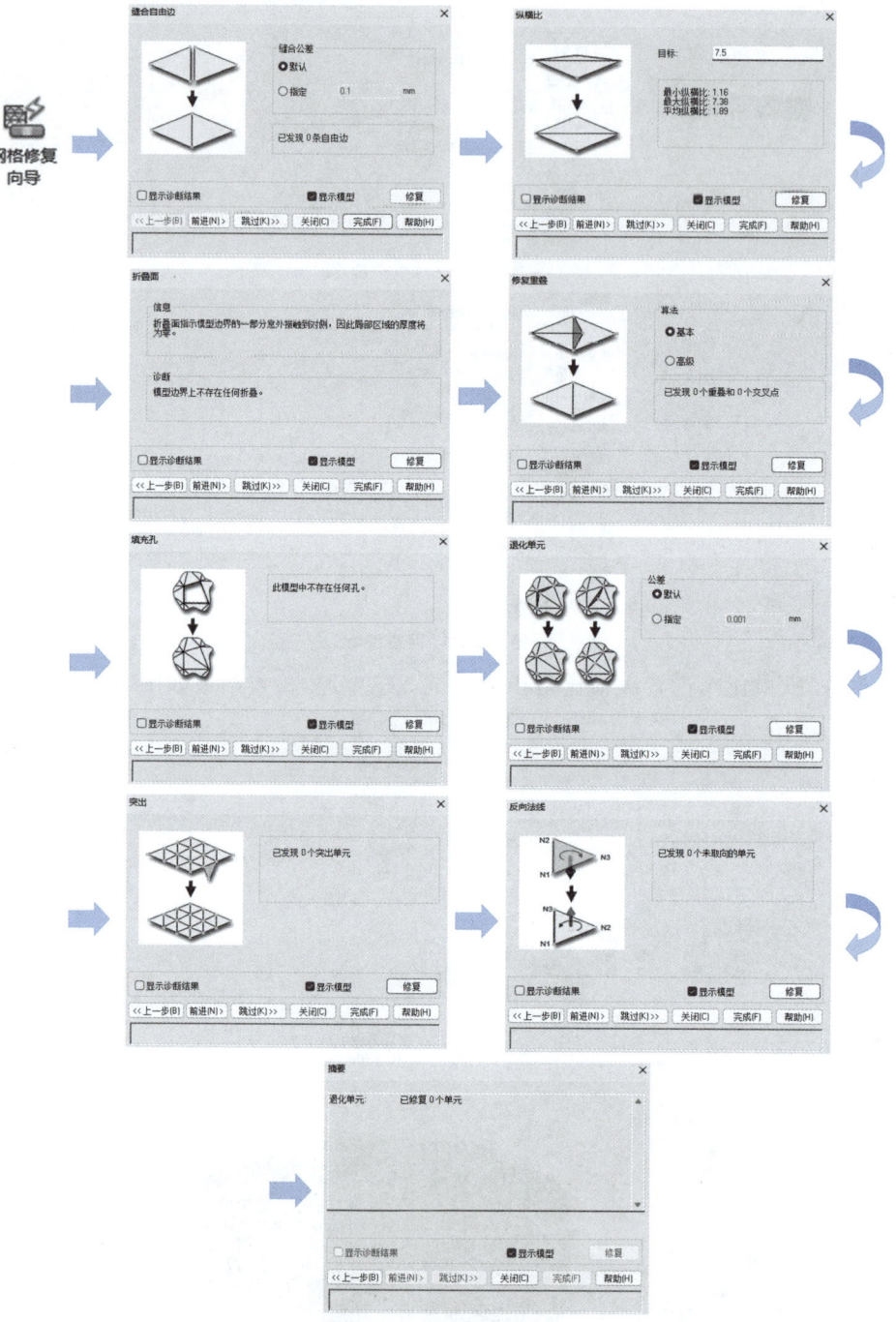

图 3-2-12 网格自动修复

(5) 单击"网格",利用网格修补工具对网格进行手工调整和修补,如图 3-2-13 所示,修补好后检查统计结果。

(6) 选择"网格"工具栏,进行厚度、匹配性、自由边、取向等的检查和调整,如图 3-2-14 所示。

项目三 模具设计 25

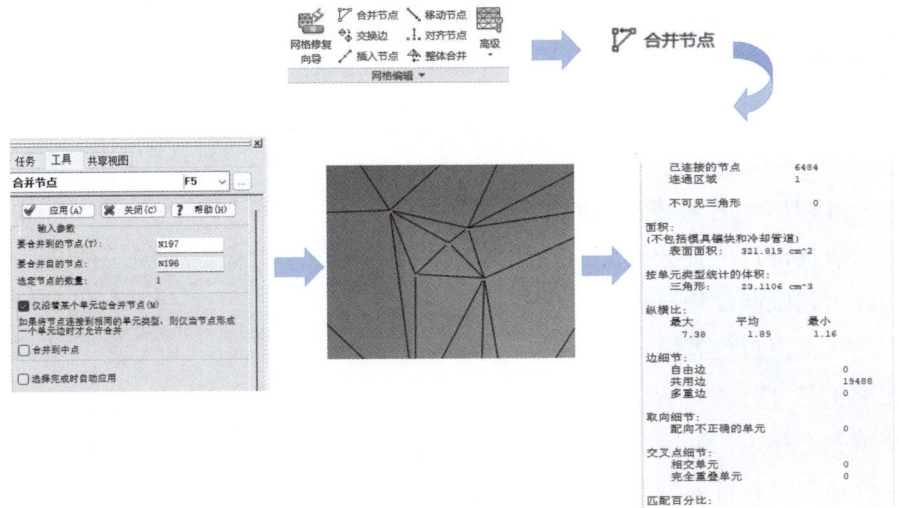

图 3-2-13 网格手工修复

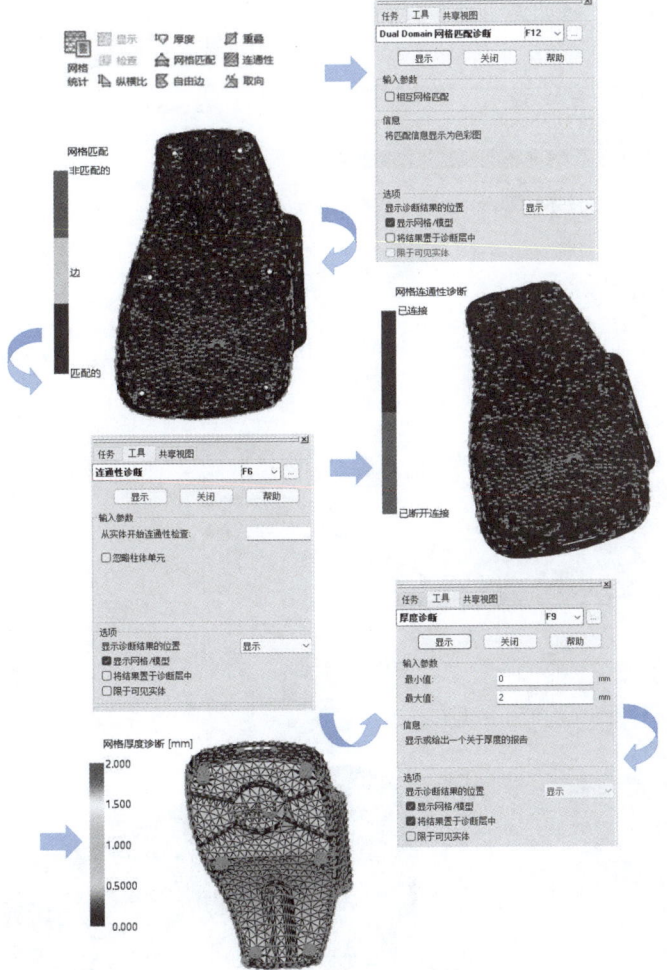

图 3-2-14 网格属性检查和调整

三、CAE 分析

1. CAE 流程分析

如图 3-2-15 所示,针对该产品的流程分析思路为:

(1) 原始最佳浇口位置分析。

(2) 实际工艺限制性浇口位置优化。

(3) 工艺优化浇口位置成型窗口。

(4) 充填工艺可行性分析。

(5) 充填和冷却工艺性能分析。

(6) 结合注塑机进行成型工艺参数优化调整分析。

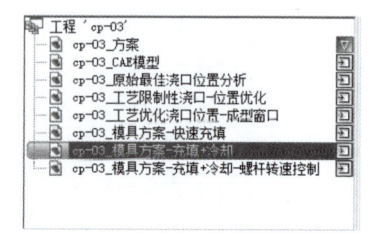

图 3-2-15　整体分析流程

2. 原始最佳浇口位置分析

模型处理后,分析序列如图 3-2-16 所示。

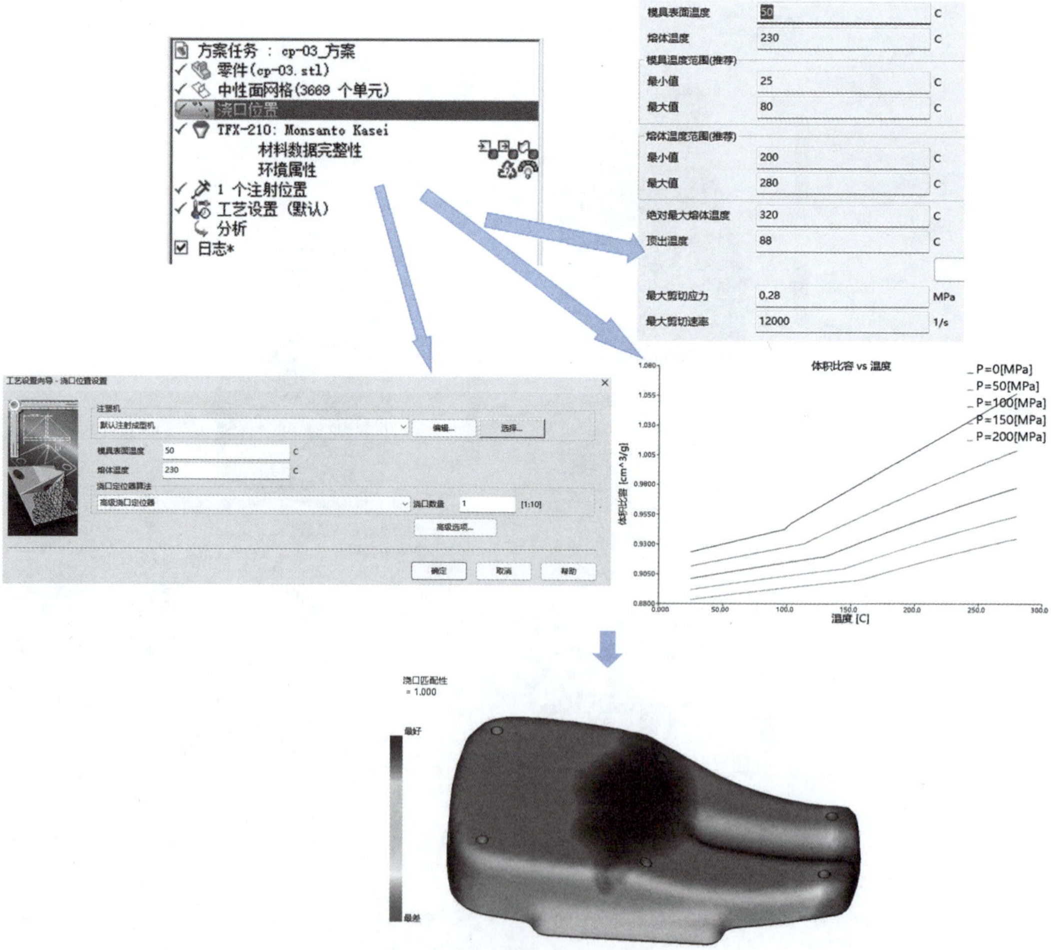

图 3-2-16　原始最佳浇口位置分析

(1) 实际工艺限制性浇口位置优化

选择 CP_03.prt 文件作为 CAE 模型,结合客户对模具设计方案的要求,设置浇口开设限制性区域。选择"边界条件"→"限制性浇口节点",设置非浇口开设区域,找出限制区域外的最佳浇口位置,如图 3-2-17 所示。

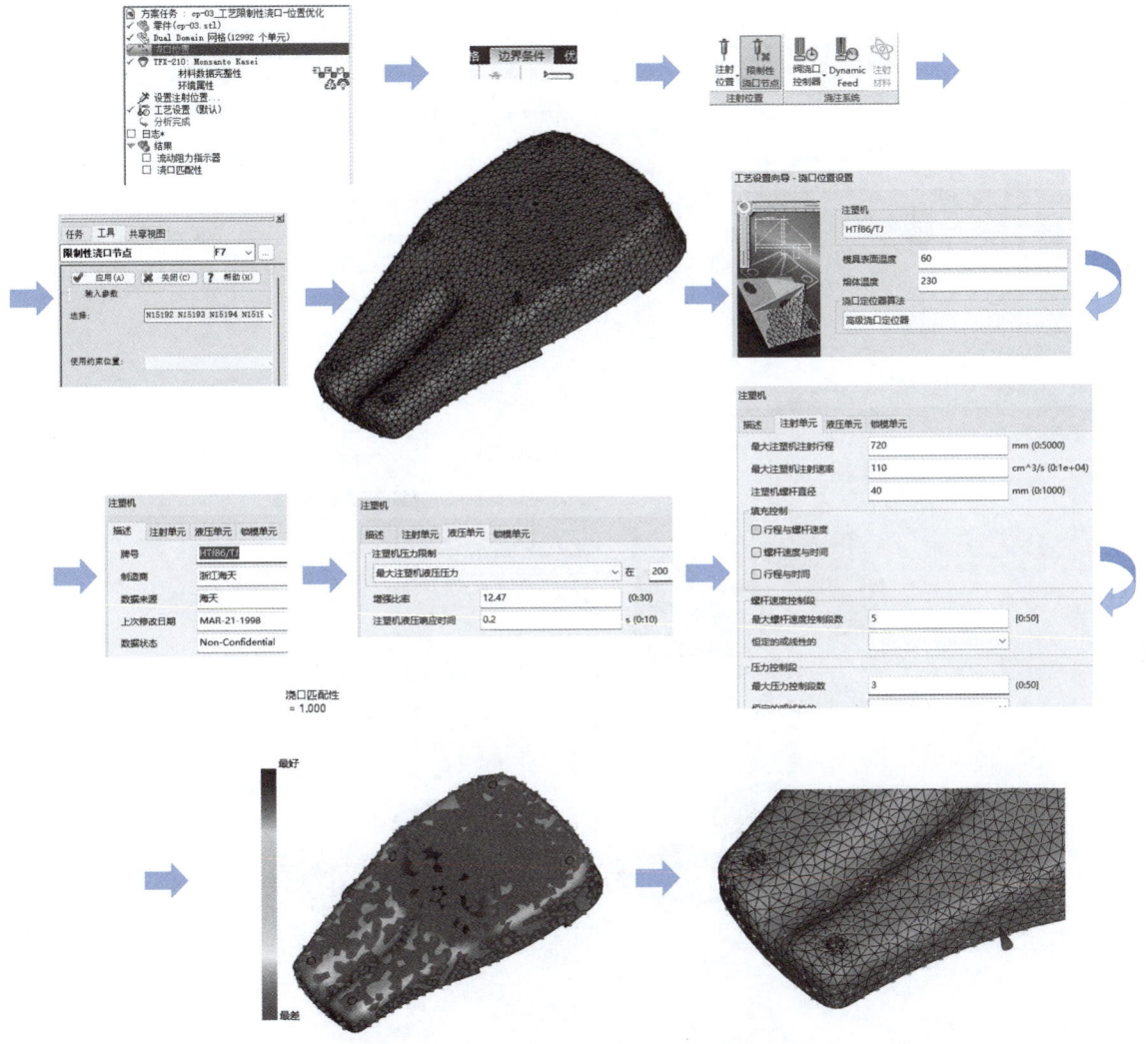

图 3-2-17 找出限制性最佳浇口位置

(2) 工艺优化浇口位置成型窗口

将工艺限制性浇口位置优化后进行工艺成型可行性窗口优化分析,得出成型基本工艺参数,如图 3-2-18 所示。

3. 充填工艺可行性分析

建立一模两腔方案,通过几何命令中的流道系统进行快速充填分析,如图 3-2-19 所示。

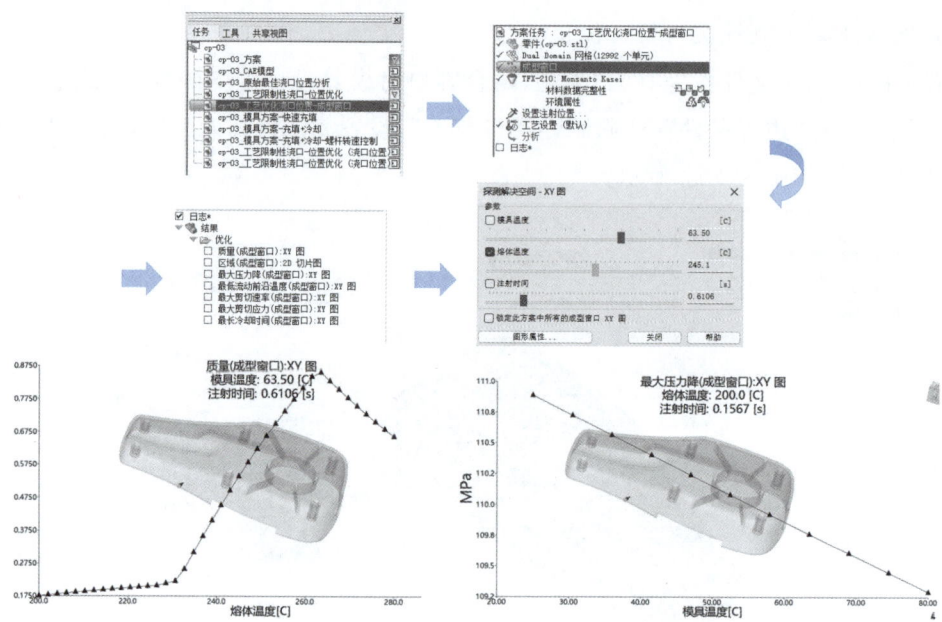

图 3-2-18 成型窗口优化

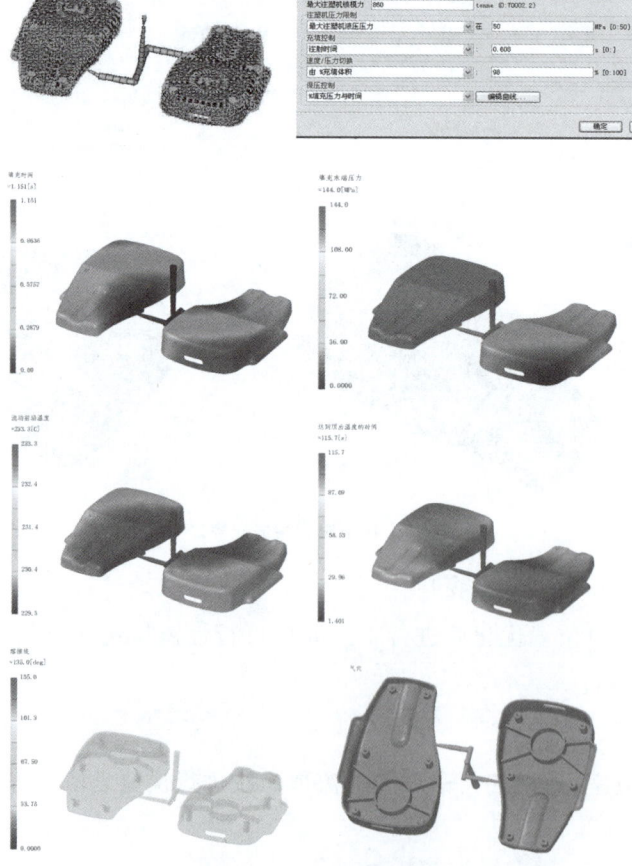

图 3-2-19 快速充填分析

4. 工艺方案优化调整

(1) 以注塑时间控制方式

结合模具方案,建立一模两腔方案,通过几何命令中的冷却回路构建水路,进行充填分析和冷却分析,如图3-2-20所示。

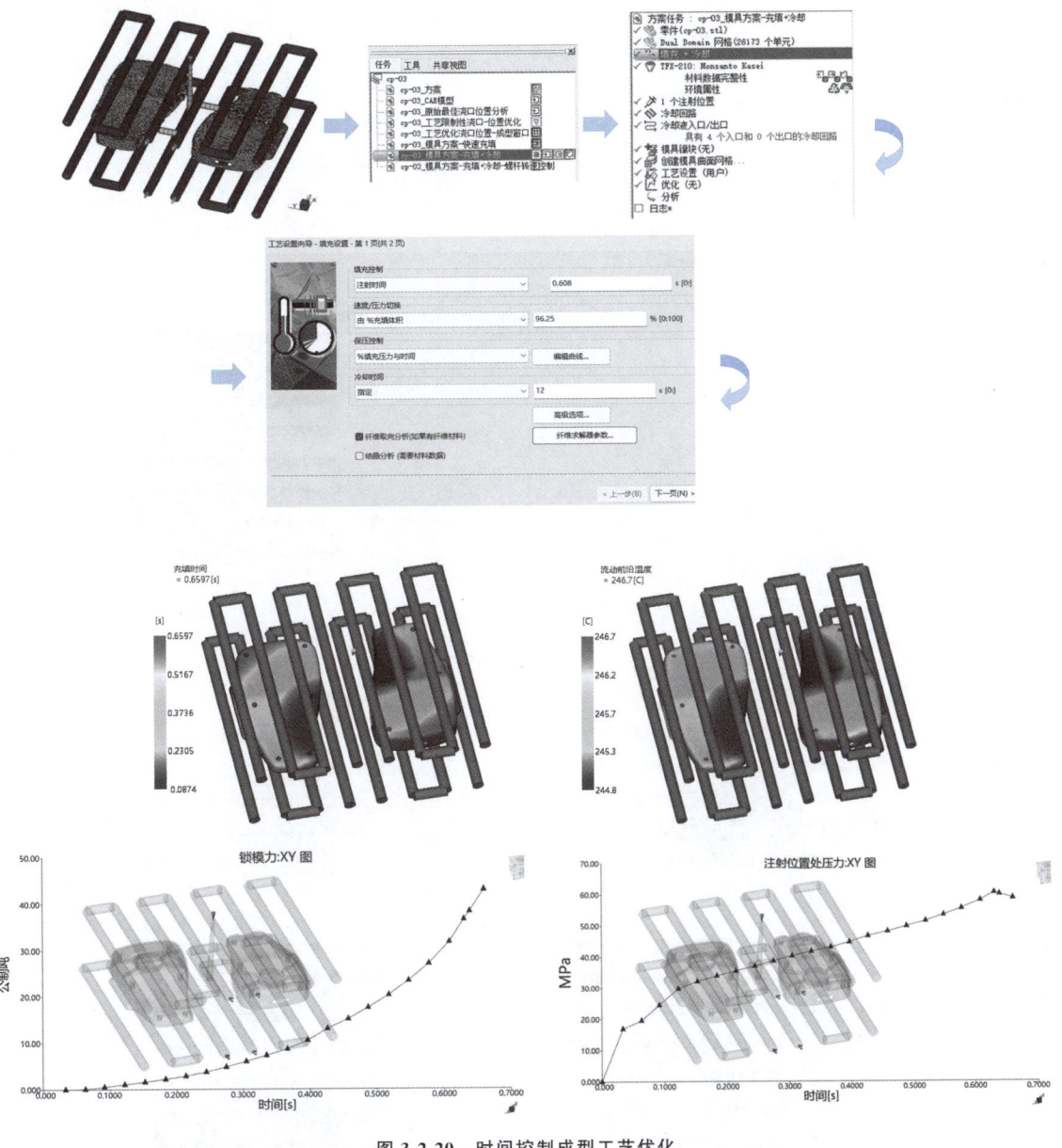

图 3-2-20　时间控制成型工艺优化

(2) 以实际螺杆控制方式

结合模具方案和注塑机,以控制注塑机螺杆方式进行充填分析和冷却分析,如图3-2-21所示。

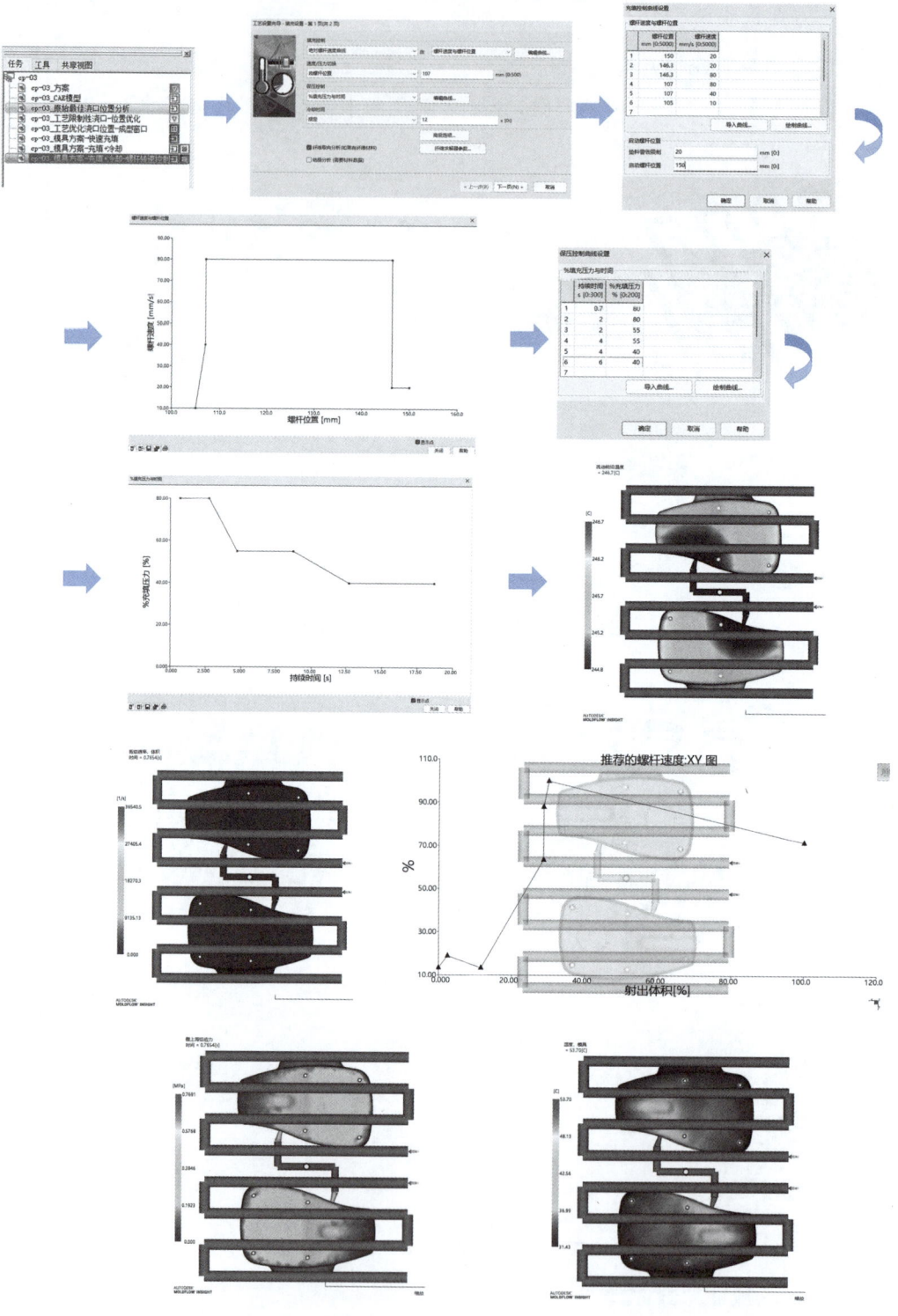

图 3-2-21 螺杆位置控制优化

5. 报告输出

报告输出步骤如图 3-2-22 所示。

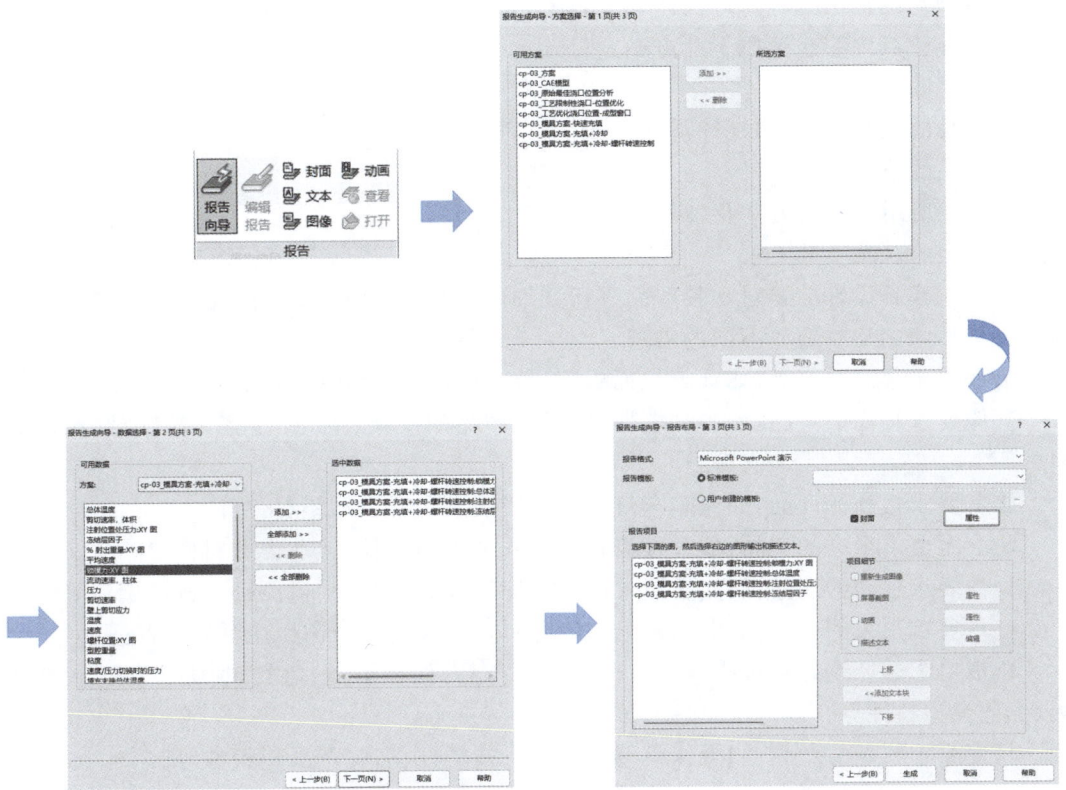

图 3-2-22　报告输出

任务三　2D 布局设计

一、设计任务

在进行模具设计前,工程师必须对产品结构、塑料性能、成型加工工艺进行分析,以使设计出来的模具方便加工,利于生产,寿命更长。同时,对模具的设计方案要做可行性分析报告。

本任务以常见的塑料产品——播放器上盖为例,讲述注塑模具结构设计的整个流程,并在整个操作过程中全面掌握模具设计的核心技术。下面根据项目二有关产品的要求进行设计分析。

二、设计思路分析

塑料盖模具结构设计的思路:调用产品视图→拆分定、动模→模型布局→创建内模镶块→

调用模架→装配内模镶块→设计浇注机构→设计镶件→设计推出机构→设计冷却系统→调用标准件。

模具设计的依据是客户产品图样及样板,设计人员必须对产品图样及样板进行详细的分析与消化。其内容包括以下几方面:
- 制品的几何形状。
- 制品的尺寸、公差和设计基准。
- 制品的技术要求。
- 制品所用塑料的名称及牌号。
- 制品的表面质量要求。

在进行模具设计前要对塑料产品进行详细的分析与消化。塑料产品包罗万象,各行各业对各种性能的塑料有着不同的需求。

表面要求很高的产品:如计算机面板壳、数码相机壳、手机壳、U 盘壳、微波炉壳等。

功能要求很高的产品:如各种电器、电子类产品的支架、主壳、食品类塑料件、医用类塑料件等。

强度要求很高的产品:如汽车车灯壳、各种镜片、名牌产品塑料件等。

耐磨度要求很高的产品:如各种齿轮、转轴、滑配塑料件、转动类塑料件等。

抛光要求很高的产品:如光学镜片、手机镜片、仪表镜片、手机侧键、按键、旋钮等。

产量要求很大的产品:如电话机壳、耳塞主体、存储器壳、玩具、生活日用品等。

价格要求越低越好且对质量要求很一般的产品:如杯子类、盘类、桶类、玩具类、低档笔类、工艺类塑料件等。

精度要求较高的产品:如摄像机、数码相机、接插件、名牌产品塑料件等。

因为塑料产品的要求不同,其价格也就大不相同,产量也不同,这些都会影响模具材料的选择。另外,客户给出的模具价格也会直接影响模具材料的选择。无论条件怎样变化,作为塑料模具设计人员,必须清楚其中的利害关系,否则就很难选好模具材料。此外,还必须清楚钢材的热处理和表面处理,弄清楚其用途和功能。可将塑料模具中常用的钢材分为三类:

(1)针对要求不高的模具

通常用在相对要求不高的模具上的材料有以下几种:

①S50C,也称王牌钢,与 45 钢同级,硬度为 170~220HB,不耐磨且易变形,会生锈。它基本是塑料模具里最低等的模具材料,常用在不和塑料直接接触的地方,如楔紧块、定位环、限位钉、压块、挤模块、复位机构、封水块、锁模片等。如果模具属于很低档次的,也可以直接用作型芯、滑块镶件等。

②进口 P20、进口 618、738、2311、2312、638、MUP、PX88。这些材料同属一个档次,硬度为 270~330HB,抛光性能一般,不能抛到镜面要求,不耐磨且会生锈。这种材料的应用分为两种场合:
- 当模具属于高要求、高精度、高产量时,这些材料只能当作副料来使用,通常用在滑块座、滑块压板、楔紧块、没有插碰穿的小镶件、复位机构、压块、挤模块、非标准浇口套等。
- 当模具属于中低档要求时,这些材料可以当作主钢料来使用;通常用于滑块、凹模、型芯、斜推杆等,此时模具的总使用寿命为 10 万~30 万次,如油桶、水桶、菜篮、低档水杯、产品内部件、玩具、低档收录机、遥控器、电器开关、电器壳等。

(2) 针对要求较高的模具

通常用在质量要求较高、表面要求较高、产量较大的模具上作为主要模具钢材来使用的有：

① 进口 718、进口 718H、NAK55、NAK80、DC53、SKD61、2083H、2316、2316H、2510、DF2 等。这些材料属于一个档次，硬度为 35～42HRC。如果出厂材料硬度不够，则多数都要求进行淬硬处理，淬硬后的硬度为 48～53HRC，这些材料硬度够，材料晶粒较细，可以达到除光学镜面要求之外的镜面要求，在一般环境下不会生锈且耐磨。这些材料都可以作为模具的主要材料来使用，通常用于制作凹模、动模型芯、斜推杆、滑块、有插碰穿要求的小型芯等。它们是应用得最为广泛的材料，目前这些材料在模具主要材料的应用中占 70%～80%，应了解和认识这些材料的具体性能特点、价格、寿命等。在将这些材料作为主材料的情况下，模具使用寿命通常可以保证为 30 万～100 万次，具体情况视具体的模具结构而定。通常插穿小型芯、斜推杆、滑块是影响模具寿命的主要原因。在没有插穿零件、碰穿零件、小斜推杆、小滑块的情况下，模具使用寿命可达 200 万次。

② 进口 S136、进口 S136H、PAK90、8407、S336、236H 等。这些材料同属一个档次，硬度为 290～330HB。这些材料通常都要进行淬硬处理，淬硬后的硬度为 48～56HRC。这些材料都属于特种材料，晶粒极细，可以达到光学镜面的要求，而且耐蚀、耐磨、不会生锈。对酸性、腐蚀性强的塑胶料，如 PVC、POM 等的应用效果较理想，对高镜面要求的 PMMA、透明 ABS、PS、PP 等也是非常适用的，但因其价格较高，故设计和选择时要加倍小心。所有这些材料都可以作为塑料模具的主要材料来使用，寿命通常可以保证为 30 万～100 万次，在没有插穿零件、碰穿零件、小斜推杆、小滑块的情况下，甚至可达 200 万次。

(3) 针对有特殊要求的模具

通常用在较特殊的场合，属于特种要求的模具钢材料有 V10、PORCERAX Ⅱ PM-35、MOLDMAXMM40、HIT75 MOD 等。这些材料同属一个档次，而且都属于超特种模具材料，是高硬度合金铍铜、透气钢。铍铜能快速冷却，并且自身传热快，适用于较难冷却的超长型芯及小型芯。透气钢可以在难以排气的模具上使用，但价格较高，达到每千克数百元甚至上千元，故应慎用。

由于本产品表面为光面，要求一般，考虑生产数量，因此凹模材料选择 P20。

1. 调用产品视图

图 3-3-1 为塑料盖产品图。

2. 拆分定、动模

拆分定、动模是把定模型腔和动模型芯的外形轮廓线画出来，以便布局之用。拆分定、动模时可在图 3-3-1 上删掉多余的内部线条，只留下外形轮廓线即可。图 3-3-2 所示为拆分后的定、动模。

3. 模型布局

产品在模具中应以最佳效果的形式排列，要考虑流道最短原则、温度平衡原则、压力平衡原则和进料平衡原则。一般制品之间的距离为 15～30 mm。此塑料盖为小件产品，其成品之间的距离为 15～25 mm 即可，但考虑到两成品中间有流道，所以此距离要加大，后面将有详细讲述。图 3-3-3 所示为模型布局效果。

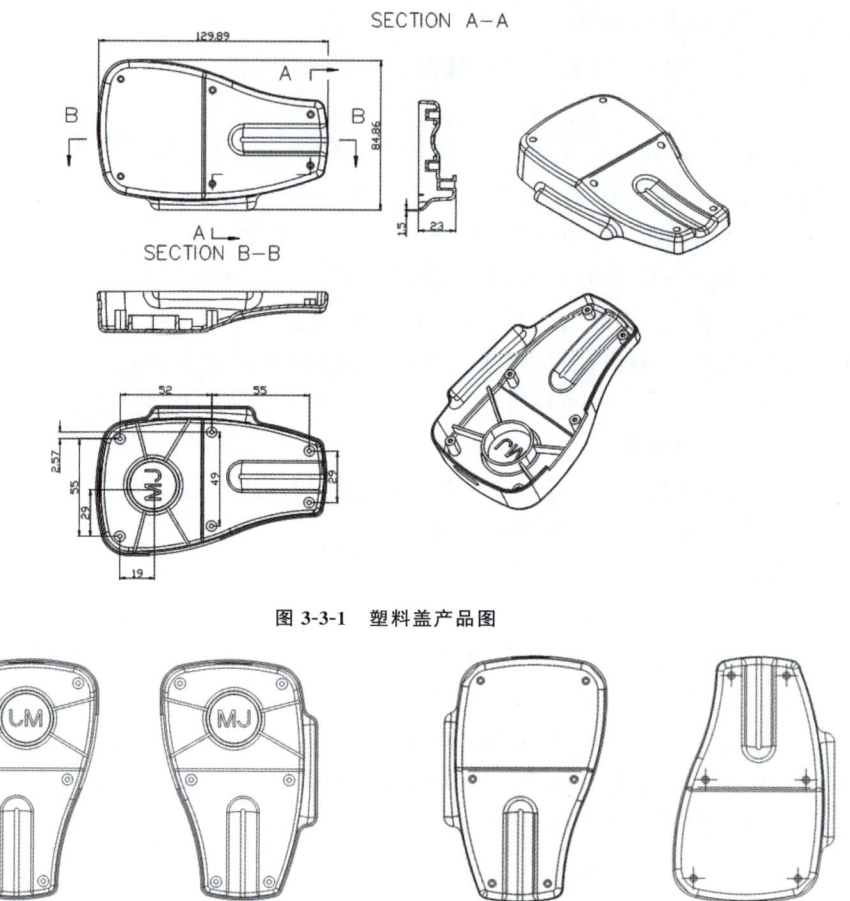

图 3-3-1　塑料盖产品图

图 3-3-2　拆分后的定、动模　　　　　图 3-3-3　模型布局效果

4. 创建内模镶块

创建内模镶块的过程就是选取产品分型面并把制品的型芯和凹模分开的过程。在此过程中,产品分型面的选取至关重要,其原则如下:

(1)不影响产品的外观,尤其是对外观有明确要求的产品。

(2)有利于保证产品的精度。

(3)有利于模具的加工,特别是模架的加工。

(4)有利于浇注系统、排气系统、冷却系统的设计。

(5)有利于产品的脱模,确保在开模时产品留在动模一侧。

(6)方便金属型芯的安装。

图 3-3-4 所示为塑料盖的型芯和凹模。

5. 调用模架

一般来说,要尽量选用标准模架(例如 LKM 标准或鸿丰标准)。图 3-3-5 所示为直接从燕秀工具箱的"模架库总汇"中调用的 LKM 标准模架。

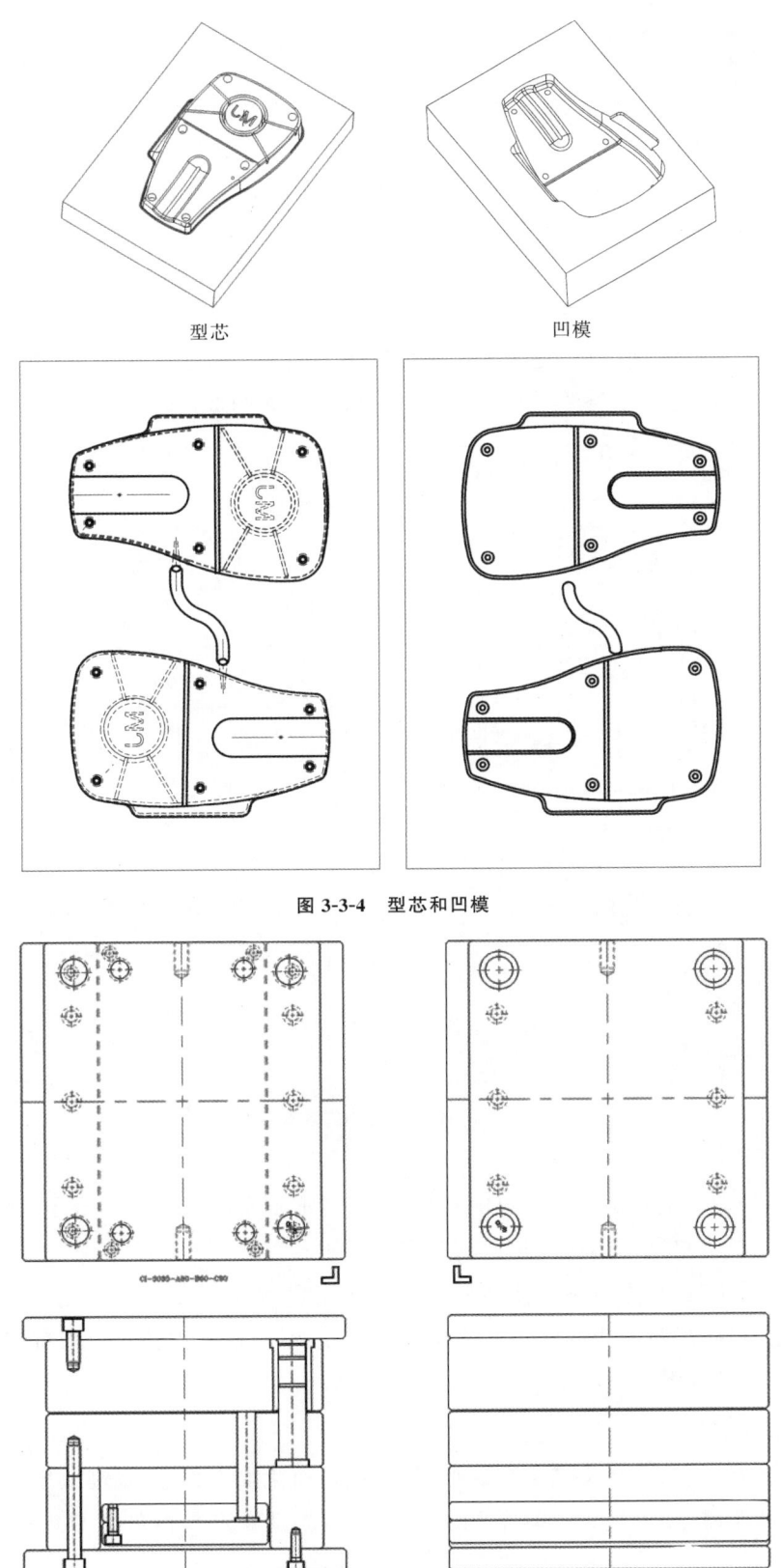

型芯　　　　　　　　　凹模

图 3-3-4　型芯和凹模

图 3-3-5　LKM 标准模架

> **重点提示**
>
> 在选用标准模架时,二板模在 2 750 mm 以上的,定模板厚度应为凹模的深度加 25~35 mm,动模板厚度应为凹模的深度加 50~70 mm;模架在 2 525 mm 以下的,定模板厚度应为凹模的深度加 25~30 mm,动模板厚度应为凹模的深度加 50~60 mm。这些都是实践经验数据,详细参数可查阅相关资料。

6. 装配内模镶块

装配内模镶块就是把凹模、型芯各个视图以中心位置对齐装入模架中,以便能够清晰地显示分型面的位置,为设计浇注系统、冷却系统做准备,如图 3-3-6 所示。

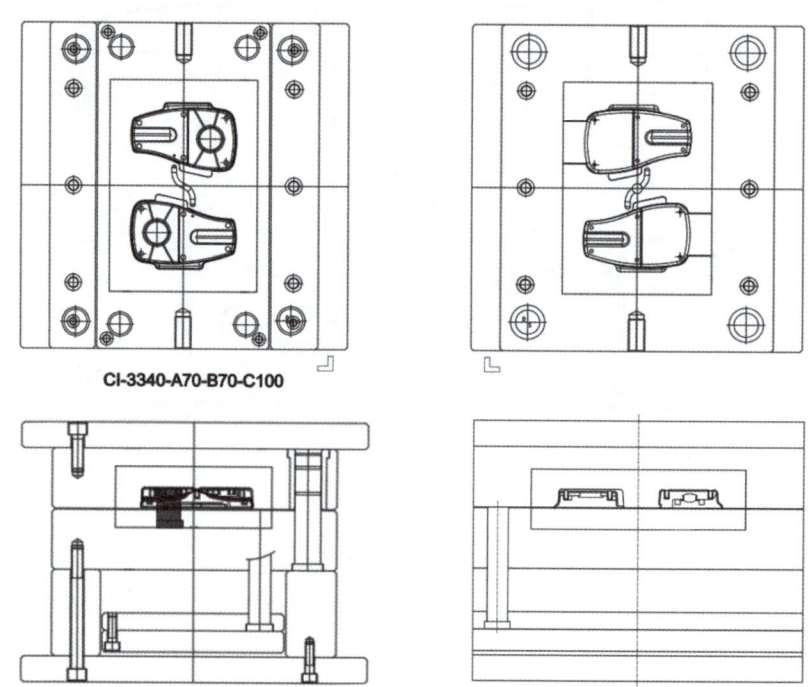

图 3-3-6 装配凹模、型芯

7. 设计浇注系统

浇注系统的设计主要包括主流道的选择、分流道截面形状与尺寸的确定、浇口位置的选择以及浇口形式、浇口截面形状与尺寸的确定。

设计浇注系统时,首先应考虑使塑料能够迅速充满型腔,尽量减小压力与热量的损失;其次从经济上考虑,尽量减小因流道而产生的废料比例;最后考虑使浇口痕迹容易去除。设计完成的浇注系统如图 3-3-7 所示。

8. 设计镶件

模具采用镶件结构既有优点又有缺点,其优点是简化加工程序,提高效率,方便加工、热处理和排气,便于维修、更换、改模,节约成本和材料。其缺点是镶件数量太多会影响模具强度。

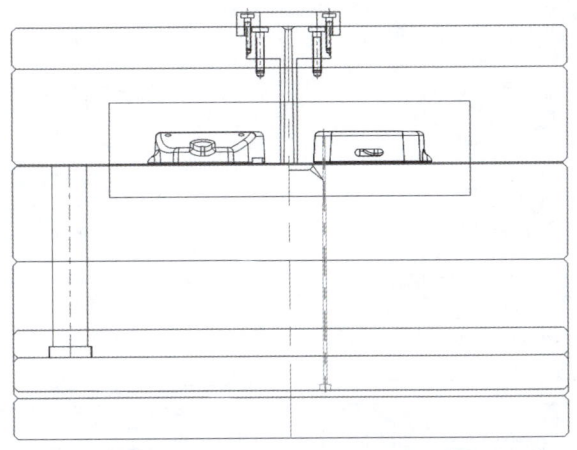

图 3-3-7 设计完成的浇注系统

此产品采用镶件结构的原因是针对易损坏的碰穿区域可进行方便的替换。镶件的设计如图 3-3-8 所示。

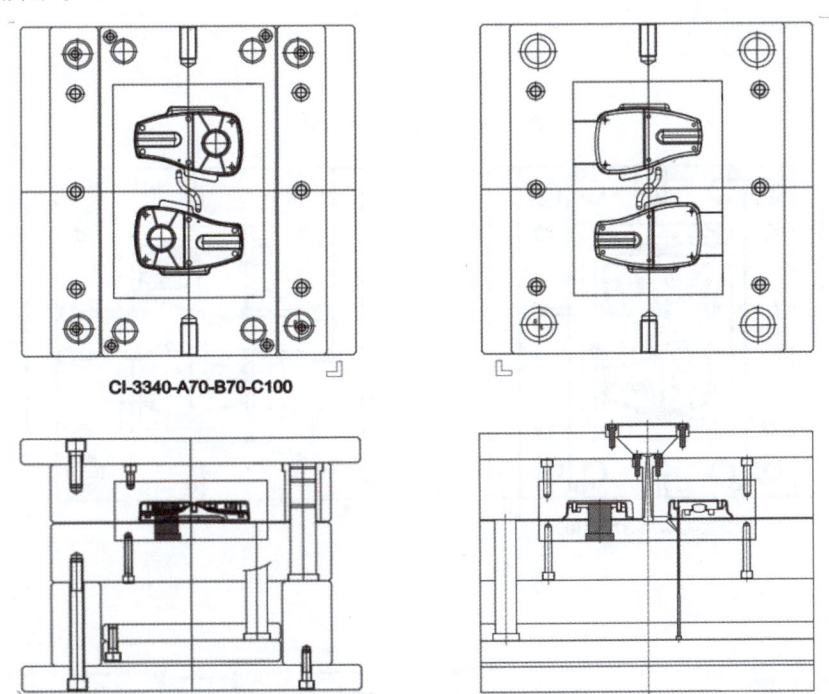

图 3-3-8 镶件的设计

9. 设计推出机构

产品的推出是注塑成型中的最后一个环节,推出机构设计质量的好坏将最终决定产品质量的好坏。本产品推出机构的设计如图 3-3-9 所示。

10. 设计冷却系统

在模具中设计温度调节系统的目的是通过控制模温,使注塑成型具有较好的产品质量和较高的生产率。本产品冷却系统的设计如图 3-3-10 所示。

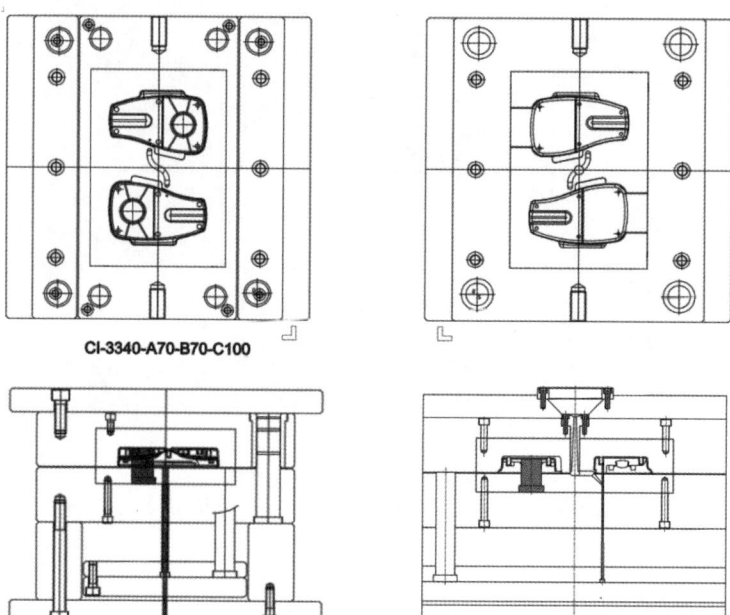

Cl-3340-A70-B70-C100

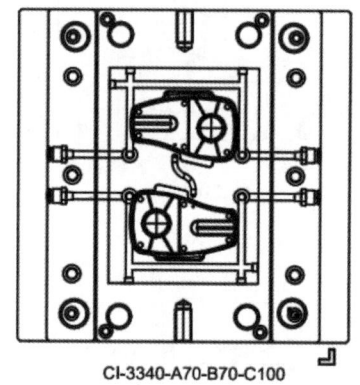
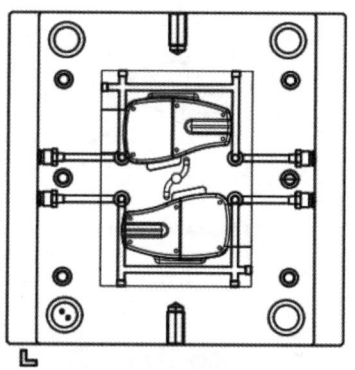

图 3-3-9　推出系统的设计

Cl-3340-A70-B70-C100

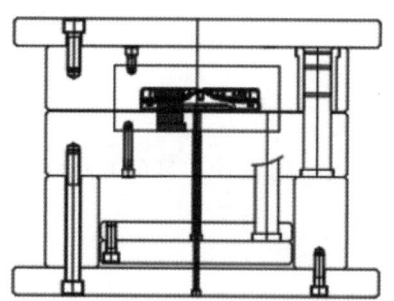
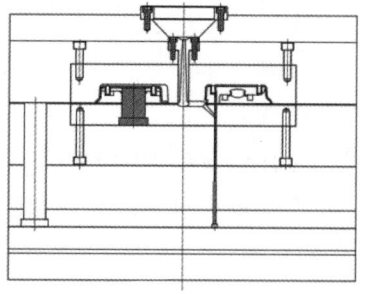

图 3-3-10　冷却系统的设计

> **重点提示**
>
> 冷却系统的设计原则是水道尽量靠近型腔表面,且各水道到型腔表面的距离尽量相等,以加强冷却并保持模温均匀。

11. 调用标准件

把固定内模镶块、浇口套的螺钉从燕秀工具箱的"标准零件库"中调出,并以中心对齐方式插到模架中。本产品紧固件的设计如图 3-3-11 所示。

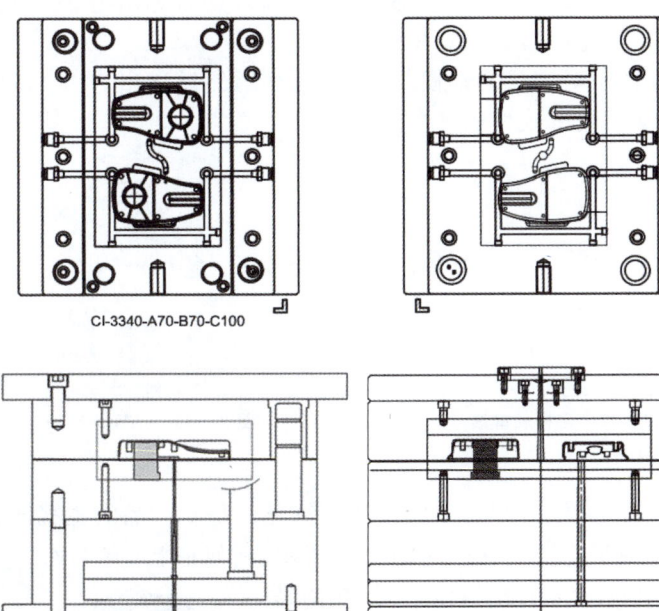

图 3-3-11 紧固件的设计

三、设置产品收缩率

一般的塑胶产品都是经过注塑机高温高压把塑胶注射到模具型腔里面,然后再冷却成型的。由于刚注塑出来的产品具有一定的温度,在室温下存放一段时间后,产品的尺寸会缩小(热胀冷缩的原理),因此设计模型之前,模具设计员必须考虑材料的收缩并按比例增大参照模型的尺寸,以保证常温下的产品尺寸和图样尺寸最为接近。

在 UG 软件中对塑料产品进行模具设计时,首先要设置产品收缩率,否则得不到尺寸合格的产品。

> **重点提示**
>
> 不同的塑料具有不同的收缩率,塑料的收缩率可通过查阅相关资料得知,也可从塑料的供应商那里获得。本例模型使用的材料为 ABS,收缩率为 0.29%~0.76%,在实际工厂生产中取平均值为 0.5%。

四、模具成型结构设计

一般来说,模具成型结构设计包括分型面设计(抽取分模线)、排位设计、镶件设计和型芯、凹模设计等,下面逐步介绍其操作过程。

1. 抽取凸凹模轮廓线

抽取凸凹模轮廓线的过程就是把产品图拆分为动、定模的过程,确定哪些特征留在动模,哪些特征留在定模。操作过程如下:

(1)在三维建模软件中对产品的定模部分进行投影,然后导出为 2D 图档,在 AutoCAD 中进行编辑。导出的定模轮廓线如图 3-3-12 所示。

(2)在三维建模软件中对产品的动模部分进行投影,然后导出为 2D 图档,在 AutoCAD 中进行编辑。导出的动模轮廓线如图 3-3-13 所示。

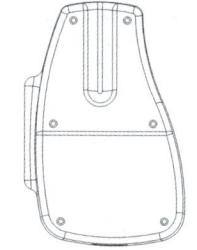
图 3-3-12 定模轮廓线

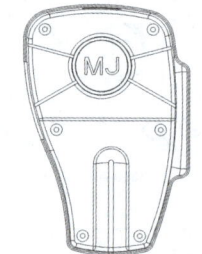
图 3-3-13 动模轮廓线

2. 布局设计

型腔布局也称排位。一模多腔的布局在通常情况下是对产品的主视图、俯视图、侧视图进行布局,模具型腔的数量主要根据产品的投影面积、几何形状(有无抽芯)、产品精度和产品批量来确定。常用的命令一般是镜像、移动和旋转复制等。本产品一般一模两件,布局设计的过程如下:

(1)将产品中心移动到三维建模软件中的绝对坐标中心,然后将产品沿 Y 方向移动 50 mm,使用移动对象命令将产品进行旋转,旋转轴为 XZ 轴,旋转中心点为绝对坐标原点。布局完成后的效果如图 3-3-14 所示。

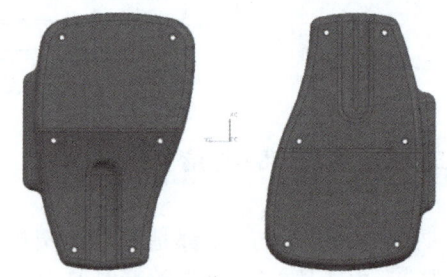
图 3-3-14 布局完成后的效果

> **重点提示**
>
> 在进行产品布局时,一定要注意两个产品的间距。根据工厂时间经验,两个产品的间距为 15~30 mm,本产品的间距取为 23.7 mm。对本产品而言,如果间距太小,则会给潜伏式浇口的顶出带来很大的困难,且型芯之间的距离太小,会降低模具强度;如果间距过大,则在实际生产过程中产品的流道废料太多。另外还要注意,产品中心距的取值要为整数,本产品的中心距取为 100 mm,其目的是在加工时便于定位,以保证模具精度。

(2)将产品的定模轮廓线、动模轮廓线及特征剖面表达出来,然后导出为 2D 图档。导出后的 2D 图档如图 3-3-15 所示。

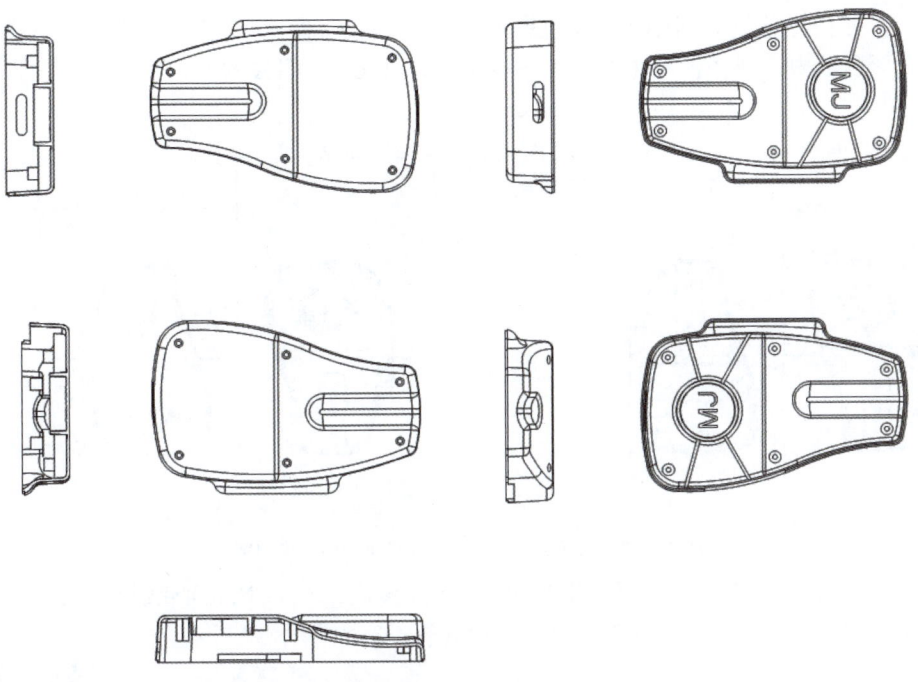

图 3-3-15　导出后的 2D 图档

(3)对导出后的 2D 图档进行镜像,镜像后的图档将用于 2D 设计。此时零件布局已经完成,并完成了从三维到二维的转化。产品零件图的镜像方式如图 3-3-16 所示。

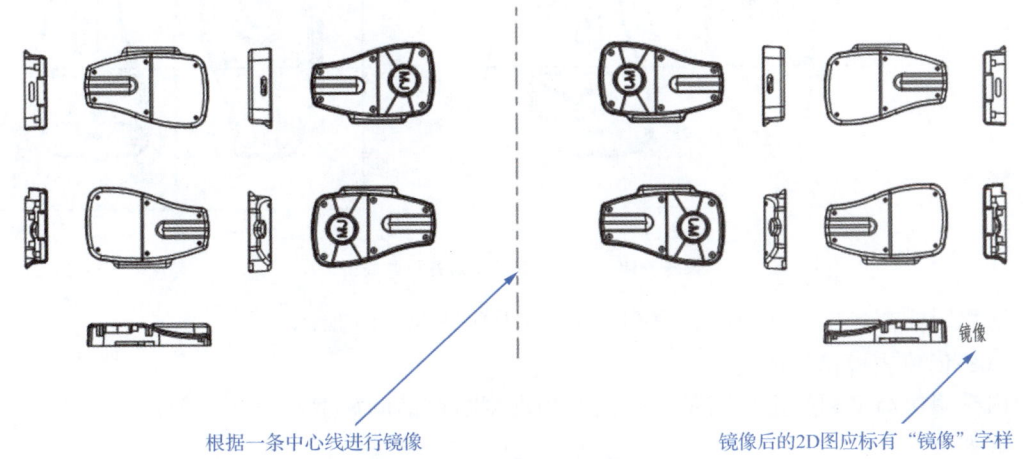

图 3-3-16　产品零件图的镜像方式

3. 创建内模镶块

使用偏置命令创建内模镶块的长度、宽度、高度,再用倒圆角命令裁剪周边线条。偏移距离的大小可根据现场实践经验取值,一般小型产品的内模镶块边与产品的距离为 20～30 mm,大型产品的内模镶块边与产品的距离为 35～50 mm。创建内模镶块的过程如下:

(1) 创建内模镶块的长度和宽度

① 单击"修改"工具栏中的"偏移"图标按钮，或在命令行中输入快捷指令"O"（OFFSET）并按空格键，按照命令行的提示分别输入偏移距离"90"和"70"并按空格键确认，然后在图形区域中选择凹模的中心线作为要偏移的对象，在偏移的方向单击，结果如图3-3-17所示。

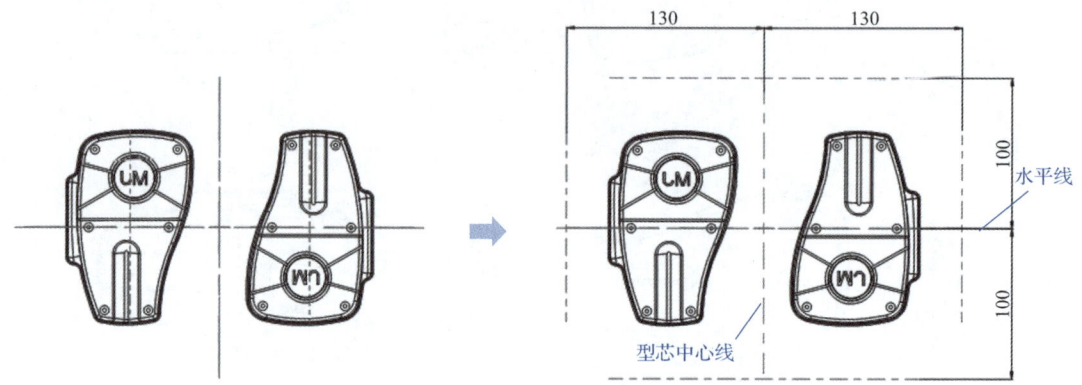

图3-3-17　基准图形偏移创建内模镶块的长度和宽度

② 使用"修改"工具栏中的"倒圆角"命令对偏移出来的四条中心线进行修剪，并用"刷子"命令将内模镶块的四条边改为实线，结果如图3-3-18所示。

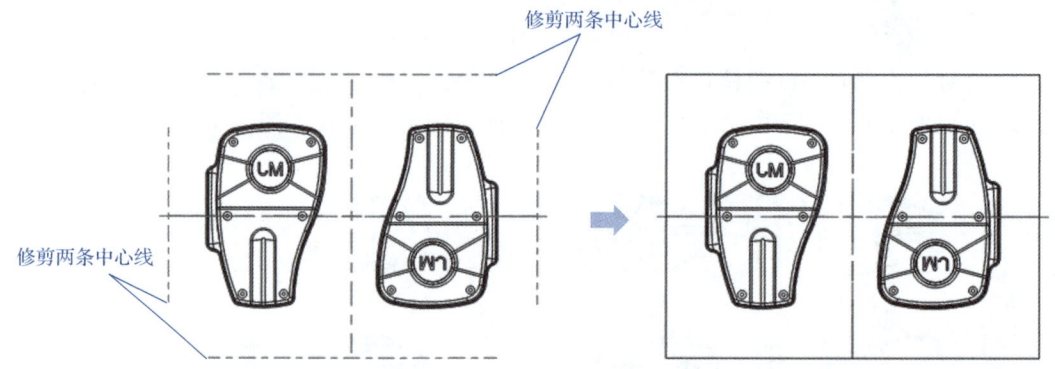

图3-3-18　修剪内模镶块边并更改线型

③ 用同样方法创建凹模的长度和宽度，结果如图3-3-19所示。

(2) 创建内模镶块的高度

内模镶块高度的确定原则是内模镶块的高度与产品的深度成正比。创建内模镶块高度的过程如下：

① 以分型面为偏移基准线，使用"偏移"命令创建内模镶块的高度，凹模的高度为45 mm，型芯的高度为30 mm，如图3-3-20所示。

> **重点提示**
>
> 在创建内模镶块高度的过程中，将产品剖视图作为原图，依据分模线把多余的线删掉，只留下剖面即可，以备模具装配之用。

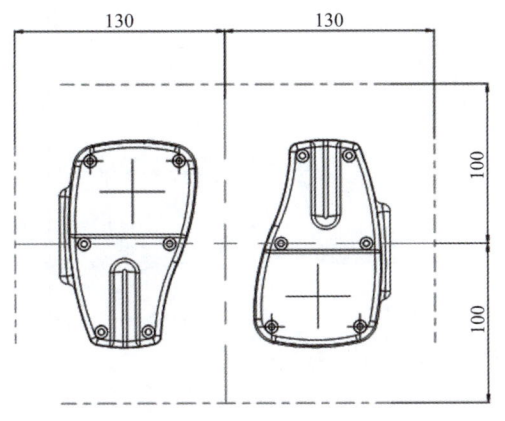 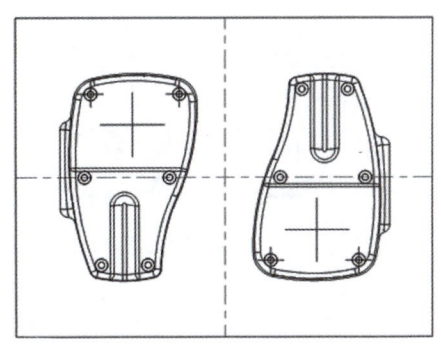

图 3-3-19　创建凹模的长度和宽度

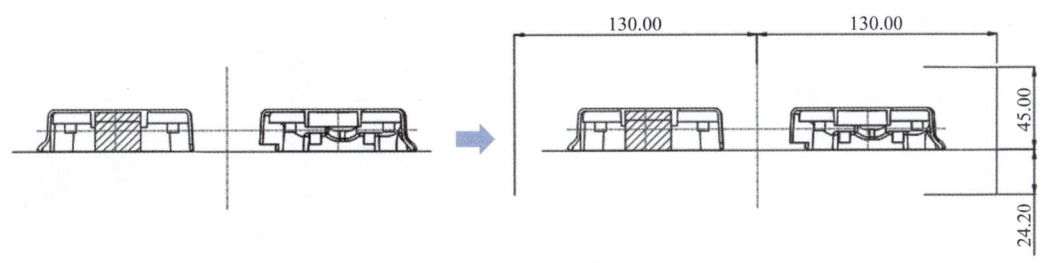

图 3-3-20　创建内模镶块的高度

②同理,使用"倒圆角"命令"F",输入倒圆角的值为"0",然后直接选取要连接的两条边,完成偏移中心线的修剪,再用"刷子"命令将虚线的内模镶块边线改成实线,生成的内模镶块边如图 3-3-21 所示。

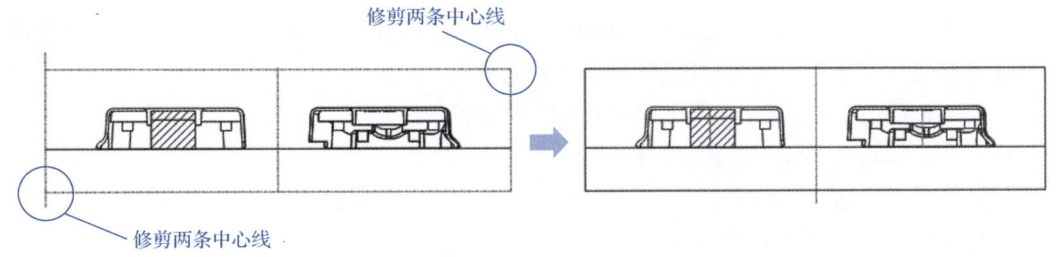

图 3-3-21　更改内模镶块边的线型

(3) 分型面设计

分型面就是分割出凹模和型芯之间的面。由于该零件的分型面为高低面,因此需要在主视图中设计分型面。其操作过程如下:绘制局部平面分型面,在命令行中输入快捷指令"L"(LINE),做出最长为 8 mm 的直线,并做出另一条与其平齐的直线,然后使用"倒圆角"命令"F",输入倒圆角的值为"2",并在倒圆角后创建一条直线,绘制出倒圆角效果,如图 3-3-22 所示。为了更加明确分型线的概念,可对照图 3-3-23 所示的分型面来识别分型线。

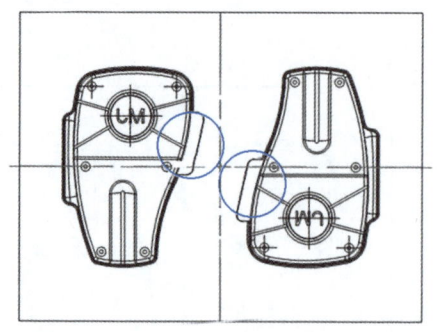
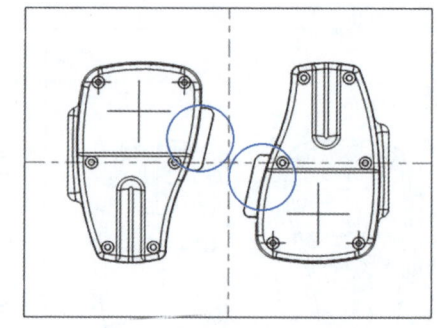

图 3-3-22　绘制分型线

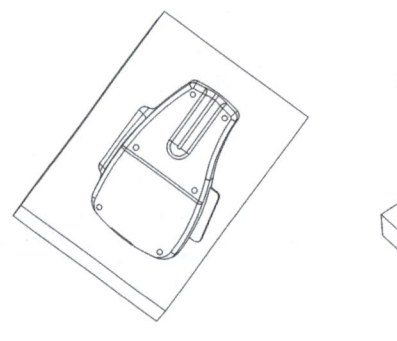
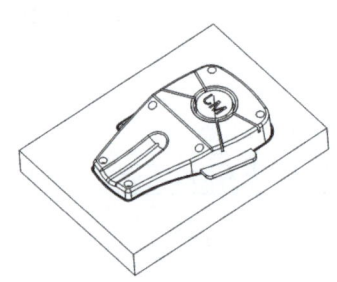

图 3-3-23　分型面效果示意图

五、模架设计

模架按结构形式一般分为二板模和三板模两类。

二板模即单分型面注射模架,模具打开后,产品及流道凝料一起留在动模,由推出机构顶出。模具再重新闭合时,一般通过复位杆使推出机构复位。在设计过程中,在保证设计质量的前提下应尽量使用二板模,因其具有以下优点:

- 结构简单,装配容易,故障少,模具使用寿命长。
- 适用于塑料件自动掉落的情况,成型周期短。
- 浇口能选择各种形式。
- 浇口位置的设定没有严格规定。
- 模具价格较低。

其缺点是浇口位置受约束较大。

三板模泛指浇注系统的凝料和制品由不同的分型面取出。三板模与二板模相比,不同之处是在定模部分增加了一块可往复移动的脱料板,多用于点浇口的单型腔或多型腔模具。在点浇口浇注、一模多腔、浇注点偏置的情况下可采用三板模。

模架的大小主要取决于塑料产品的大小与结构,对于特殊的塑料制品,应注意以下几点:

- 有时为了冷却水路的需要,应对镶件的尺寸加以调整,以取得较好的冷却效果。

- 结构复杂而需要做特殊的分型或推出机构,或有侧向分型结构而需要做滑块时,应根据不同情况适当调整镶件和模架的大小以及各模板的厚度,以保证模架的强度。

根据模架与内模镶块之间的尺寸对应关系,确定本产品的模架型号为 LKM-CI-3035-A80-B60-C90。

1. 调用标准模架

使用燕秀工具箱创建标准模架,其操作过程如下:

(1)在"燕秀工具箱"工具栏上单击"标准模架"图标按钮,系统弹出"燕秀工具箱-模坯"对话框,在此对话框中设置图 3-3-24 所示的模架参数。

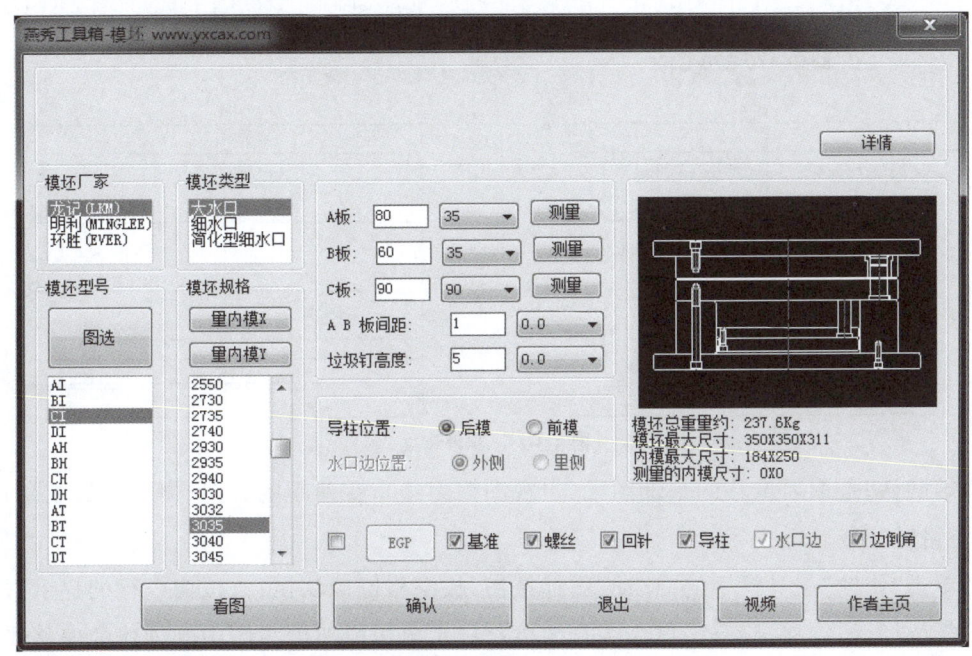

图 3-3-24 "燕秀工具箱-模坯"对话框参数设置

(2)按命令行提示在图形区单击拾取任一点作为基准点,系统自动调出按参数设计好的模架(共四个视图),如图 3-3-25 所示。

2. 装配内模镶块

装配内模镶块就是将已经设计好的前动模按照中心对齐原则插入到模架中适合的位置,它是进行模具结构设计的前提条件。装配内模镶块的过程如下:

(1)移动复位杆

移动复位杆是为了方便看图,因为从标准模架库中调出的模架图中,复位杆显示在模架主视图中,而主视图需要做推出机构,故需要把复位杆移动到侧视图中。移动复位杆的操作步骤如下:

①在主视图中用"偏移"命令偏移出复位杆的中心线,单击"修改"工具栏中的"偏移"图标按钮,按命令行提示输入偏移距离"30"(测量复位杆中心到模架边的距离为"30"),并

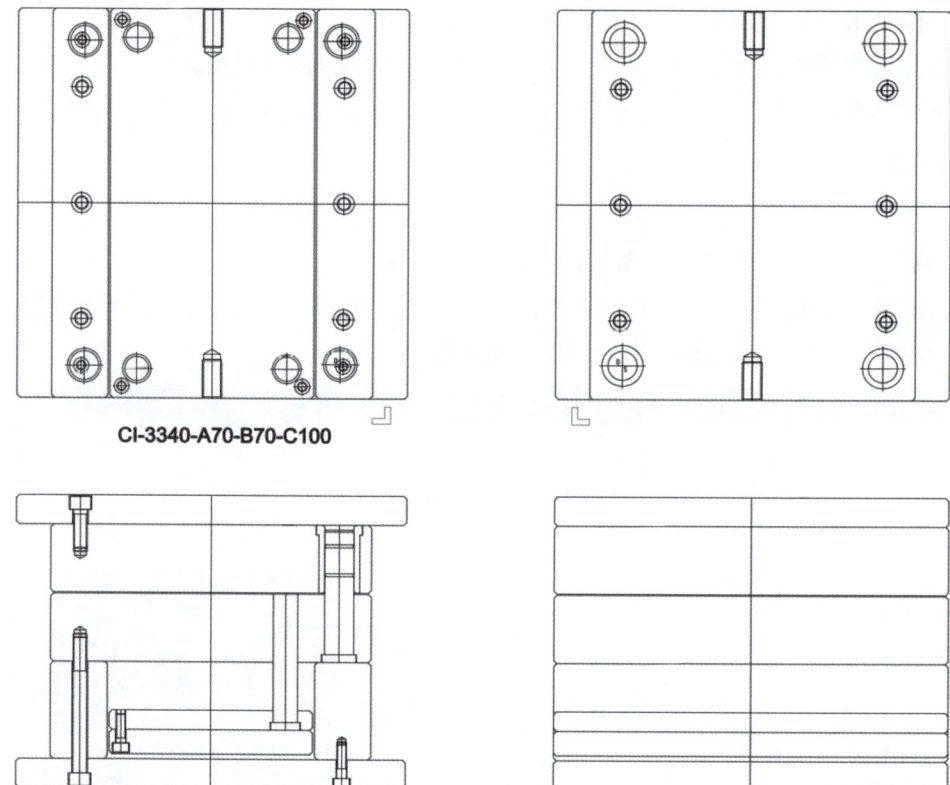

图 3-3-25 标准模架

按空格键确认;选取要偏移的基准图元(主视图模架边),在偏距的方向(模架边的右侧)上单击,按空格键完成。

②单击"修改"工具栏中的"移动"图标按钮,按空格键确认执行,按命令行的提示框选要移动的复位杆,按空格键确认;按命令行的再次提示单击模架侧视图中刚创建的偏移线与推杆固定板的交点作为移动基点,接着按空格键确认;按命令行的再次提示单击模架侧视图中刚创建的偏移线与推杆固定板的交点作为移动目的点,完成复位杆的移动,结果如图 3-3-26 所示。

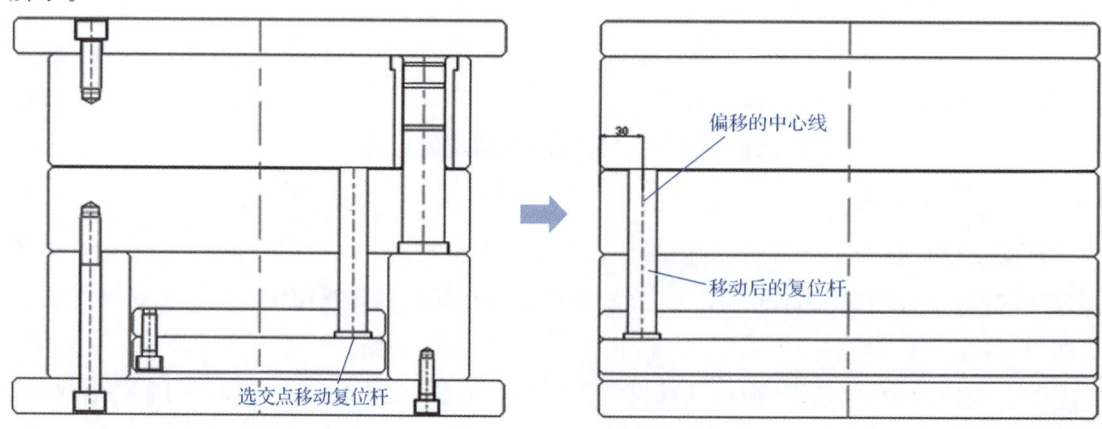

图 3-3-26 移动复位杆

(2)装配内模镶块

①单击"修改"工具栏中的"移动"图标按钮✢,按空格键确认执行,按命令行提示框选要移动的凹模,按空格键确认;接着按命令行提示单击选取凹模的中心点作为移动基点,然后按空格键确认;再次按命令行提示单击定模架俯视图的中心点作为移动目的点,完成凹模的装配,结果如图 3-3-27 所示。

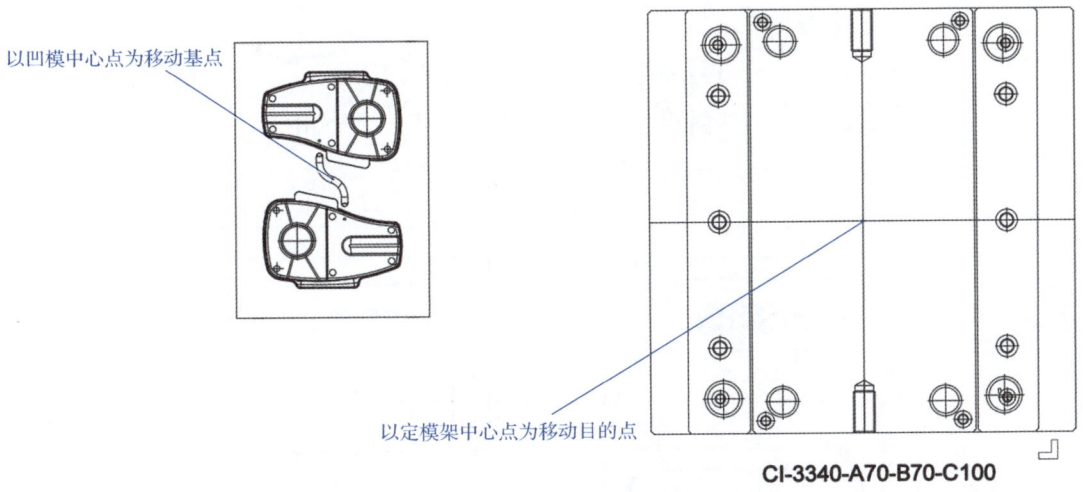

图 3-3-27　装配凹模

②用同样方法移动装配型芯,最终结果如图 3-3-28 所示。

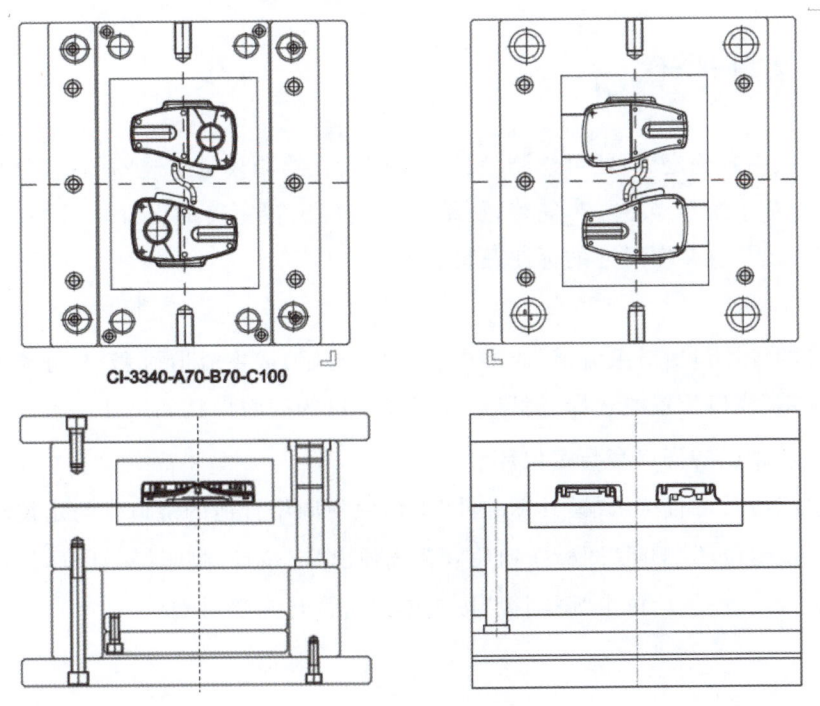

图 3-3-28　装配型芯

③为方便内模镶块的装配,应在前动模视图中内模镶块的四角处画四个避空孔,最终结果如图 3-3-29 所示。

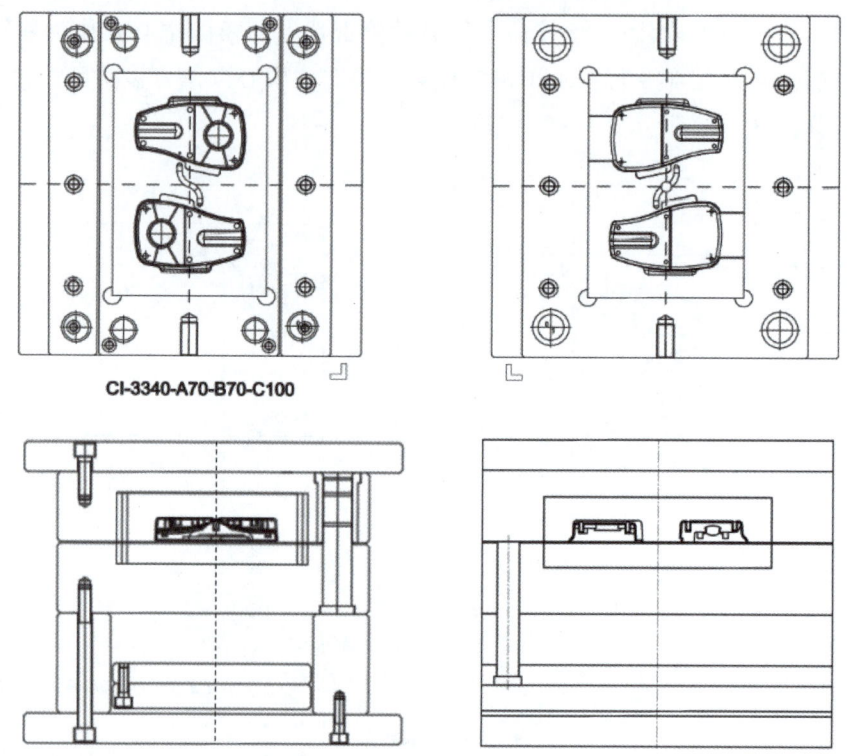

图 3-3-29　内模镶块边避空

六、模具总装图设计

模架及有关内容确定后,便可绘制模具总装图。在绘制模具总装图的过程中,对已选定的浇注系统、冷却系统等做进一步完善,从结构上实现比较完美的设计。另外,可根据需要添加紧固螺钉、模具总装图尺寸的标注及材料清单。

1. 浇注系统设计

浇注系统的设计包括对主流道(通常指浇口套(唧咀)或主流道衬套)与分流道的截面形状及尺寸的确定、浇口位置的选择、浇口形式以及浇口的截面形状和尺寸的确定。

(1)设计侧视图的浇口套与定位环

①设计主流道时可直接从"模具标准件"工具栏中调用合适的浇口套与定位环,在"模具标准件"中单击"定位环/唧咀"图标按钮,系统弹出"定位环/唧咀"对话框,按照图 3-3-30 所示对参数进行设置,然后单击"画剖视"按钮创建定位环与浇口套。

项目三 模具设计

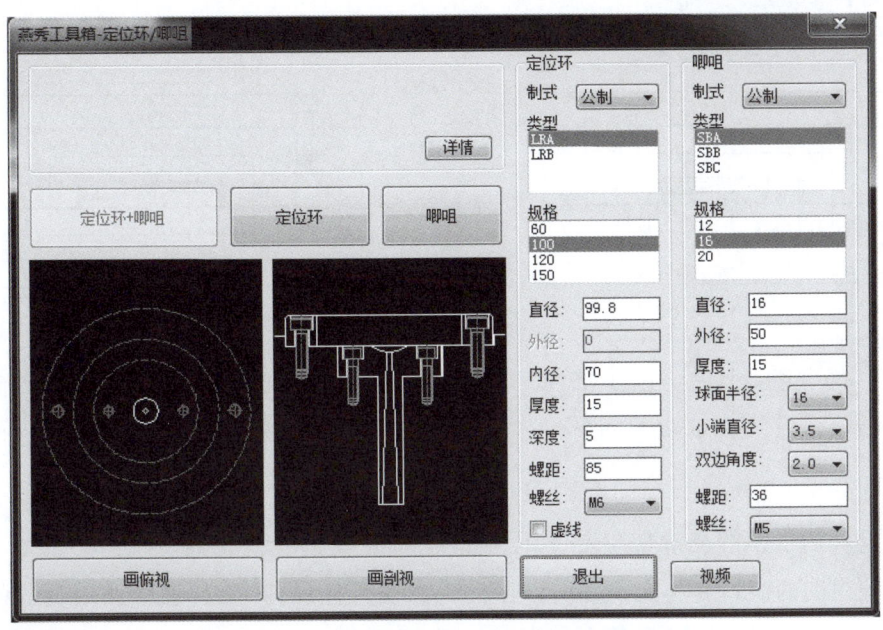

图 3-3-30　侧视图中浇口套与定位环的参数设置

> **重点提示**
>
> 喷嘴包含定位环与浇口套。因为模具分流道留在定模,所以喷嘴需添加防转销,防止喷嘴转动而堵塞流道。

②在图形中指定图 3-3-31 所示的两点作为浇口套的放置参考点。

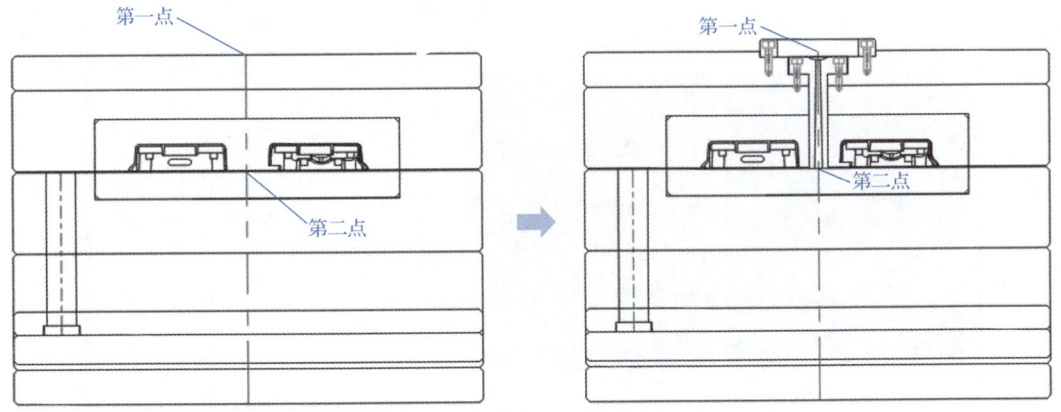

图 3-3-31　侧视图中调用浇口套

（2）设计主视图的浇口套与定位环

因为浇注系统在侧视图中表达更为理想,也方便看图,所以主视图的浇口套可以只显示外形轮廓。利用长对正、宽相等、高平齐的投影规律设计主视图中的浇口套,创建结果如图 3-3-32 所示。

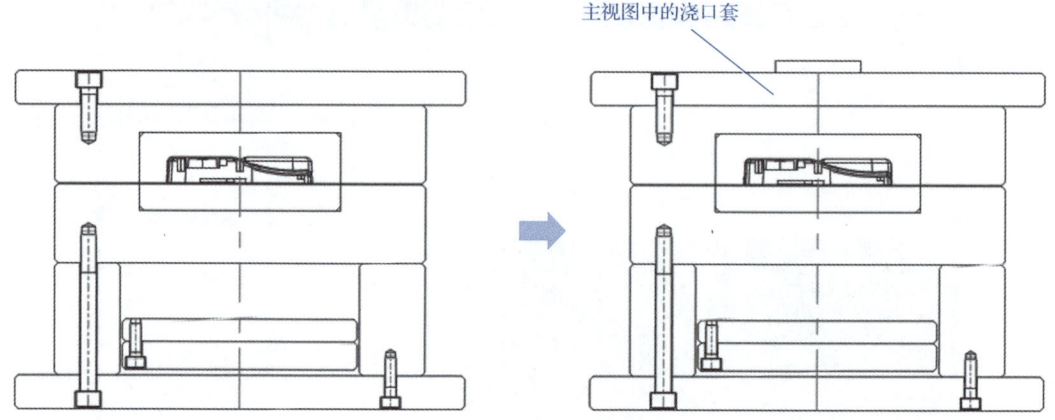

图 3-3-32 主视图中浇口套的设计

(3) 设计俯视图的浇口套与定位环

设计俯视图的浇口套与定位环时,可直接从"模具标准件"工具栏中调用合适的浇口套与定位环。在"模具标准件"中单击"定位环/唧咀"图标按钮,系统弹出"定位环/唧咀"对话框,按照图 3-3-33 所示对参数进行设置,然后单击"画俯视"按钮创建定位环与浇口套,结果如图 3-3-34 所示。

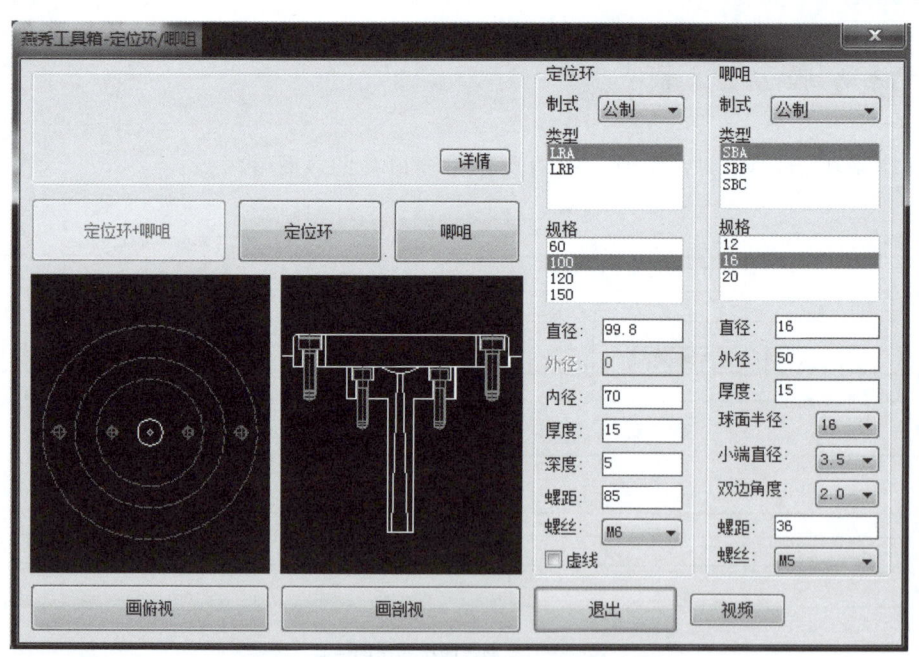

图 3-3-33 俯视图中浇口套与定位环的参数设置

(4) 设计分流道

分流道是塑胶进入型腔的过渡部分,可通过截面形状、尺寸及方向的变化使塑胶平稳地进入型腔,以保证成型的最佳效果。

项目三 模具设计

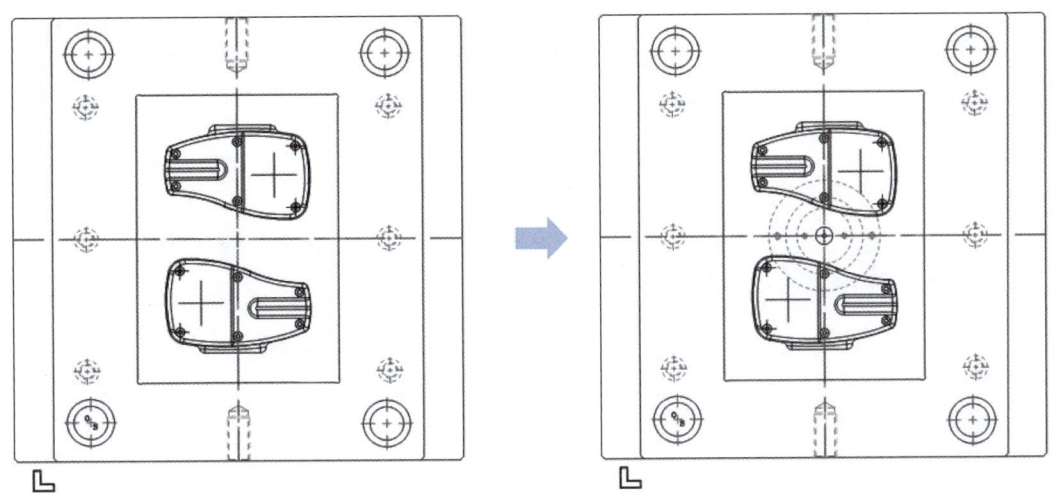

图 3-3-34 俯视图中浇口套与定位环的设计

①由于此模具有左、右两个产品，因此在动模型芯的竖直中心线上绘制流道分布线即可。使用直线、偏移、倒圆角命令在动模俯视图上绘制并编辑分流道分布图，如图 3-3-35 所示。

②同样利用直线、偏移、倒圆角命令在定模俯视图上绘制并编辑分流道分布图，如图 3-3-36 所示。

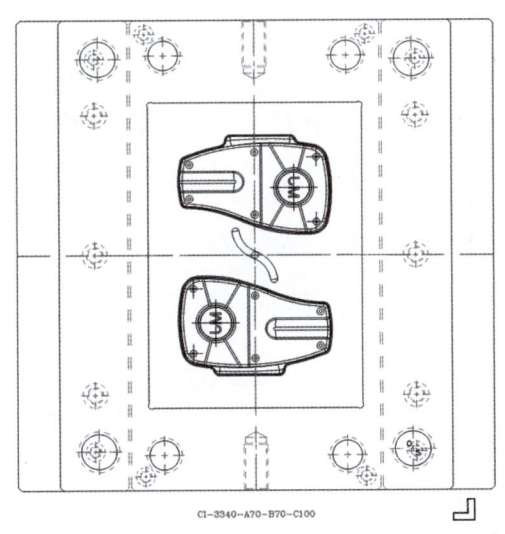

图 3-3-35 动模俯视图的分流道　　　　图 3-3-36 定模俯视图的分流道

③根据投影规律在主视图中绘制分流道，结果如图 3-3-37 所示。

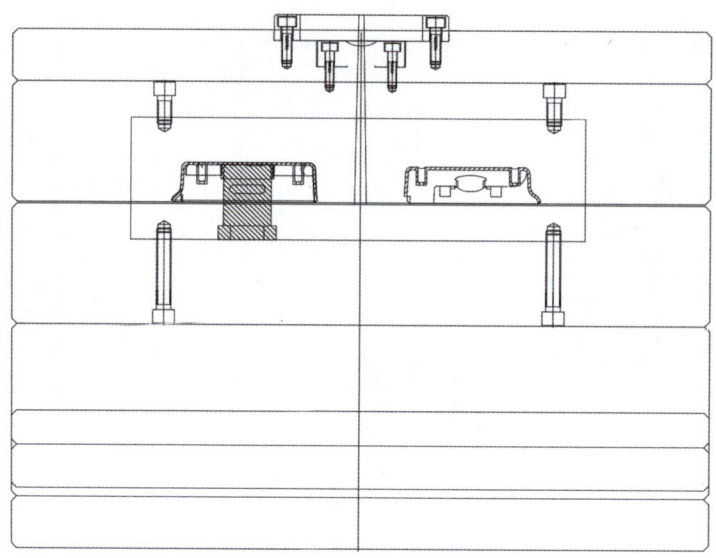

图 3-3-37 主视图的分流道

重点提示

　　由于本产品采用潜伏式浇口,因此产品最大轮廓线和分流道最大轮廓线之间的距离不小于 2 mm。若此距离太小,则会降低模具强度。

(5)设计浇口

　　浇口也称进料口,是连接分流道与型腔的通道,也是注塑模具浇注系统最后的部分。本例采用普通浇口,其特点是形状简单,加工方便,几乎所有的塑胶都可以使用这个浇口。创建该浇口要用到两根推杆,推杆的创建后面会有详细的讲解。潜伏式浇口的设计如图 3-3-38 所示。

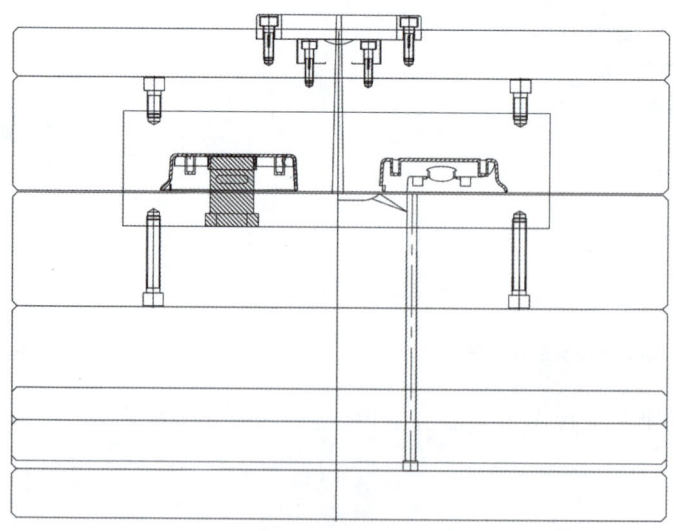

图 3-3-38 潜伏式浇口的设计

> **重点提示**
>
> 潜伏式浇口分为推切式和拉切式,适合成型 PP、PA、POM、ABS、PVC 等塑料,不适合成型较脆的塑料,浇口处推杆的位置要给浇口变形留有足够的距离,以便顺利脱模。

(6)设计镶件

利用产品的特征设计镶件,结果如图 3-3-39 所示。

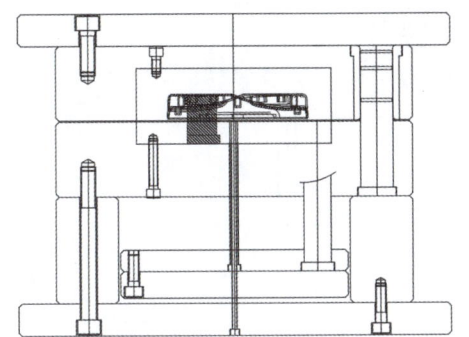 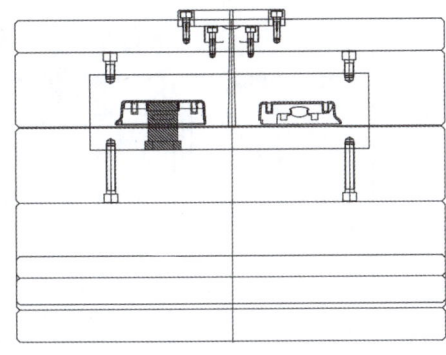

图 3-3-39　镶件的设计

2. 推出机构设计

使用燕秀工具箱创建推出机构,其操作过程如下:

(1)使用推杆(顶针)作为拉料杆,在"燕秀工具箱"工具栏中调出"模具标准件"对话框,单击该对话框中的"推杆"图标按钮,系统弹出"燕秀工具箱-圆顶针"对话框,设定图 3-3-40 所示的推杆参数。

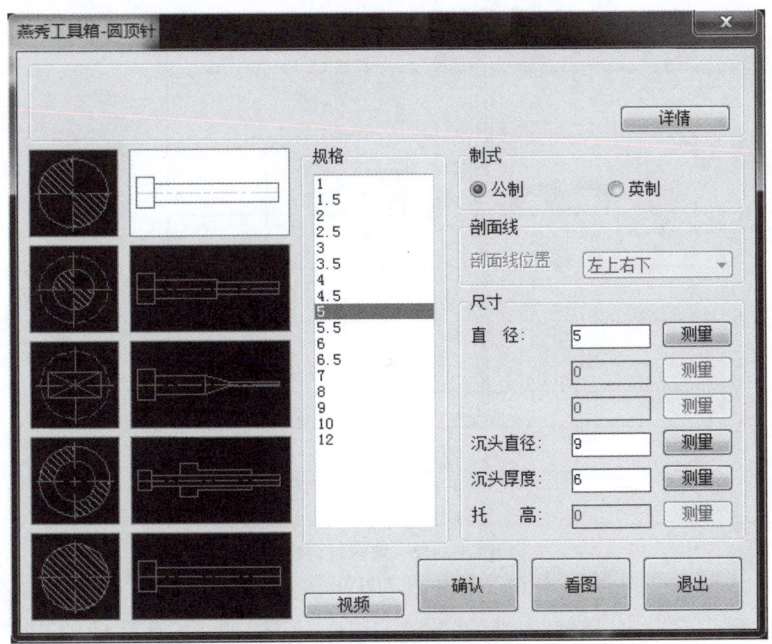

图 3-3-40　设定推杆参数

(2)命令行提示"请指定第一点",在侧视图中单击一点(模具中心线与推杆固定板底边的交点);命令行接着提示"请指定第二点",单击此线到分型面的垂足,将其作为第二点,完成推杆的调用,结果如图3-3-41所示。

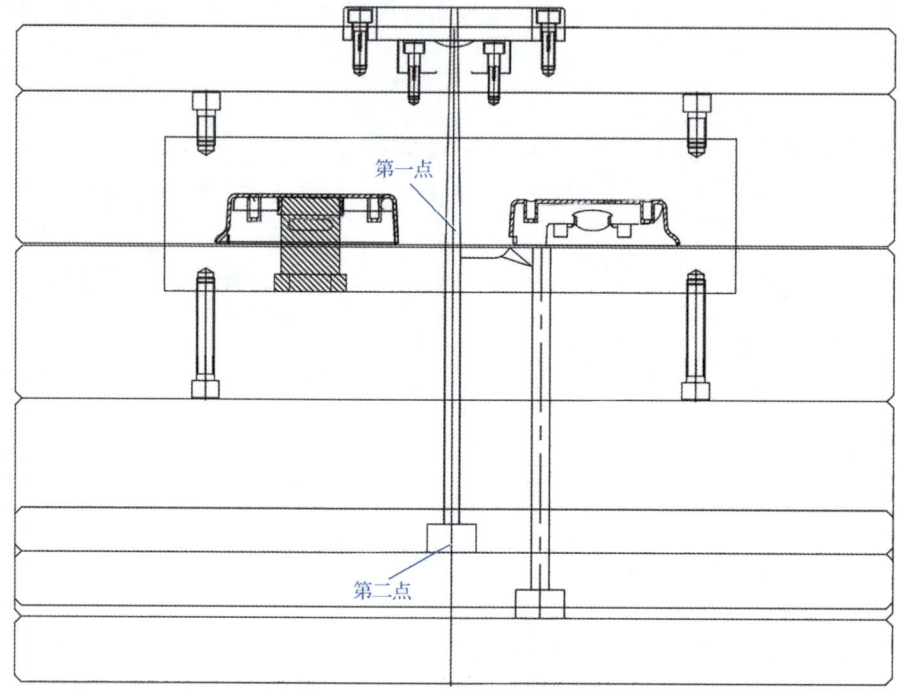

图3-3-41 调用标准推杆

(3)使用直线和修剪命令编辑拉料杆,结果如图3-3-42所示。

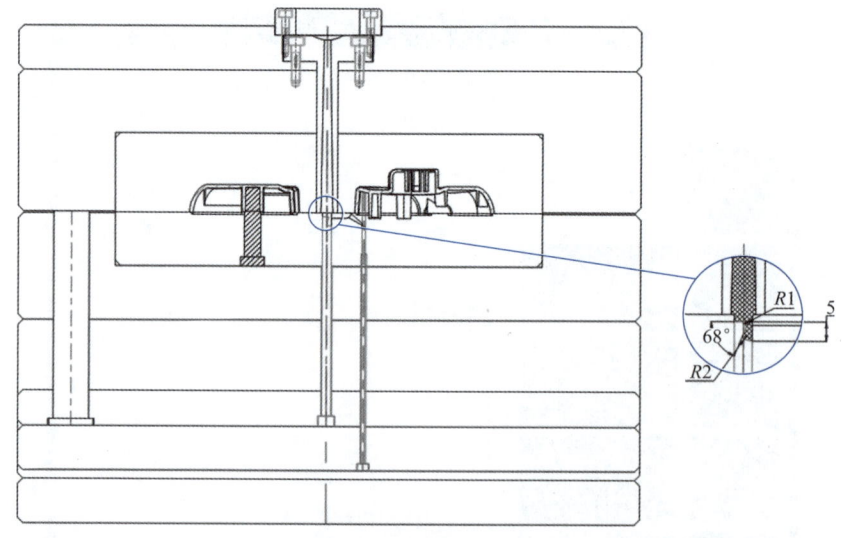

图3-3-42 编辑拉料杆

(4)在"模具标准件"对话框中单击"推杆"图标按钮,系统弹出"燕秀工具箱-圆顶针"对话框,在此对话框中选择推杆俯视图,然后单击"确认"按钮,完成推杆的投影设置,结果如图3-3-43所示。

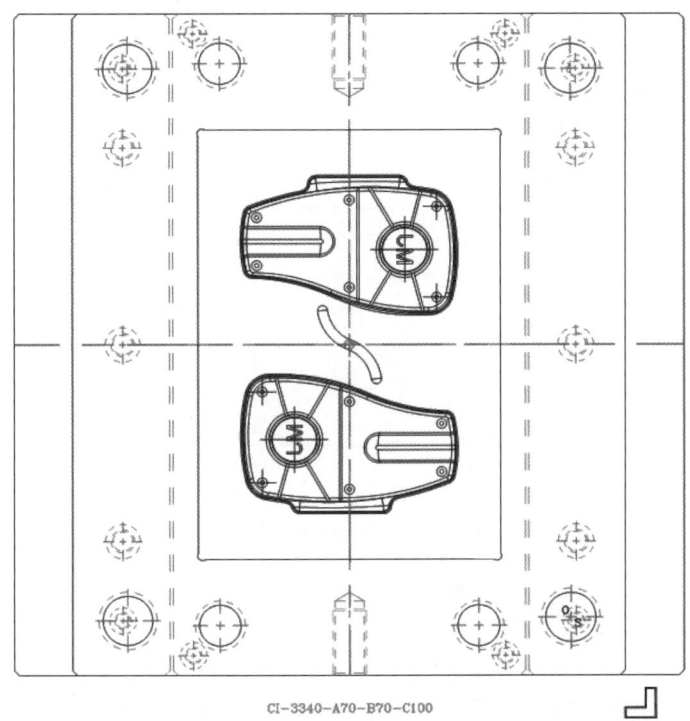

图 3-3-43　创建动模俯视图的拉料杆

（5）使用类似的方法创建推管。在"模具标准件"对话框中单击"推管"图标按钮，系统弹出"燕秀工具箱-司筒"对话框，在此对话框中设定图 3-3-44 所示的推管参数。

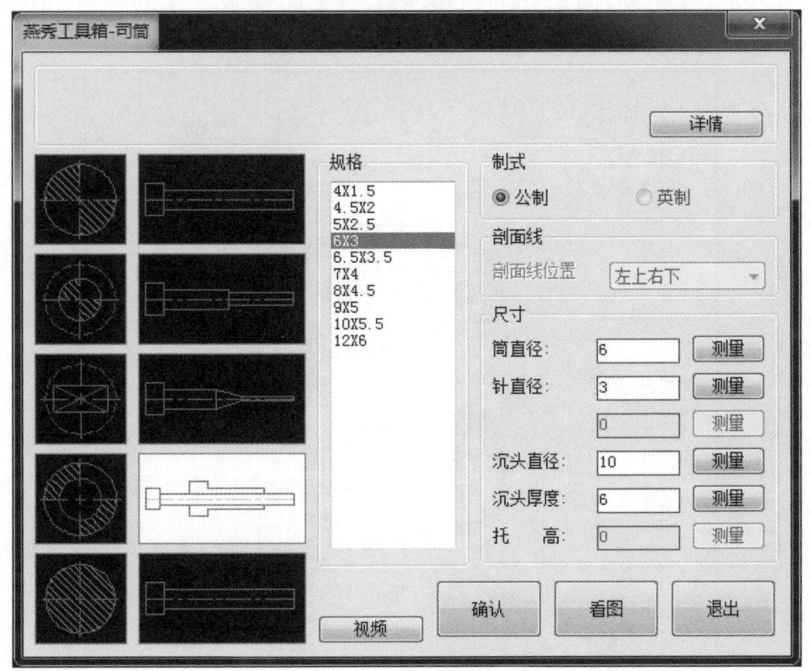

图 3-3-44　设定推管参数

（6）命令行提示"请指定第一点"，在侧视图中单击一点（模架中心线与动模座板底边的交点);命令行接着提示"请指定第二点",单击此线到柱位口的垂足,将其作为第二点,此线到柱位底的垂足为第三点,完成推管的调用,结果如图 3-3-45 所示。

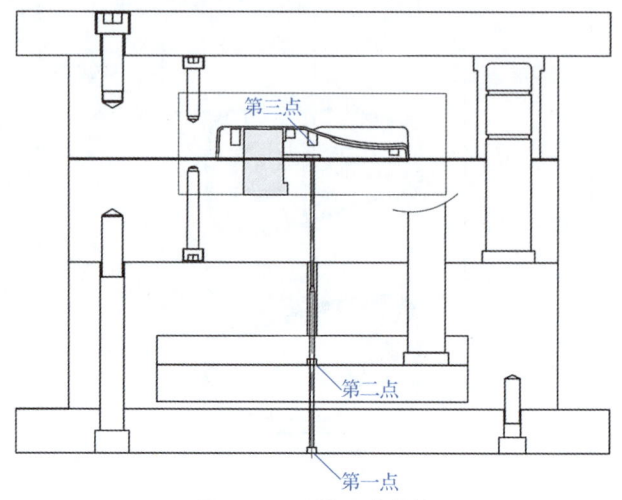

图 3-3-45 侧视图的推管

> **重点提示**
>
> 在主视图中只需表达一个产品的推杆即可,其他推杆在俯视图中表达。潜伏式浇口处的推杆必须加防转销,否则其会旋转方向,致使浇口错位。推杆的排列要使顶出力尽量均匀,同时推杆兼有排气的作用。

(7)根据长对正、宽相等、高平齐的投影规律创建动模俯视图的推杆,结果如图 3-3-46 所示。

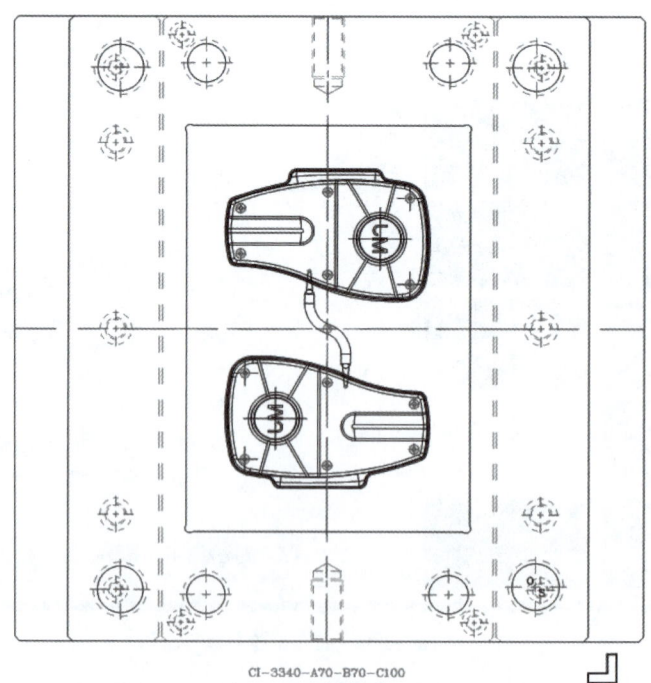

图 3-3-46 创建动模俯视图的推杆

3. 冷却系统设计

注射成型时,模具温度直接影响塑料的填充和塑料制品的质量,也会影响注射周期,因此在使用模具时必须对模具进行有效的冷却,使模温保持在一定范围内。模具的冷却方式有水冷、空气冷却和油冷等,常用的是水冷法。下面讲解如何创建本产品的冷却系统。

(1)单击"修改"工具栏中的"偏移"图标按钮,按空格键确认执行。分别从定模板顶部向下偏移 14 mm,从凹模上面向下偏移 14 mm,从凹模侧边向内偏移 20 mm,然后用圆角命令修剪其线条,结果如图 3-3-47 所示。

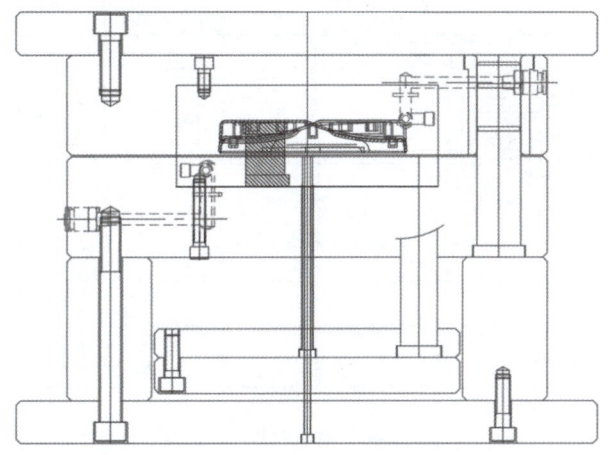

图 3-3-47 创建定模冷却水路中心线

(2)单击"模具标准件"中的"水路"图标按钮,系统弹出"水路"对话框,在"进水"和"出水"列表框中选择需要的水管接头类型,在"水路直径"文本框中输入"8",最后单击"画水路"按钮完成设置,如图 3-3-48 所示。

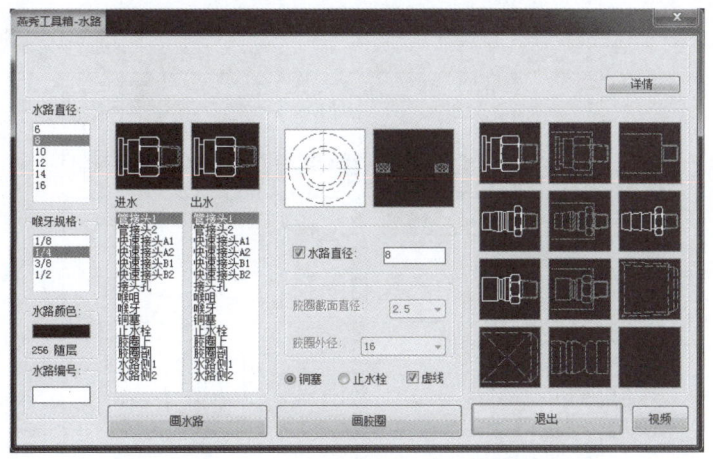

图 3-3-48 定模冷却水路参数设置

> **重点提示**
>
> 冷却水路的设计依据企业实践经验,可供参照的具体数据为:冷却水路到型腔边的距离为 15～20 mm,到镶件边的距离大于 6 mm,到螺钉边的距离大于 5 mm,到推杆边的距离大于 4 mm。

(3)按命令行提示单击选取冷却水路的起点;按命令行提示单击选取下一点;再按命令行提示单击选取下一点,按空格键确认,输入"B"创建O形圈剖面;按命令行提示单击选取下一点,按空格键确认,再按Esc键退出,结果如图3-3-49所示。

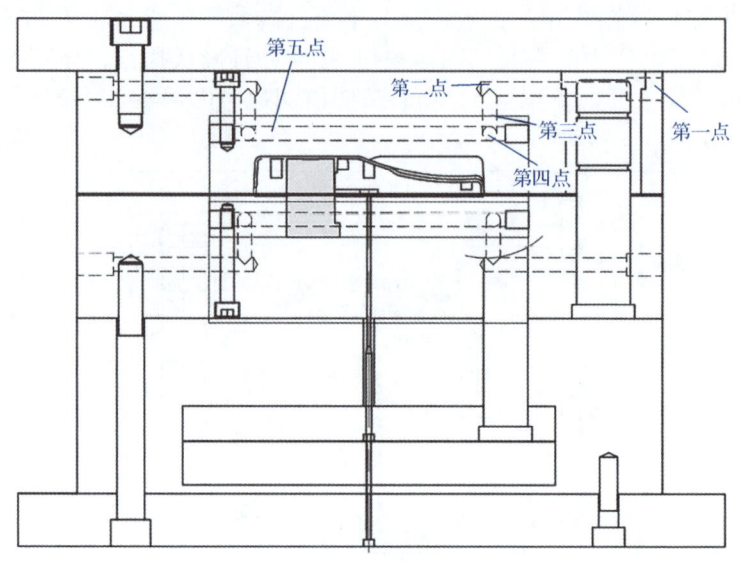

图3-3-49 创建定模冷却水路

(4)单击"修改"工具栏中的"偏移"图标按钮,按空格键确认。分别从动模板底部向上偏移30 mm,从型芯向上偏移15 mm,从型芯边向内偏移15 mm,然后用倒圆角命令修剪其线条。为避免连接螺钉与冷却水路产生干涉(实际是碰不到的),用样条曲线与修剪命令对连接螺钉进行修剪,结果如图3-3-50所示。

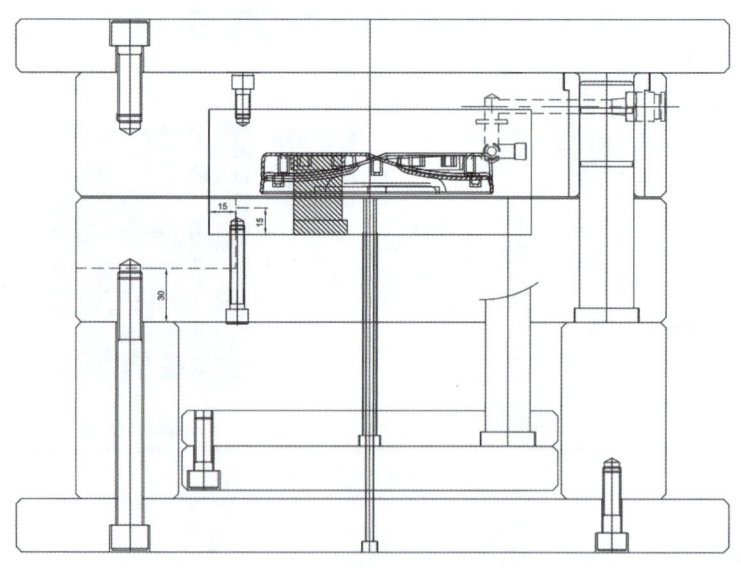

图3-3-50 创建动模冷却水路中心线

(5)用与创建定模冷却水路相同的方法来创建动模冷却水路。动模水管堵头的创建方法与定模水管堵头的创建方法也相同,如图3-3-51所示。

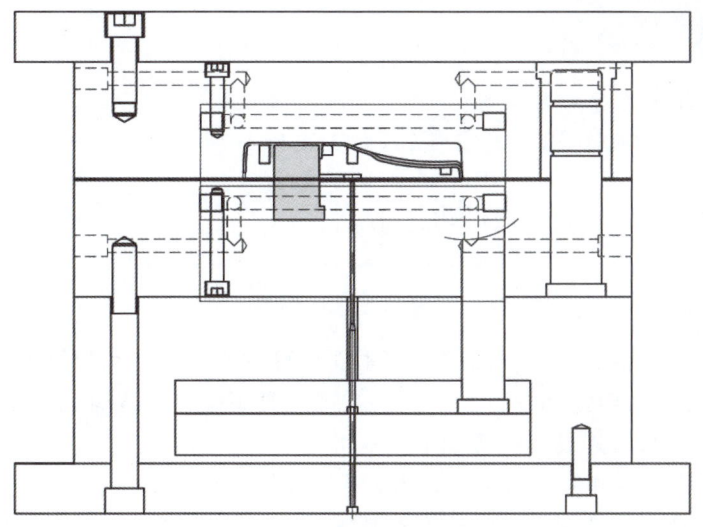

图 3-3-51　创建动模冷却水路

> **重点提示**
>
> 考虑到接下来要做固定结构,所以将要做固定结构位置的空间留下来,这样可以避免以后再进行返工,提高时间利用率。

(6)依照上述方法,遵循长对正、宽相等、高平齐的投影规律创建动模俯视图和侧视图的冷却水路。单击工具栏中的"水路"图标按钮 ，根据上述冷却水路的创建方法创建俯视图的冷却水路。冷却水路设计的最终结果如图 3-3-52 所示。

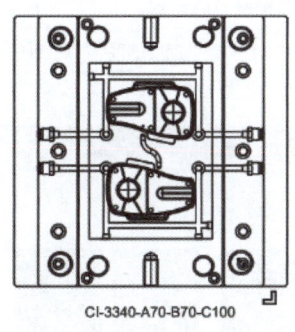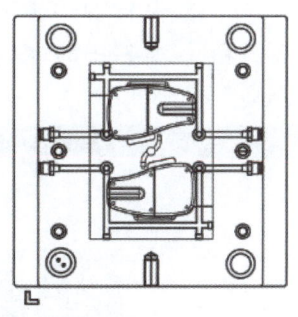

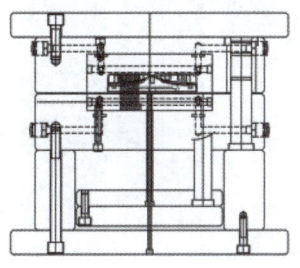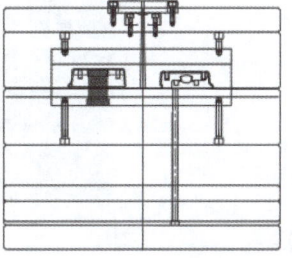

图 3-3-52　冷却水路设计的最终结果

> **重点提示**
>
> 设计冷却水路时需要注意:
> - 尽量避免接近有烧焊的位置,以防止焊接本身不牢而降低模具强度。
> - 冷却水路不能有太长的死角,以免一部分冷却水回流而影响冷却效果。
> - 冷却水路穿过两块钢料时,必须做O形圈防漏。

4. 紧固件设计

紧固件的设计包括:定模板和凹模之间紧固螺钉位置的确定和螺钉的加载;动模板和型芯之间紧固螺钉位置的确定和螺钉的加载。在确定紧固螺钉位置时尤其要注意避开冷却系统,防止钻穿冷却水路。其设计过程如下:

(1)使用偏移命令将主视图模具中心线分别向两边偏移106 mm,将侧视图模具中心线分别向两边偏移70 mm,创建主、侧视图紧固螺钉定位线,如图3-3-53所示。

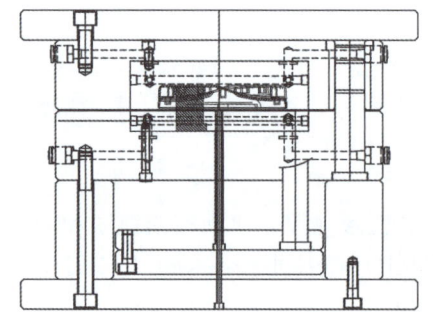 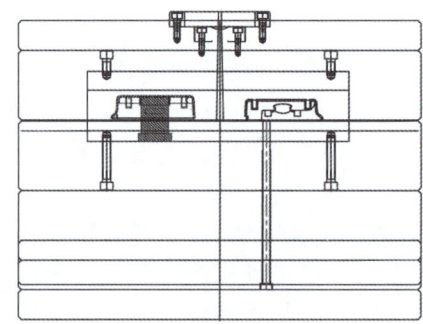

图3-3-53 创建主、侧视图紧固螺钉定位线

(2)单击"燕秀工具箱"工具栏中的"内六角螺丝"图标按钮,系统弹出"燕秀工具箱-内六角螺丝"对话框,如图3-3-54所示。

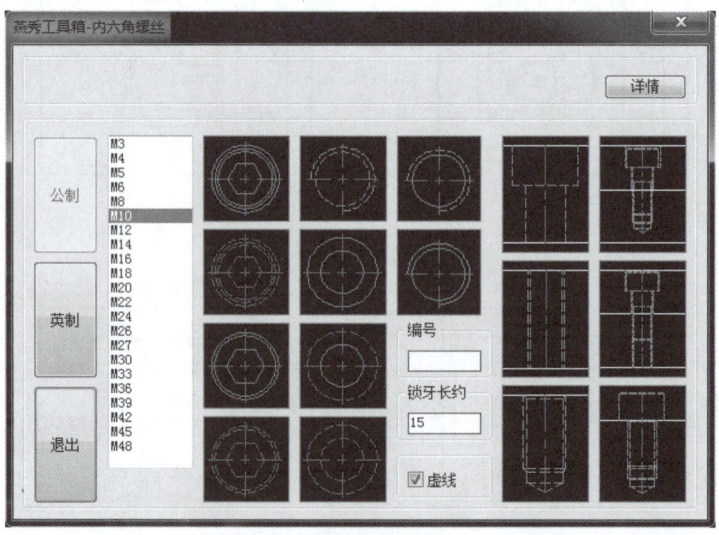

图3-3-54 "燕秀工具箱-内六角螺丝"对话框

(3)单击内六角螺钉,命令行提示"请指定螺丝起点",在侧视图中单击一点(取偏移的线与前、后板底边的交点);命令行接着提示"第二点",单击此线到凹模的垂足为第二点,标准内六角螺钉就会自动生成。使用同样的方法完成其他螺钉的加载,结果如图 3-3-55 所示。

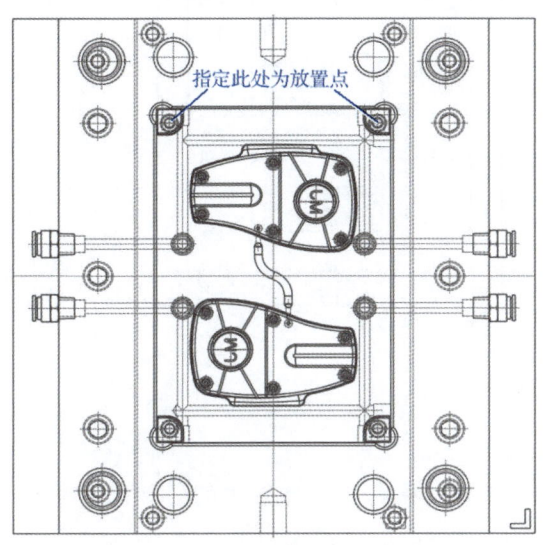 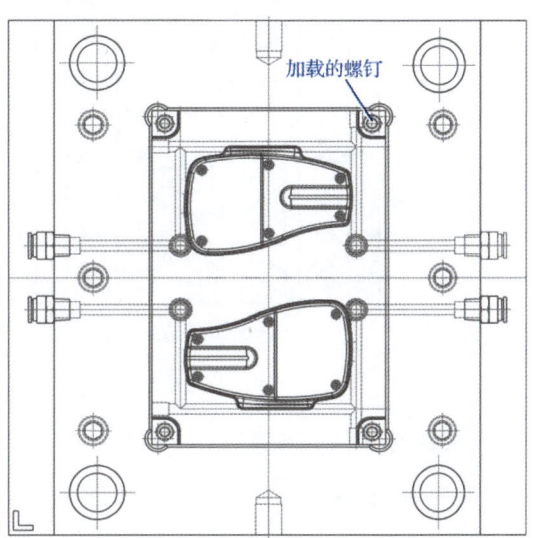

图 3-3-55　加载螺钉

(4)使用偏移命令将俯视图模具中心线分别向左、右偏移 70 mm,再向上、下偏移 106 mm,创建俯视图紧固螺钉定位线,如图 3-3-56 所示。

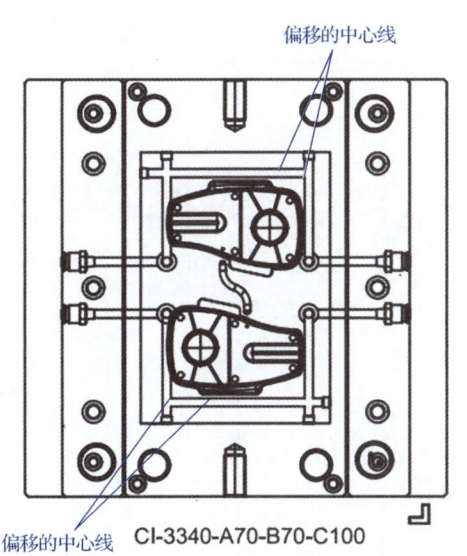 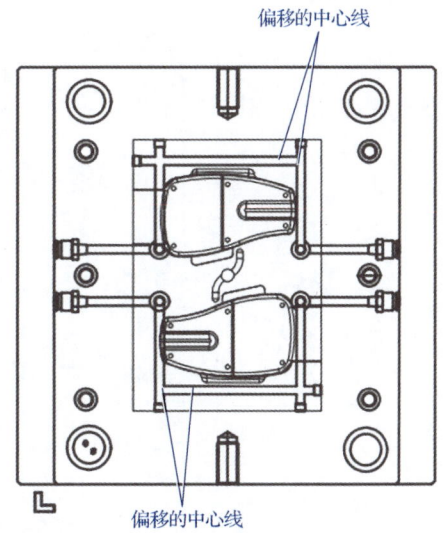

图 3-3-56　创建俯视图紧固螺钉定位

(5)单击"内六角螺丝"图标按钮,系统弹出图 3-3-54 所示的对话框。选择需要的螺钉大小,单击该螺钉,命令行提示"基准点",在俯视图中单击一点(取偏移两线的交点),标准内六角螺钉自动生成,如图 3-3-57 所示。

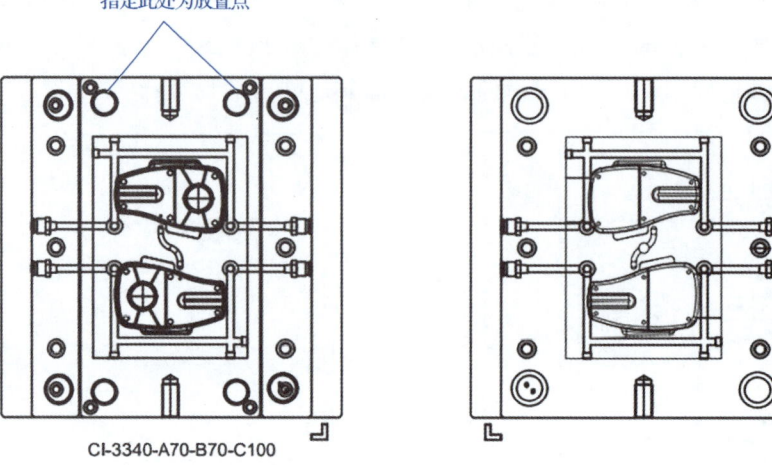

图 3-3-57 加载俯视图紧固螺钉

5. 总装图尺寸标注

在标注总装图尺寸时需要用到各种标注方法,可以根据需要选择适当的线性标注法或坐标标注法。需要注意的是,在采用坐标标注法之前需要把坐标系移到指定位置(如采用坐标标注法标注动模俯视图的尺寸,第一步就需要把坐标系移到动模中心)。移动坐标系的操作步骤如下:

(1)在菜单栏中选择"工具"→"移动 UCS(V)"命令,按命令行提示单击指定动模中心点为新原点,系统自动把 UCS 移动到指定点,如图 3-3-58 所示。

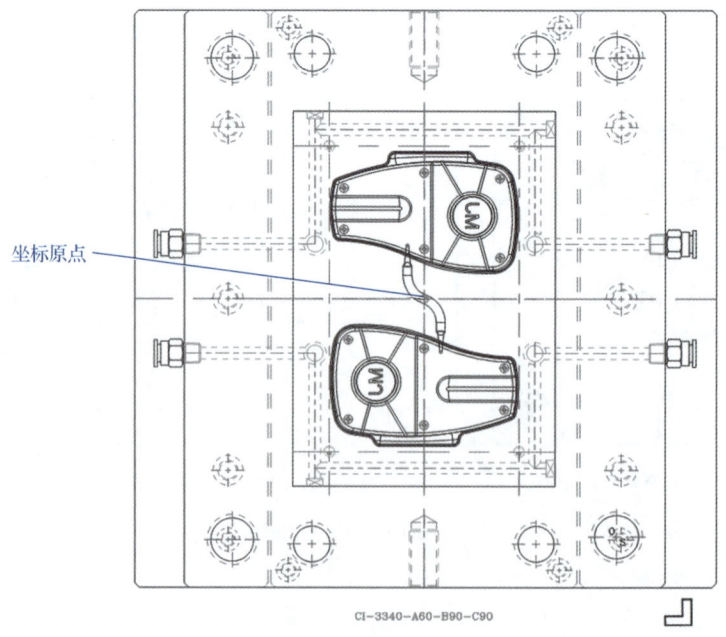

图 3-3-58 移动坐标系

(2)在菜单栏中选择"标注"→"坐标"命令并按空格键确认执行。按命令行提示单击指定一点为要标注的点;接着按命令提示在要放置标注的位置单击,完成第一个尺寸的坐标标注,如图 3-3-59 所示。

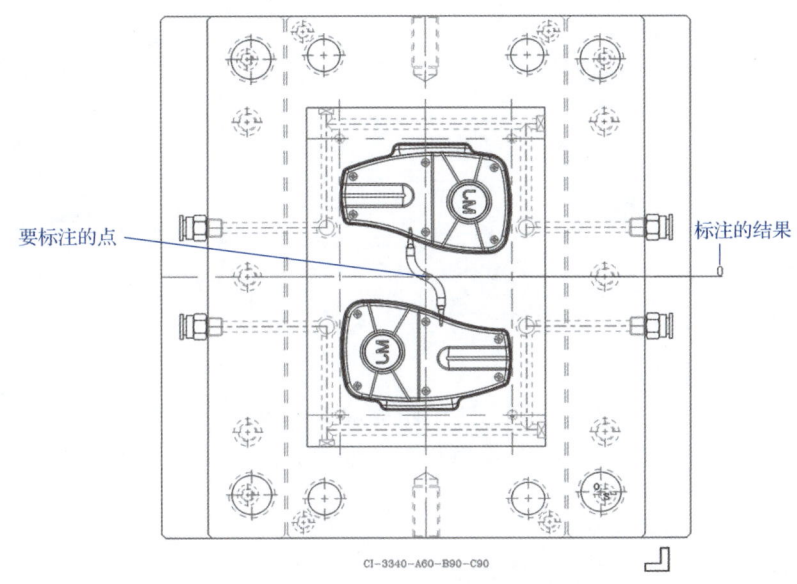

图 3-3-59　标注坐标

(3)按空格键重复执行坐标标注命令,分别标注凹模、型芯的长、宽尺寸,结果如图 3-3-60 所示。

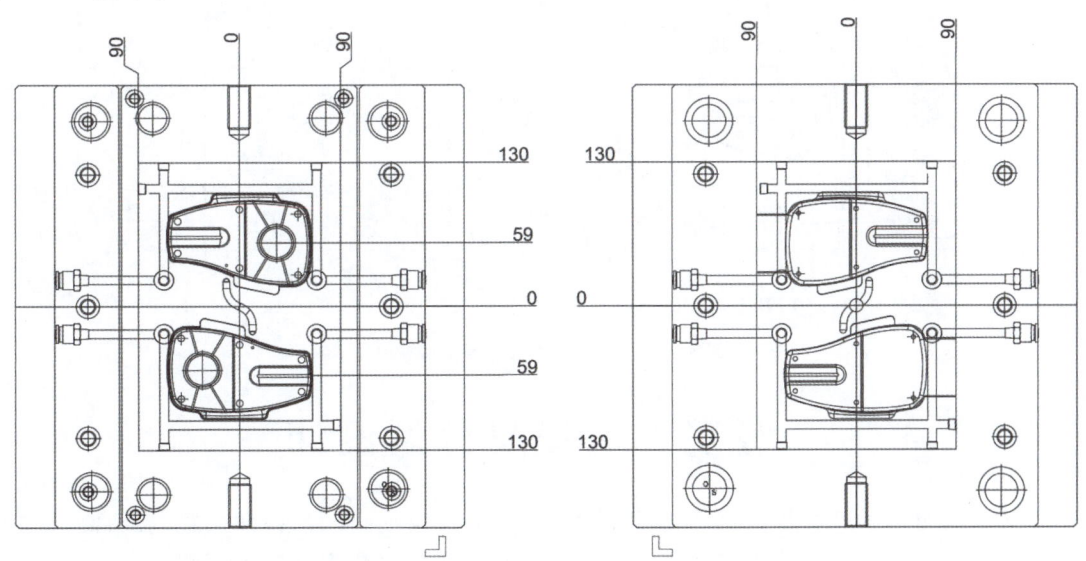

图 3-3-60　标注凹模、型芯的尺寸

(4)在菜单栏中选择"标注"→"坐标"命令并按空格键确认执行。按命令行提示单击指定一点为要标注的点;接着按命令行提示在要放置坐标的位置单击,完成冷却水路尺寸的标注;继续按空格键重复执行坐标标注命令,完成紧固螺钉的尺寸标注,如图 3-3-61 所示。

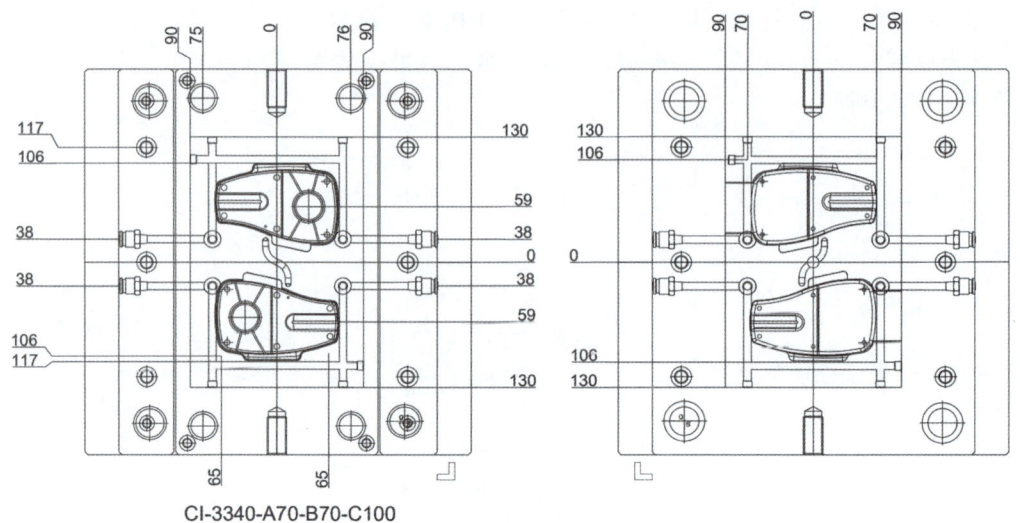

图 3-3-61　标注冷却水路、紧固螺钉的尺寸

（5）重复执行坐标标注命令，完成模架长、宽和标准件尺寸的标注，结果如图 3-3-62 所示。

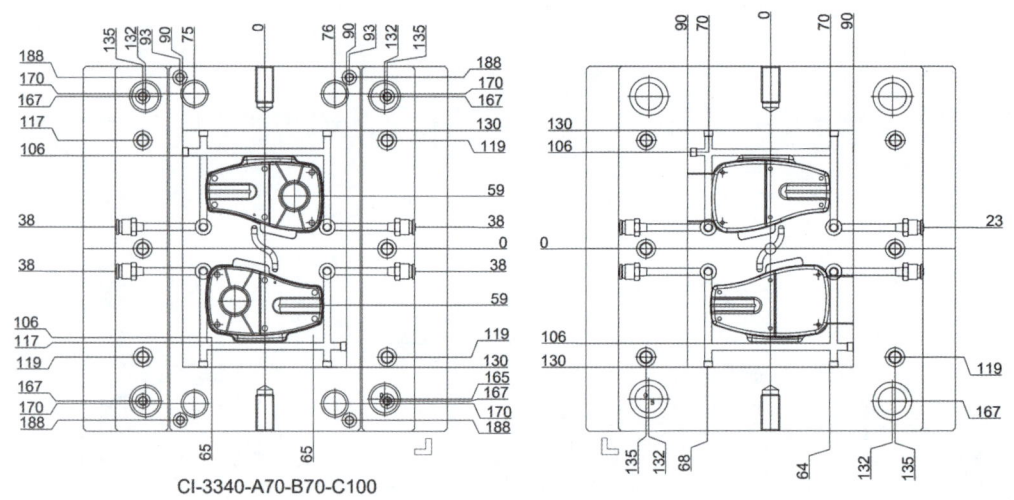

图 3-3-62　标注模架、导套等标准件的尺寸

任务四　模具分型设计

模具分型面的选择受制品的形状、高度、尺寸精度、浇口位置、镶件位置、表面要求、加工成本和成型设备等多方面因素的影响。模具分型面的选择应遵循以下原则：

- 有利于产品脱模。
- 避免对产品的外形造成损坏。
- 有利于模具型腔的排气。
- 脱模时制品尽量留在动模处。

一、布局

1. 建立新模型任务

打开 UG 软件,将产品模型以 STP 格式导入 UG 12.0 中。操作步骤如下:

(1)选择"文件"→"导入"→"STEP214",弹出"导入 STEP214"对话框,如图 3-4-1 所示。

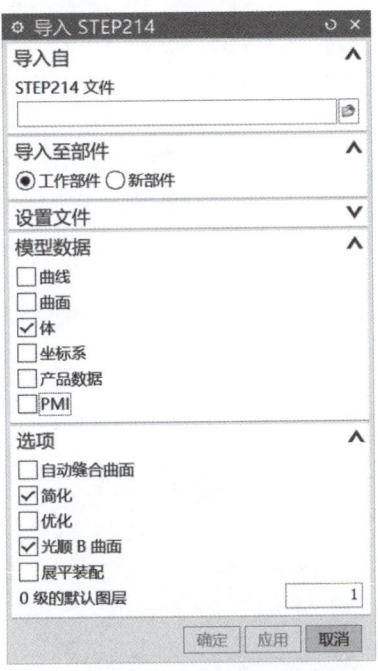

图 3-4-1 "导入 STEP214"对话框

(2)单击该对话框中的图标按钮,弹出文件选择目录,选择要导入的文件,然后单击"确定"按钮,完成产品模型的数据导入。

2. 对模型进行脱模方向的位置变换

因导入的产品位置与脱模方向不吻合,如图 3-4-2 所示,故应对产品进行位置变换。

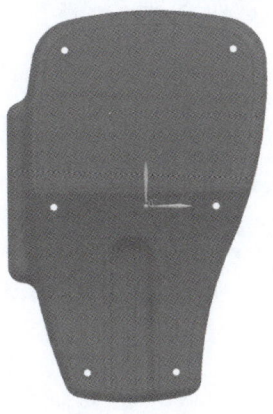

图 3-4-2 位置变换前产品与绝对坐标系的位置关系

操作步骤如下:

(1)单击"编辑"菜单中的"移动对象"图标按钮,系统弹出"移动对象"对话框,如图 3-4-3 所示。

(2)选择对象为整个产品,变换运动选择"坐标系到坐标系",指定起始坐标为红色面的中心坐标,指定终止坐标为绝对坐标,结果选择"移动原先的",设置完成的结果如图 3-4-4 所示。

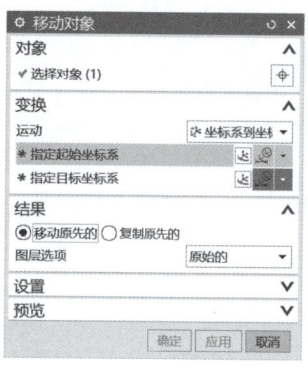 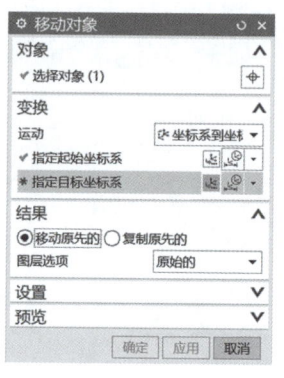 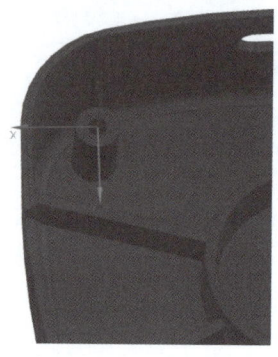

图 3-4-3 "移动对象"对话框　　　　　图 3-4-4 设置完成的移动对象

(3)单击"确定"按钮,完成产品的摆放,如图 3-4-5 所示。

图 3-4-5 产品完成移动摆放的效果

3. 将绝对坐标放置到产品几何中心

移动前产品与坐标系的位置关系如图 3-4-6 所示,移动后产品与坐标系的位置关系如图 3-4-7 所示。

 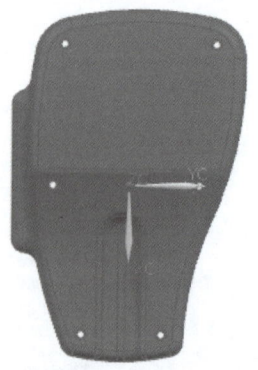

图 3-4-6 移动前产品与坐标系的位置关系　　　图 3-4-7 移动后产品与坐标系的位置关系

4. 设置产品收缩率

(1) 单击"编辑"菜单中的"变换"图标按钮,弹出"变换"对话框,如图 3-4-8 所示,选中整个产品模型,单击"确定"按钮,弹出图 3-4-9 所示的对话框,单击"比例"选项,弹出 图 3-4-10 所示的对话框,在"输出坐标"选项组中将参考设置为"WCS",单击"确定"按钮,弹出图 3-4-11 所示的对话框,输入收缩率为"1.005",单击"确定"按钮,弹出图 3-4-12 所示的对话框,单击"移动"选项,再单击"取消"按钮,完成该图形的收缩设置。

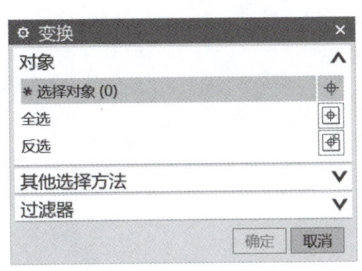
图 3-4-8 "变换"对话框(1)

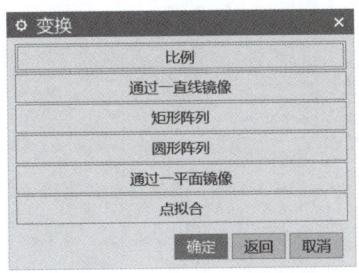
图 3-4-9 "变换"对话框(2)

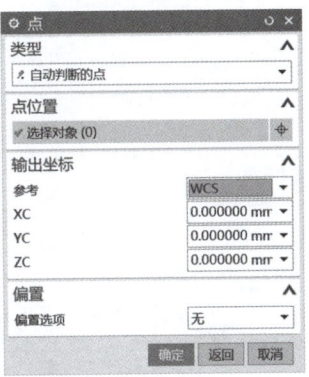
图 3-4-10 "点"对话框

图 3-4-11 "变换"对话框(3)

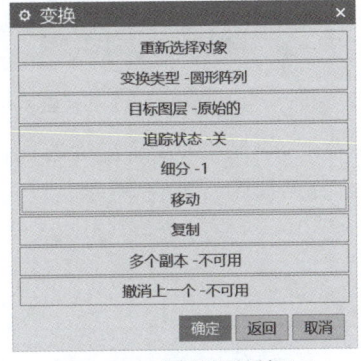
图 3-4-12 "变换"对话框(4)

(2) 测量移动距离的步骤如图 3-4-13、图 3-4-14 所示。

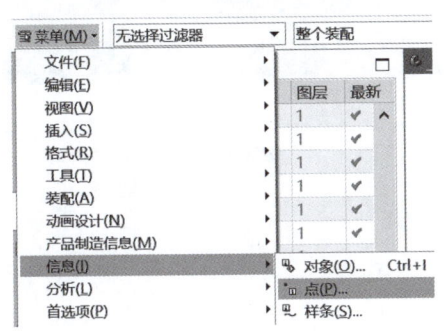
图 3-4-13 测量移动距离(1)

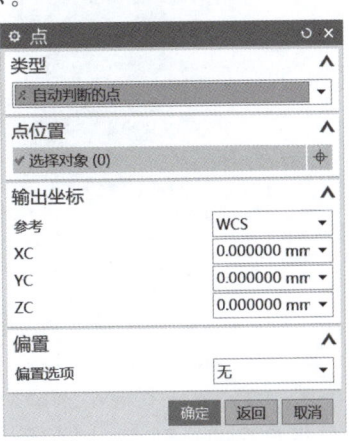
图 3-4-14 点参数设置

（3）单击最大投影面上的点测量距离，如图 3-4-15 所示。

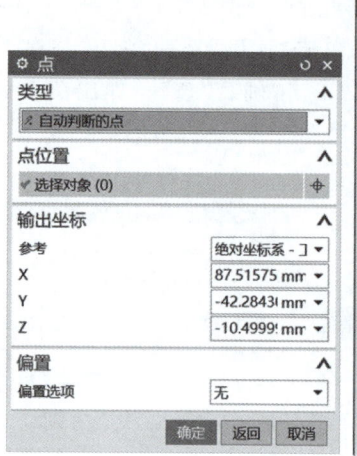
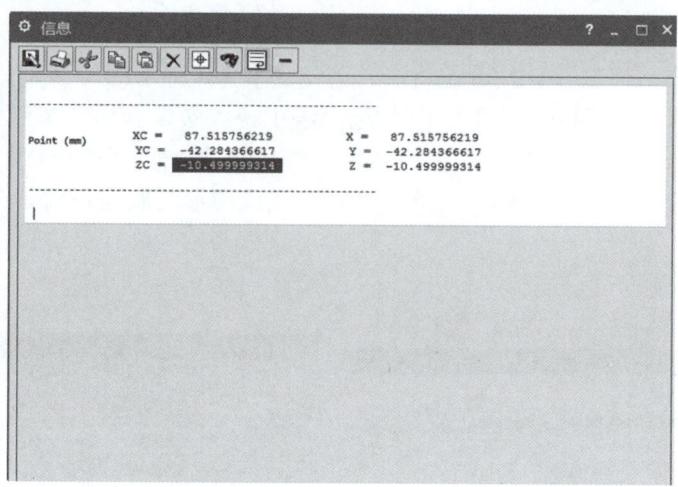

图 3-4-15　测量移动距离（2）

（4）移动对象至最大投影面上，结果如图 3-4-16 所示。

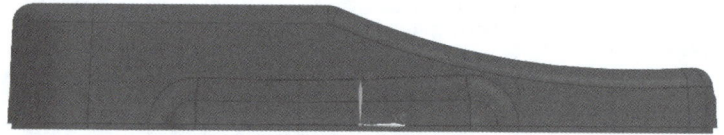

图 3-4-16　产品侧视图

（5）进入草图，绘制方框，确定型芯的大小，如图 3-4-17 所示。
布局后的效果如图 3-4-18 所示。

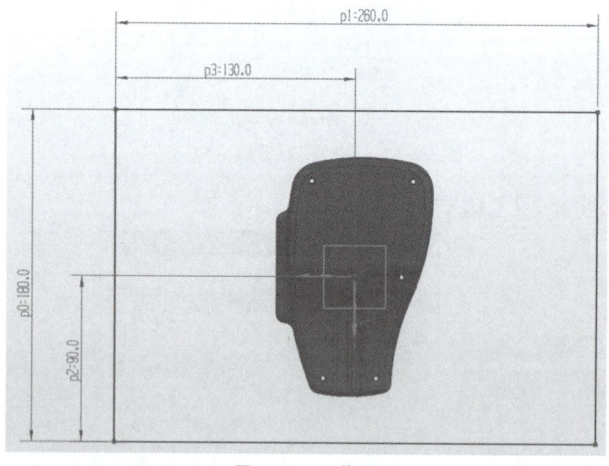

图 3-4-17　草图

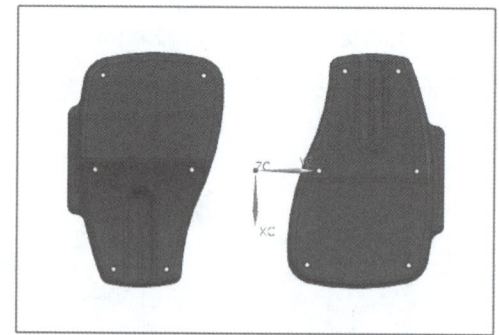

图 3-4-18　布局后的效果

二、分型

1.分析产品的分型面

（1）单击菜单"分析"→"塑模部件验证"→"检查区域"，如图 3-4-19 所示。

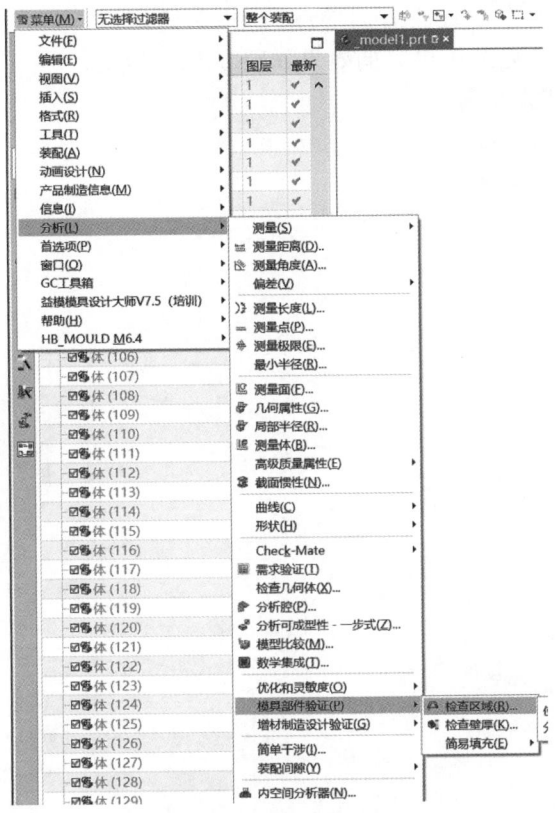

图 3-4-19　打开检查区域

（2）选择产品实体,指定脱模方向,然后进行计算,如图 3-4-20 所示。

（3）设置拔模角度限制,在"面"选项卡中设置所有面的颜色,如图 3-4-21 所示。

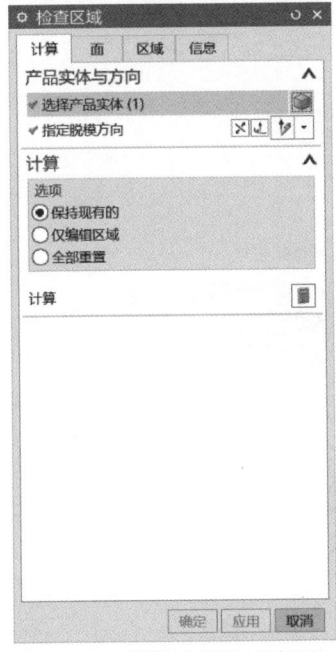

图 3-4-20　"检查区域"对话框(1)

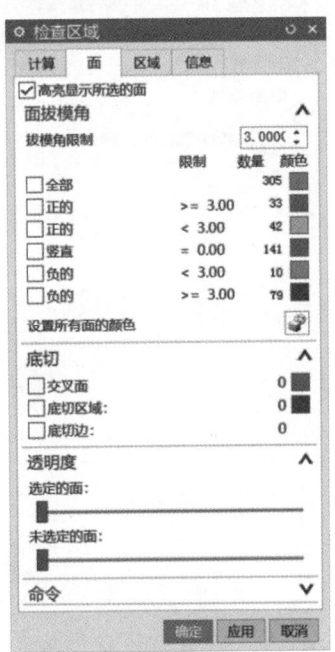

图 3-4-21　"检查区域"对话框(2)

(4)在"区域"选项卡中设置所有面的颜色,指派到区域(看哪些面需要指派到型腔区域),如图3-4-22所示,最后分析出来的效果如图3-4-23所示。

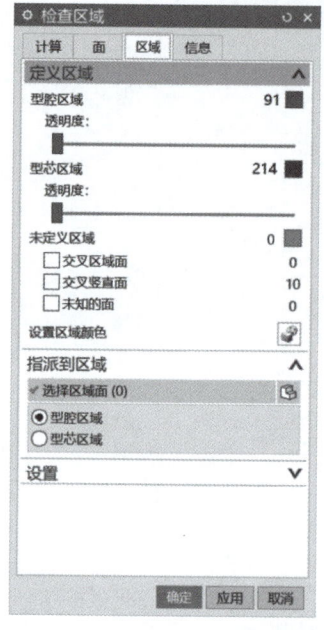

图 3-4-22 "检查区域"对话框(3)

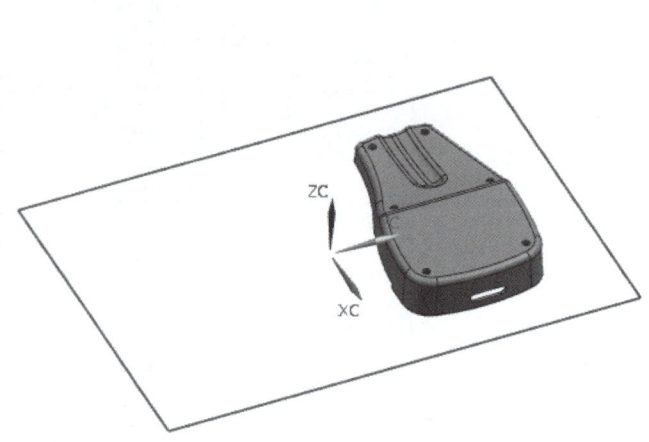

图 3-4-23 分析效果

2. 补面

(1)单击"N边曲面"图标按钮(孔的面可以用N边曲面来补),选择需要补面的边沿,如图3-4-24所示。

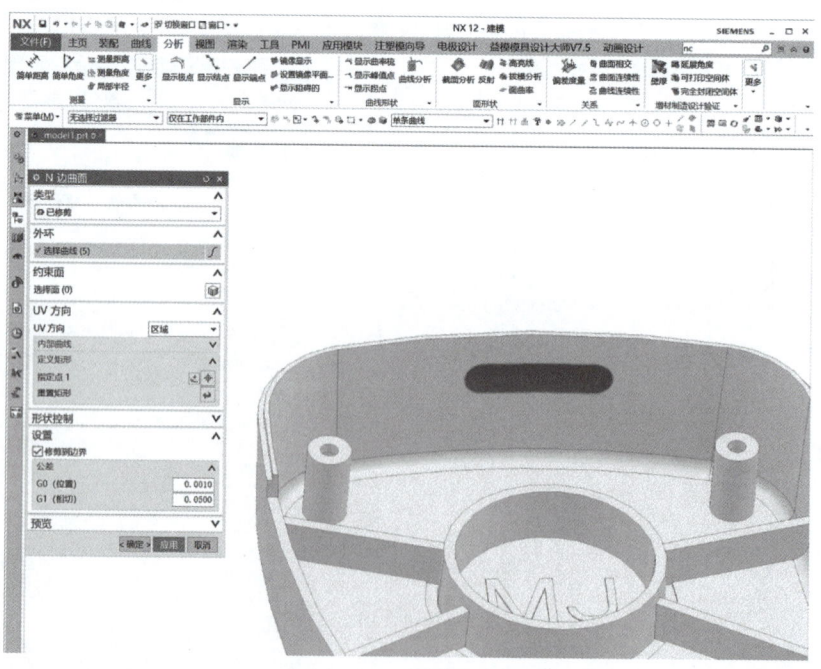

图 3-4-24 选择需要补面的边沿

(2)单击"拉伸"图标按钮,弹出"拉伸"对话框,依次选择红色区域内的边界线,设置拉伸方向为 YC 轴,拉伸开始距离为"0",拉伸结束距离为"8",如图 3-4-25 所示。设置完成后单击"确定"按钮,部分高低面的创建如图 3-4-26 所示。

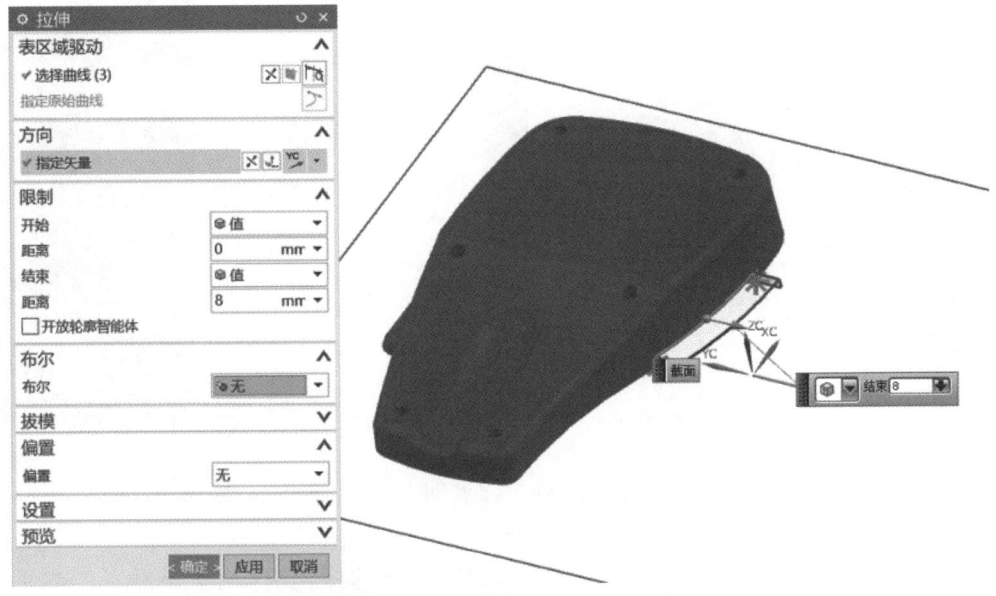

图 3-4-25　选择高低面的边缘进行拉伸

图 3-4-26　测量距离

(3)如图 3-4-26 所示单击测量距离,再次单击"拉伸"图标按钮,设置拉伸距离为测量出来的距离,拉伸方向为 -ZC 方向,做出高低面侧面,结果如图 3-4-27 所示。

(4)单击"N 边曲面"图标按钮,将零件柱子的孔补起来,如图 3-4-28 所示。

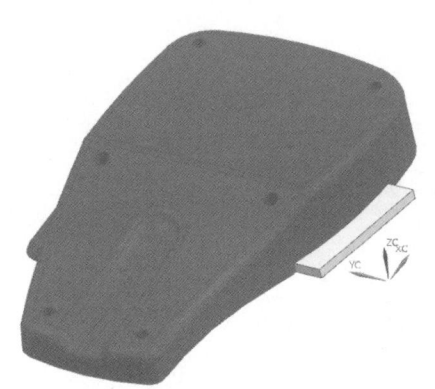

图 3-4-27 枕位的效果

图 3-4-28 补孔

(5) 单击"抽取体"图标按钮,抽取外表面区域,抽取体的类型选择"面",面选项选择"单个面",勾选"隐藏原先的",如图 3-4-29 所示。使用颜色过滤器对所抽取面的颜色进行过滤,颜色过滤器的打开方法如图 3-4-30 所示。过滤选定的颜色为"从对象继承",继承的面选择要抽取的产品外表面,如图 3-4-31 所示。框选产品的所有面,将产品外表面抽出,效果如图 3-4-32 所示。

图 3-4-29 抽取几何特征

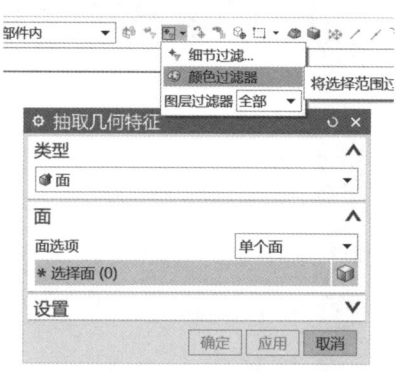

图 3-4-30 打开颜色过滤器

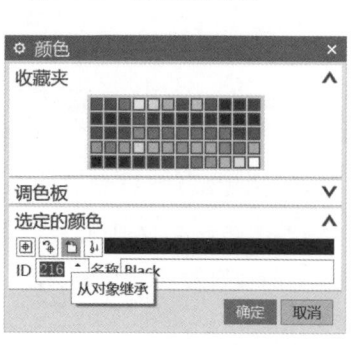

图 3-4-31 选择要过滤的颜色

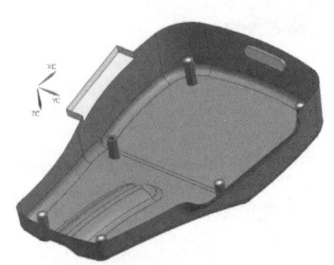

图 3-4-32 抽取出的片体

(6) 单击"直纹"图标按钮,根据排位时做出的型芯线做出分型面,如图 3-4-33 所示。

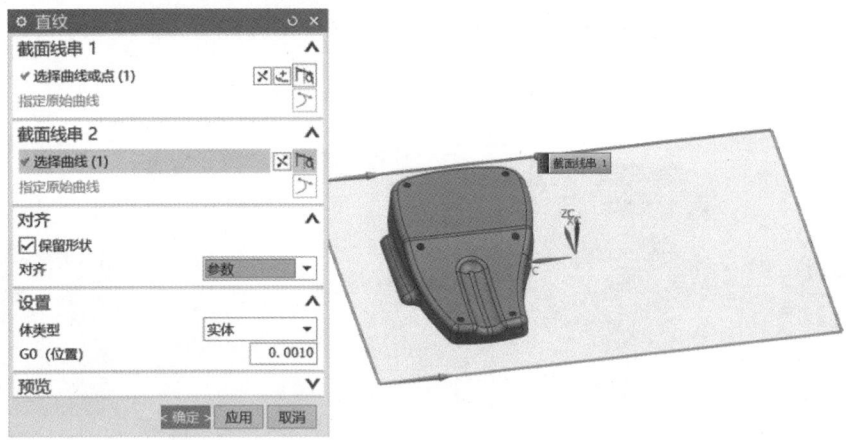

图 3-4-33 创建分型面

(7) 单击"修剪片体"图标按钮,对分型面进行修剪,目标片体选择分型面,边界对象选择抽取的最大轮廓线,区域选择"保留",如图 3-4-34 所示。

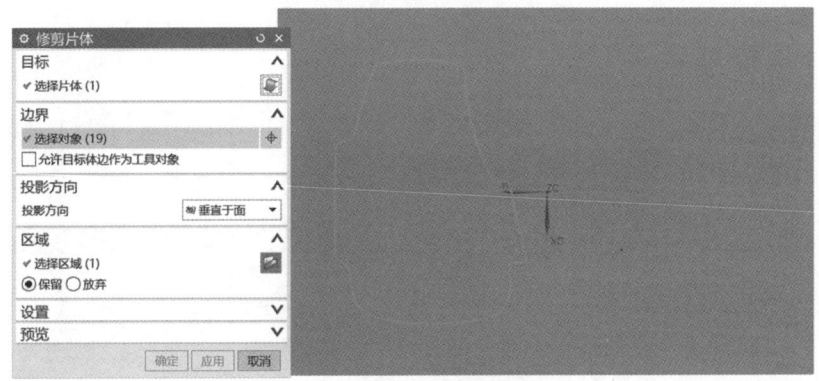

图 3-4-34 修剪分型面

(8) 使用移动对象命令对产品外表面进行旋转,旋转方向选择 ZC 方向,指定轴点为绝对坐标原点,角度为 180°,结果选择"复制原先的",如图 3-4-35 所示。

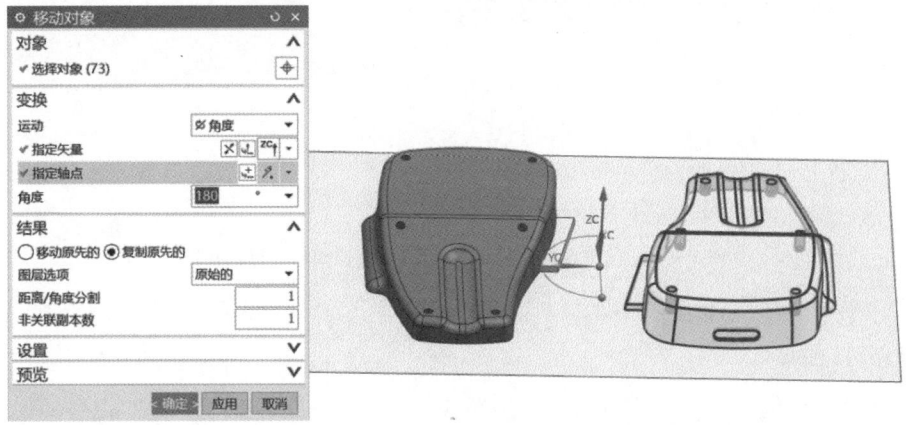

图 3-4-35 移动对象

(9) 按照上述方法对分型面进行修剪,完成后的效果如图 3-4-36 所示。

(10) 单击"缝合"图标按钮,对所有片体进行缝合,目标选择分型面,工具选择所有片体,如图 3-4-37 所示。

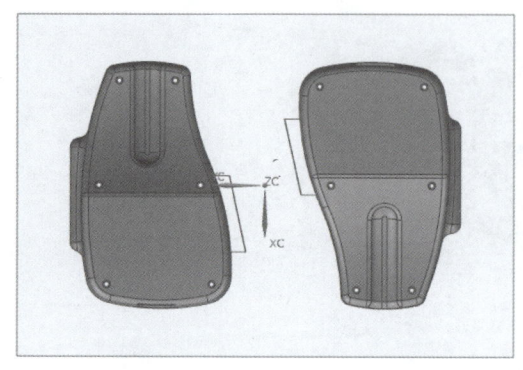
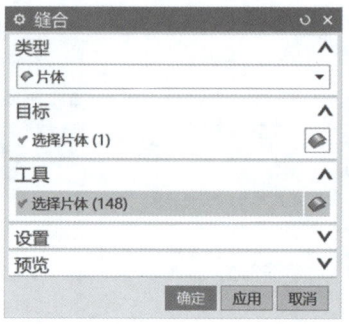
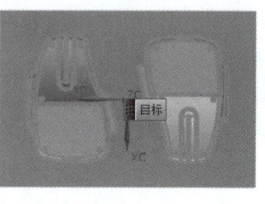

图 3-4-36　分型面修剪完成　　　　　　　　　图 3-4-37　缝合片体

(11) 对片体边界进行检查,选择"分析"→"检查几何体"→"片体边界",检查对象选择所有片体,然后单击"检查几何体"按钮,检查完成后的产品边界数,当边界数为 1 时,分型面建立完成,如图 3-4-38 所示。

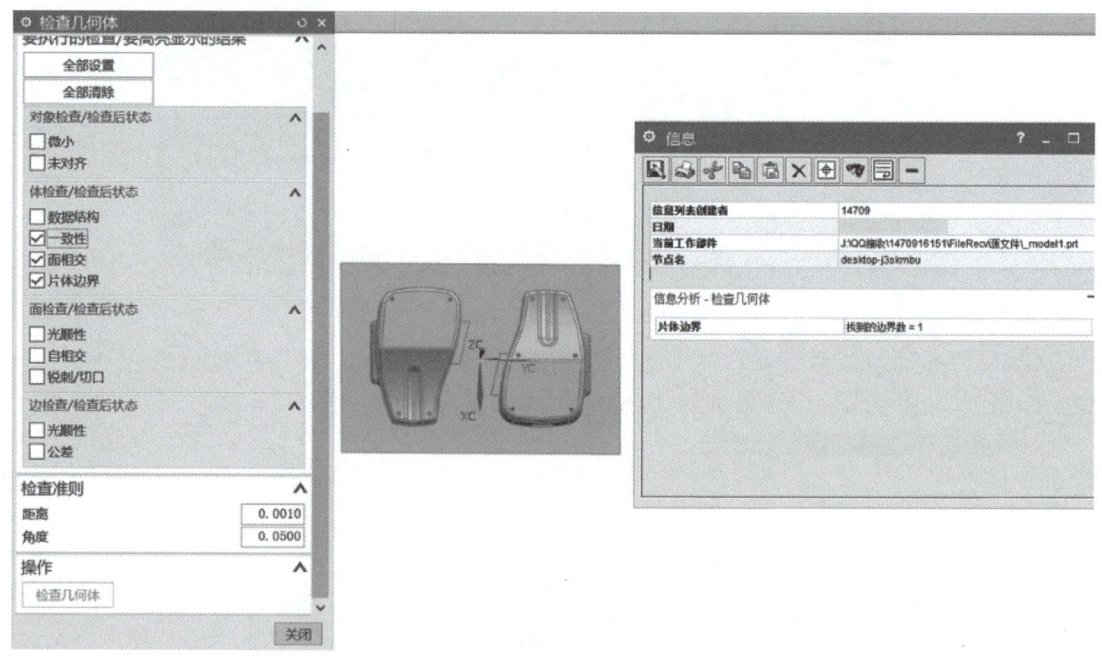

图 3-4-38　检查几何体是否有破面(如有破面需进行修补)

(12) 使用修剪和延伸命令将分型面四边向外延长 2 mm,如图 3-4-39 所示。

3. 拆分凸、凹模

选择分型面边框拉伸一个长方体(开始距离为 -25,结束距离为 45),如图 3-4-40 所示。单击"拆分体"图标按钮,弹出图 3-4-41 所示的对话框,目标选择长方体,工具选择"面或平

项目三 模具设计 75

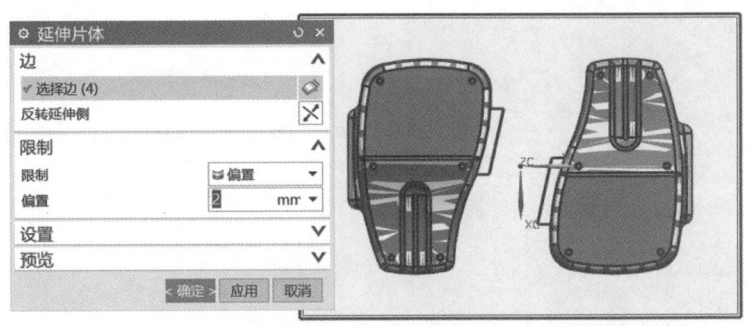

图 3-4-39 修剪和延伸

面",单击分型面,再单击"确定"按钮。对产品和型芯求差,如图 3-4-42 所示。型芯、凹模成型,如图 3-4-43 所示。将凹模上高低面处向内偏置 1 mm,对高低面倒圆角,如图 3-4-44~图 3-4-46 所示。

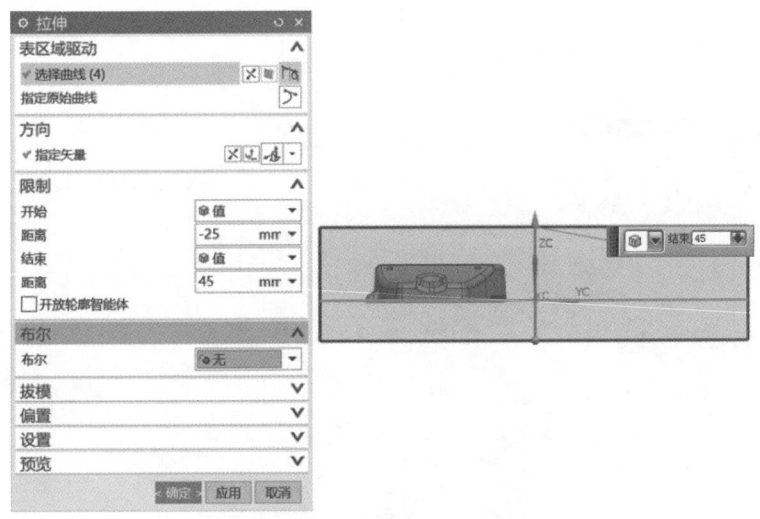

图 3-4-40 拉伸一个长方体

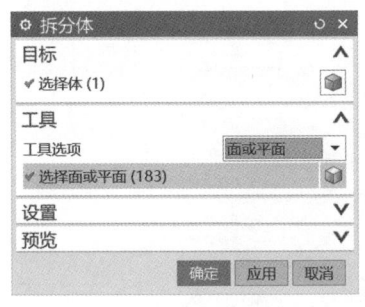

图 3-4-41 拆分体

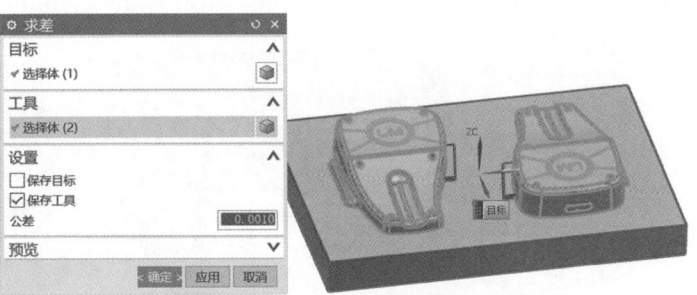

图 3-4-42 对产品和型芯求差

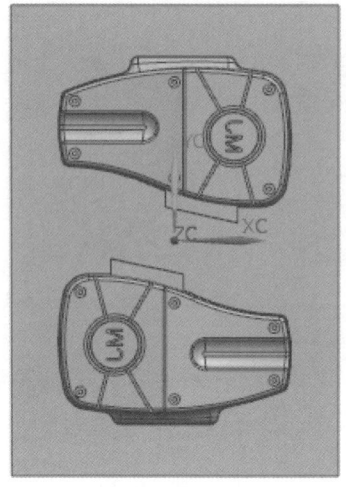
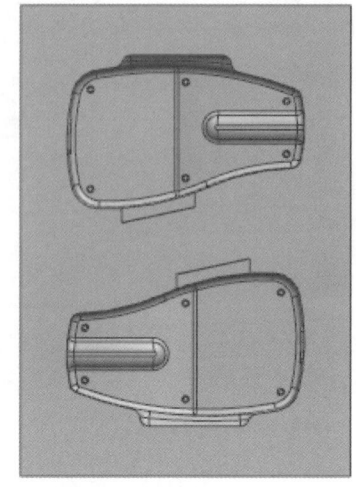

图 3-4-43　型芯、凹模成型

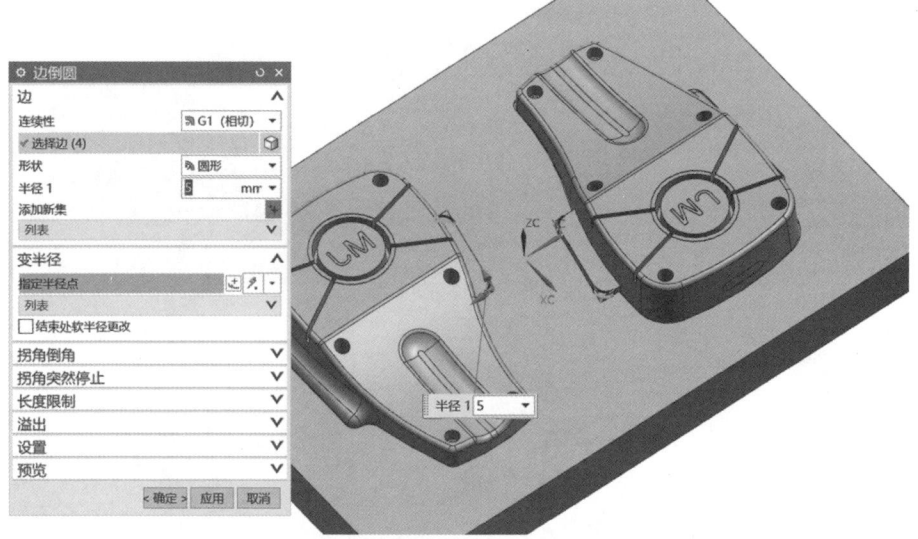

图 3-4-44　型芯枕位倒圆角

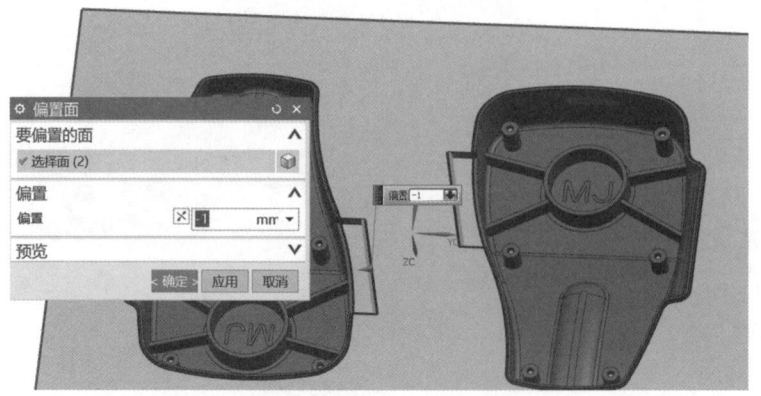

图 3-4-45　型腔向内偏置 1 mm

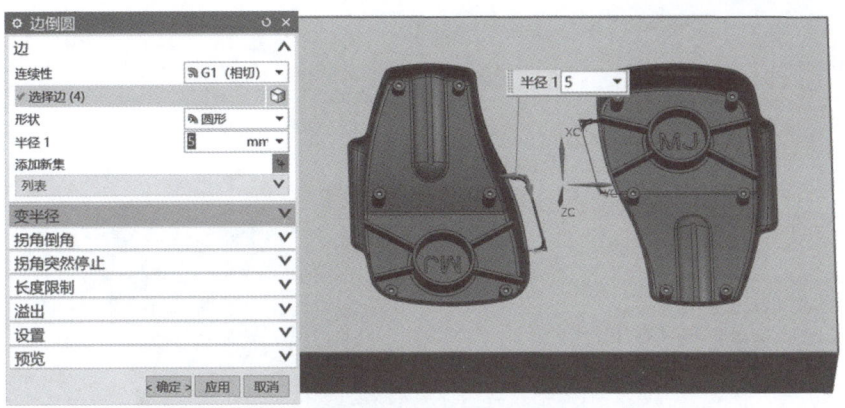

图 3-4-46 型腔枕位倒圆角

4. 创建壁卡、镶件、流道

壁卡和镶件设计的操作步骤如图 3-4-47～图 3-4-62 所示。

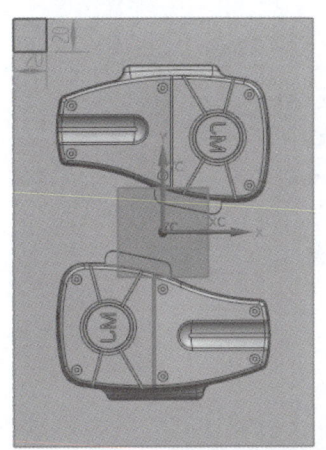

图 3-4-47 画 20 mm×20 mm 的正方形

图 3-4-48 拉伸正方形高为 10 mm

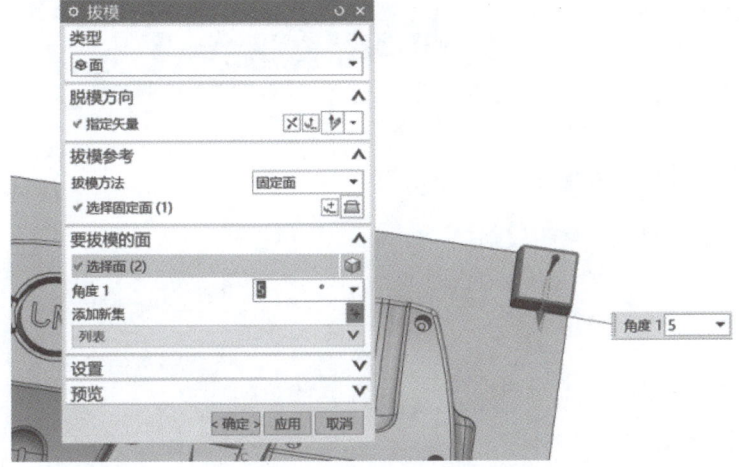

图 3-4-49 拔模 5°

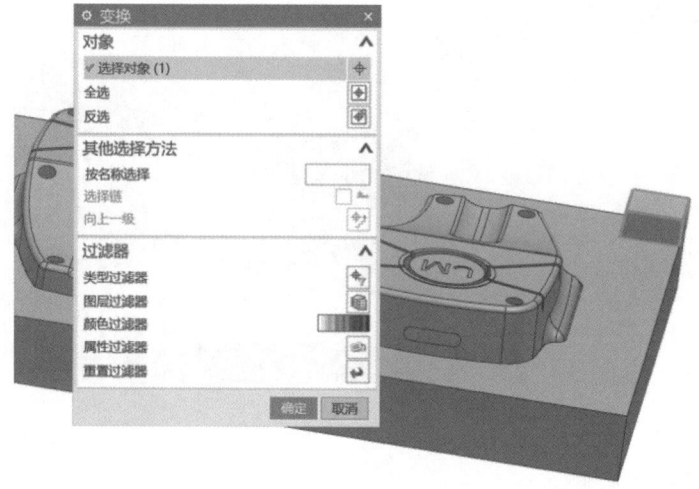

图 3-4-50　选择要变换的实体

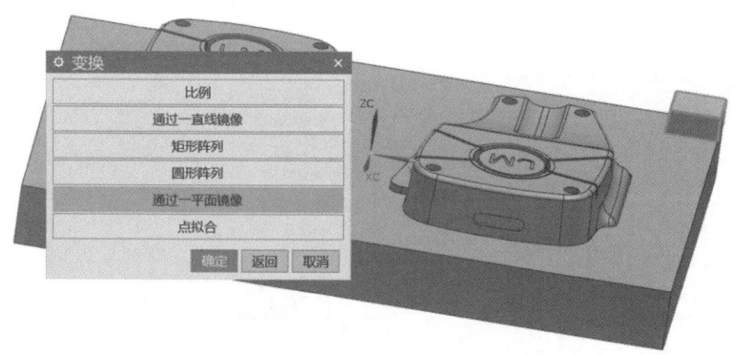

图 3-4-51　选择通过平面镜像

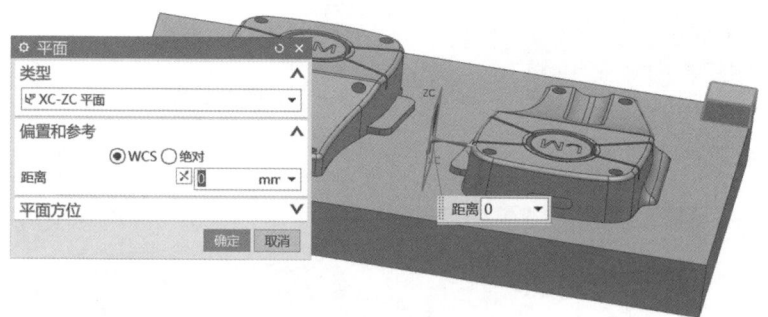

图 3-4-52　选择平面

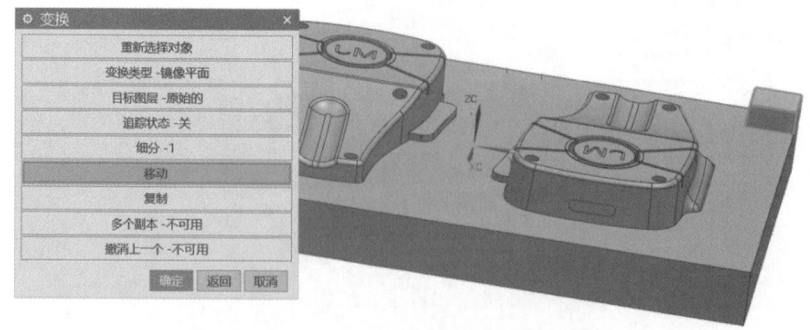

图 3-4-53　对边的一半壁卡进行操作

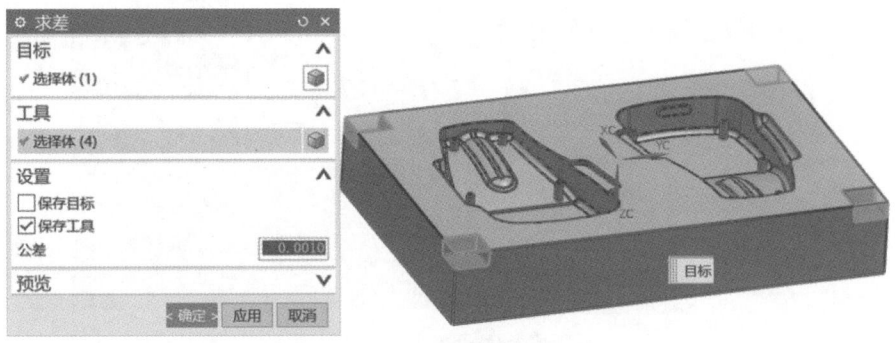

图 3-4-54 对壁卡和型腔求差

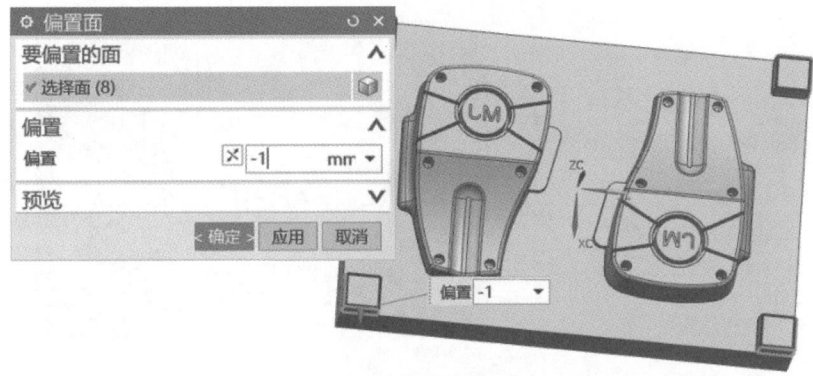

图 3-4-55 将壁卡侧壁向内偏置 1 mm

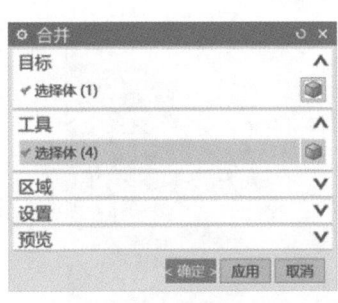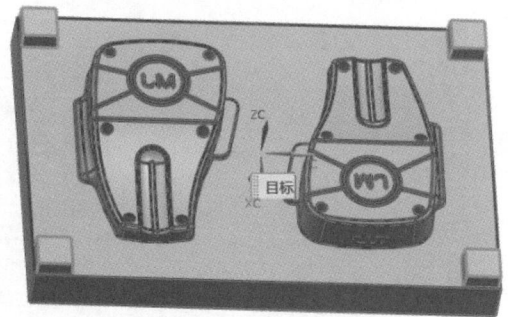

图 3-4-56 对壁卡和型芯求和

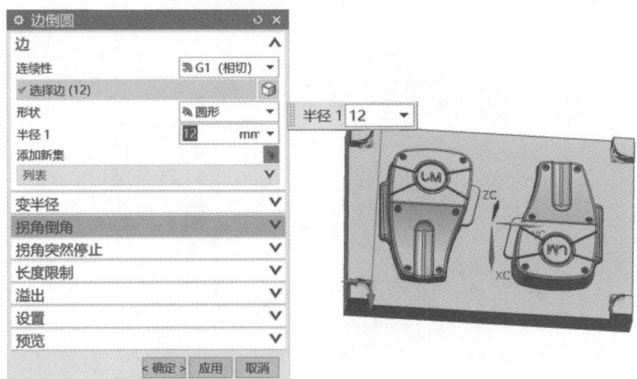

图 3-4-57 对型芯倒圆角 12 mm

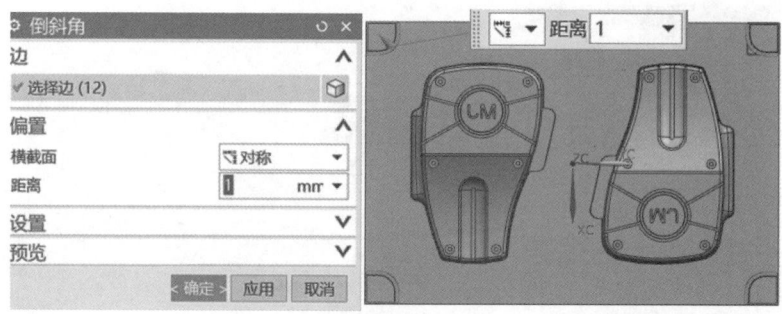

图 3-4-58 对型芯壁卡边倒角 1 mm

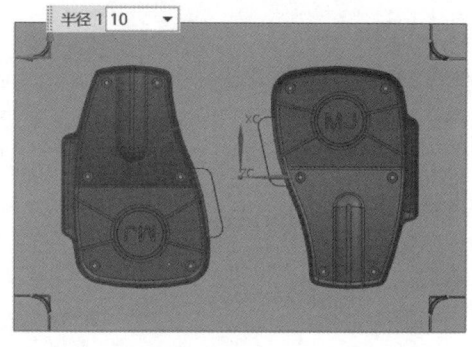

图 3-4-59 对凹模壁卡倒圆角 10 mm

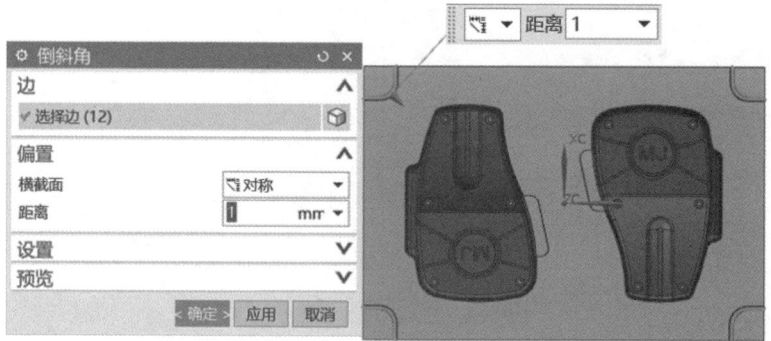

图 3-4-60 对凹模壁卡边倒角 1 mm

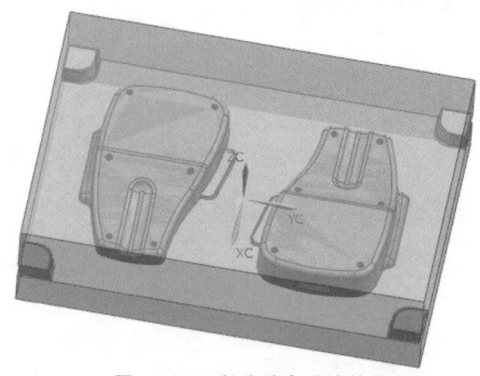

图 3-4-61 创建壁卡后的效果

项目三　模具设计

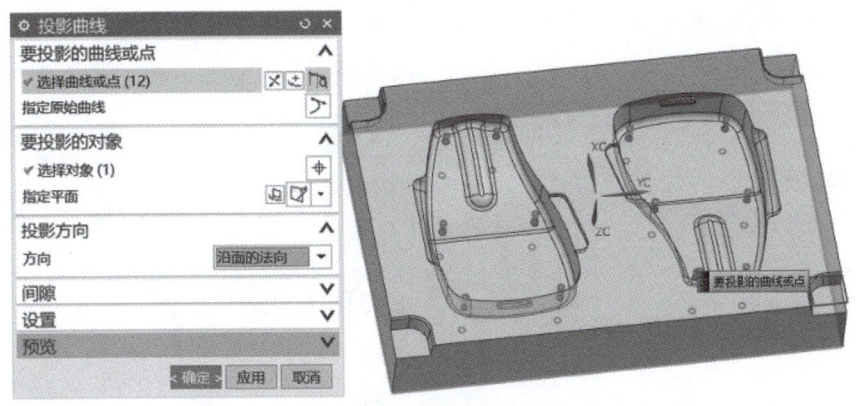

图 3-4-62　单击投影曲线,把镶件的轮廓线投射在底面

5. 设计其他镶件

(1)单击"拆分体"图标按钮,目标选择凹模,工具选择拉伸,选择需要拉伸的线,选择方向为 ZC 方向,单击"确定"按钮,如图 3-4-63 所示。

(2)拆分完成后将凹模隐藏掉,继续使用拆分体命令将镶件的挂台部分切割出来。拆分体目标选择镶件,工具选择"新建平面",指定平面为自动判断的面,选择镶件末端的平面,设偏移距离为－5 mm,单击"确定"按钮完成拆分,如图 3-4-64 所示。

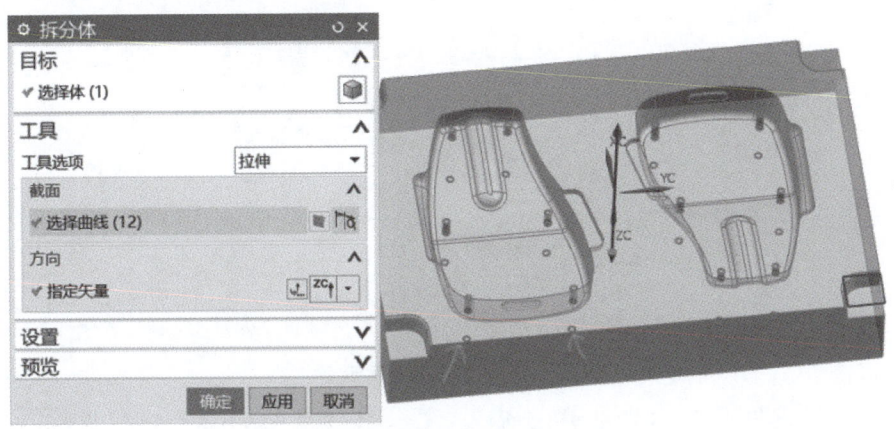

图 3-4-63　拉伸镶件

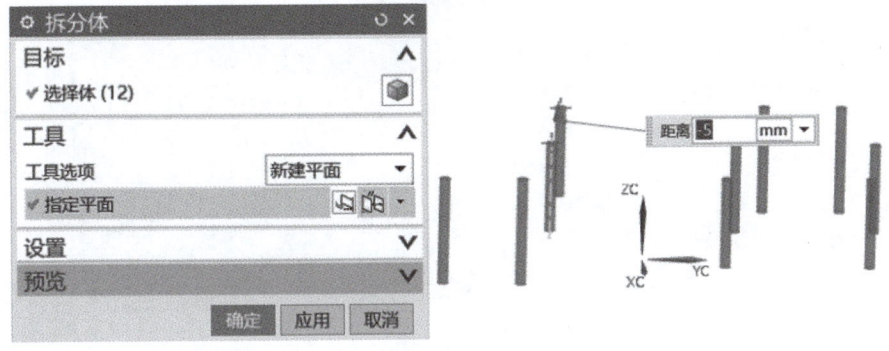

图 3-4-64　拆分体

(3) 使用偏置面命令将镶件挂台侧面偏置 2 mm, 并对镶件挂台与前面部分求和, 如图 3-4-65 所示。

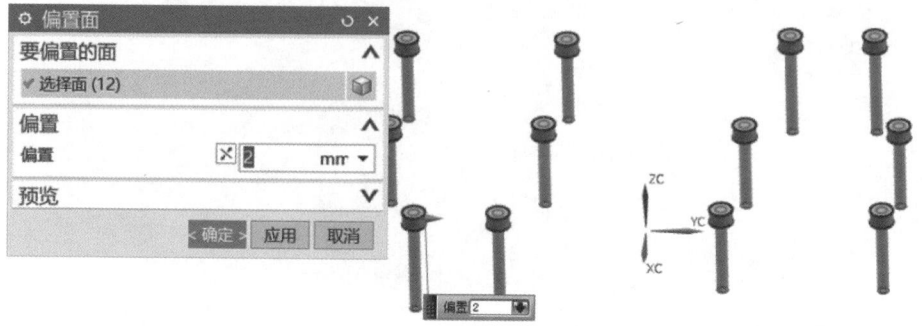

图 3-4-65　镶件挂台偏置面

(4) 使用编辑对象显示命令将镶件颜色改为红色, 如图 3-4-66 所示。

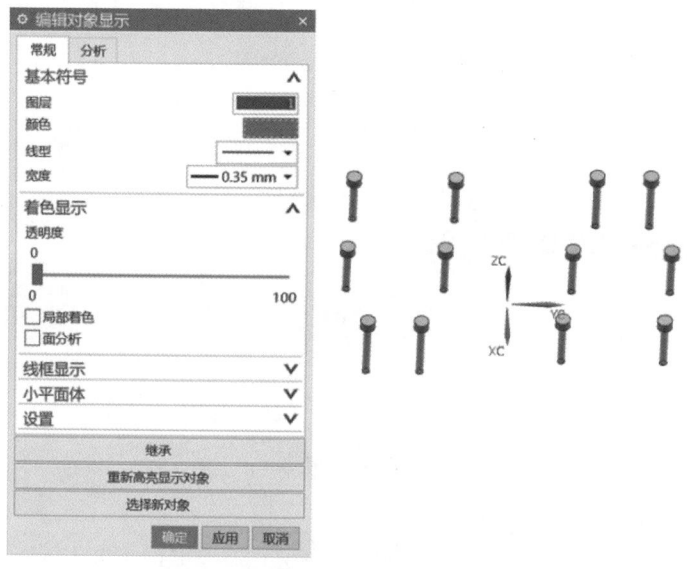

图 3-4-66　编辑镶件显示

(5) 对型腔和镶件求差, 如图 3-4-67 所示。

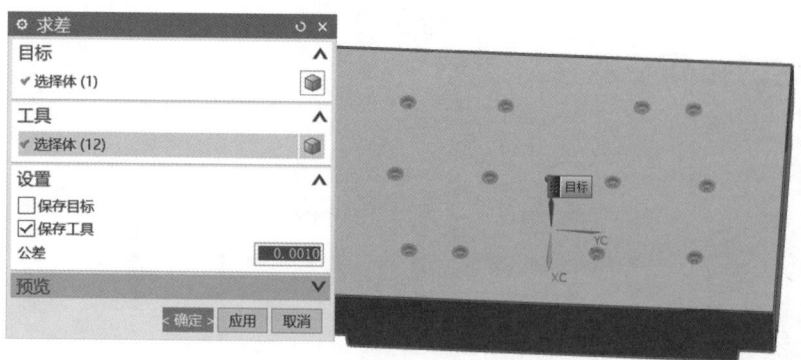

图 3-4-67　对型腔和镶件求差

(6)对曲线进行拉伸,如图 3-4-68 所示。

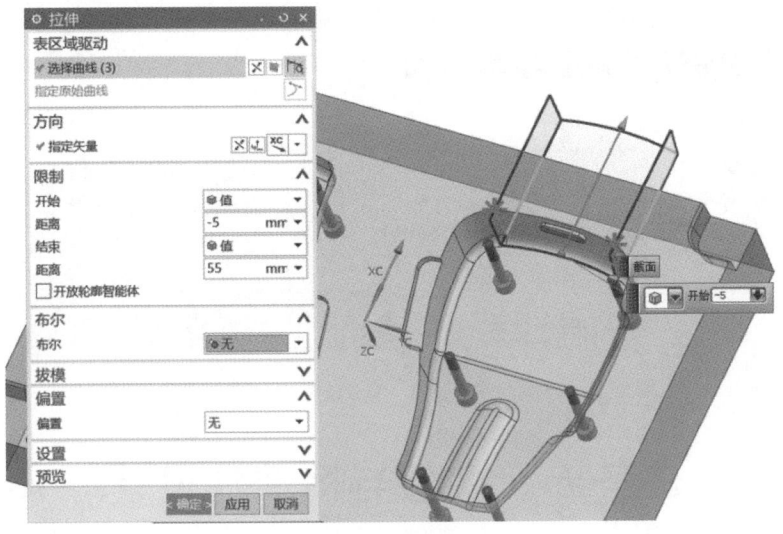

图 3-4-68 提取滑块边框

(7)使用延伸片体命令对片体两边进行延伸,延伸距离为 5 mm,如图 3-4-69 所示。

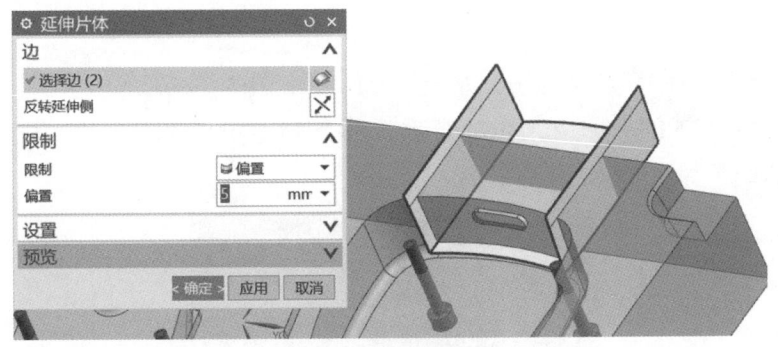

图 3-4-69 延伸滑块边框

(8)使用移动对象命令对片体进行旋转复制,旋转方向选择 ZC 方向,轴点选择绝对坐标原点,结果选择"复制原先的",如图 3-4-70 所示。

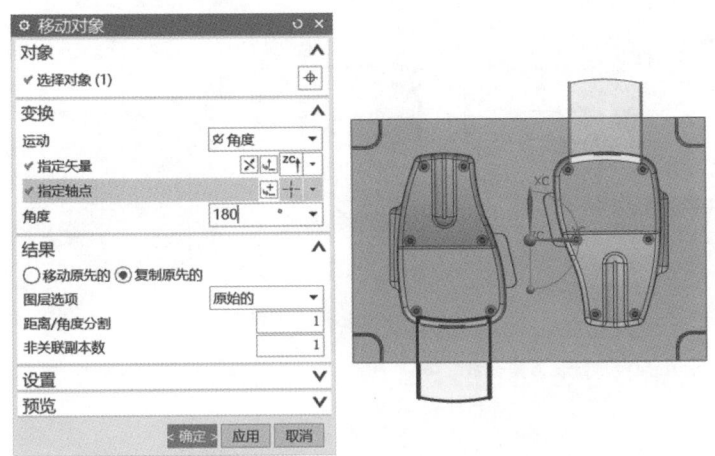

图 3-4-70 复制滑块边框

（9）使用拆分体命令将滑块拆分出来，拆分体工具选择"面或平面"，目标为型腔，工具为拉伸出来的片体，同时使用编辑对象显示命令将滑块颜色改为洋红色，如图 3-4-71 所示。

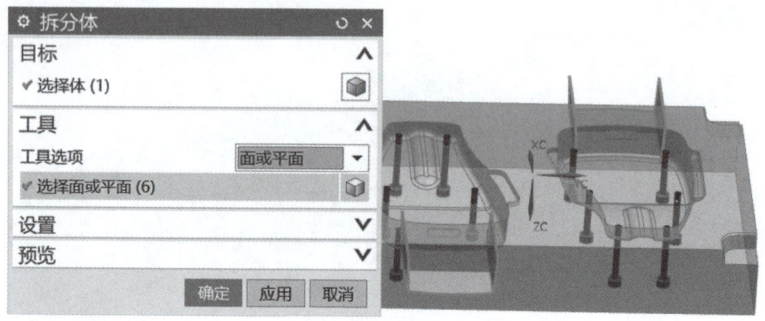

图 3-4-71 拆分滑块

任务五 模架与标准件设计

一、创建模架

在胡波外挂中选择"模坯系列"→"龙记模架"，弹出图 3-5-1 所示的模架调用对话框，单击"新建模坯"选项，弹出图 3-5-2 所示的对话框，按图所示设置模架参数，完成后单击"OK"按钮调出模架，结果如图 3-5-3 所示。

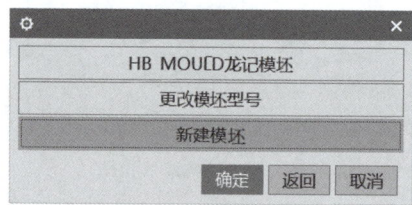

图 3-5-1 调用模架

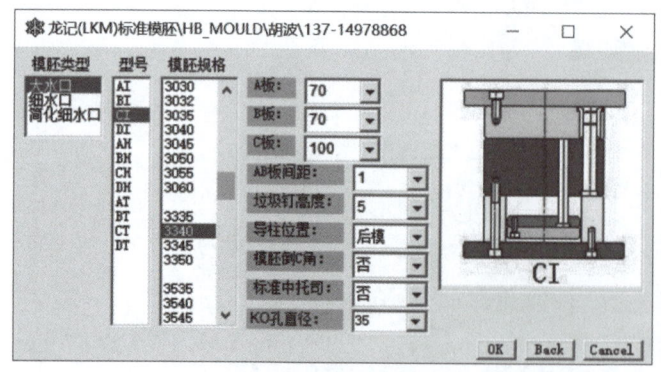

图 3-5-2 设置模架参数

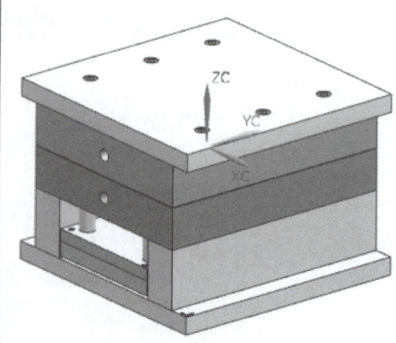

图 3-5-3 调用模架结果

二、模具开框

在胡波外挂中选择"模具特征建模"→"开框",弹出图 3-5-4 所示的对话框,单击"确定"按钮,选择下模,弹出图 3-5-5 所示的对话框,单击"清角型"选项,再单击"确定"按钮,弹出图 3-5-6 所示的对话框,单击"取消"按钮完成开框。选择上模,进行同样操作。

图 3-5-4　设置开框间隙

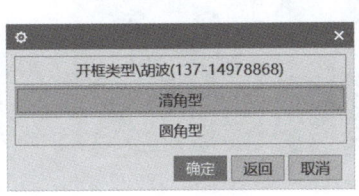

图 3-5-5　选择开框类型

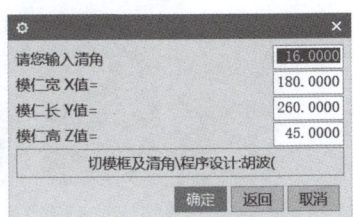

图 3-5-6　设置清角参数

三、调用及修剪标准件

1. 调用定位环

在胡波外挂中选择"模具标准件"→"定位环",弹出图 3-5-7 所示的对话框,选择 A 型,弹出图 3-5-8 所示的对话框,按照图示设置参数,单击"Ok"按钮,调出定位环。完成后弹出定位对话框,单击"Cancel"按钮取消。

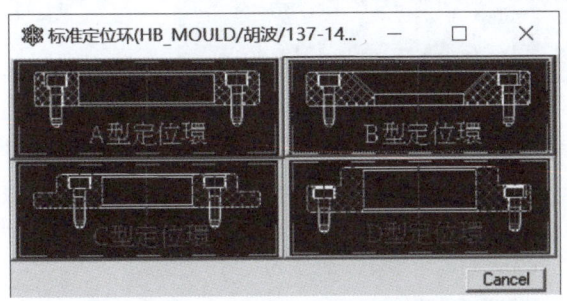

图 3-5-7　选择定位环类型

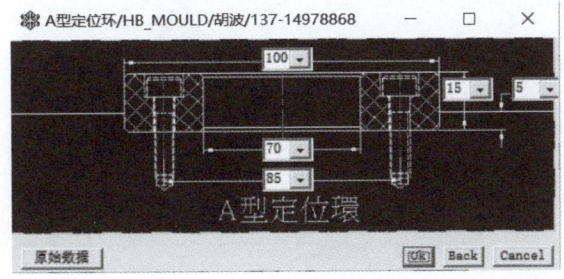

图 3-5-8　设置定位环参数

2. 调用浇口套(灌嘴)

在胡波外挂中选择"模具标准件"→"灌嘴",弹出图 3-5-9 所示的对话框,选择 A 型,弹出图 3-5-10 所示的对话框,单击"唧嘴放置于 A 板"选项,再单击"确定"按钮,弹出图 3-5-11 所示的对话框,接受默认参数,单击"Ok"按钮,弹出浇口套定位对话框,单击"取消"按钮完成浇口套的调用,结果如图 3-5-12 所示。

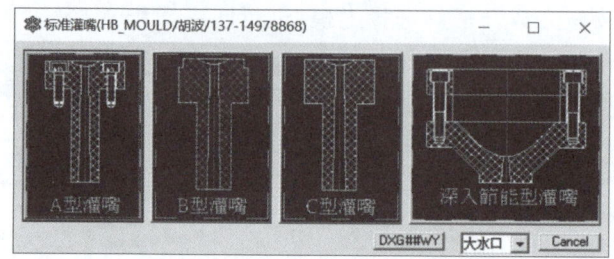

图 3-5-9　选择浇口套类型

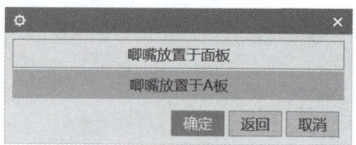

图 3-5-10　选择浇口套放置位置

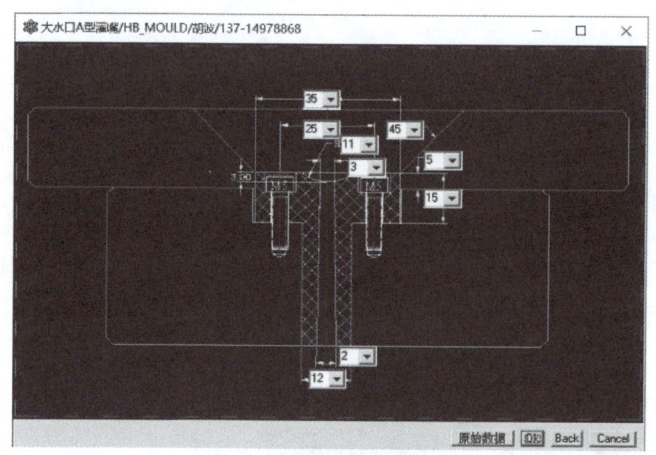

图 3-5-11　设置浇口套参数

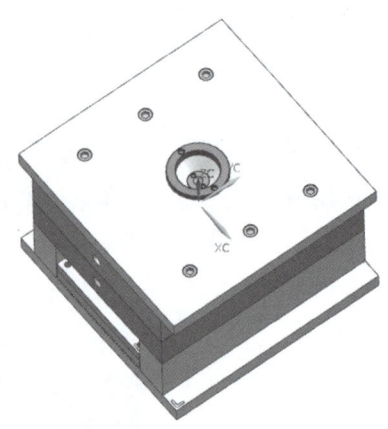

图 3-5-12　调用浇口套结果

3. 修剪标准件

使用求差命令对型腔和浇口套求差,如图 3-5-13 所示。

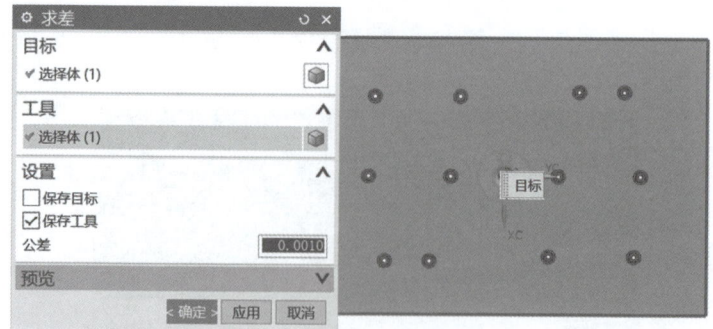

图 3-5-13　对型腔和浇口套求差

任务六 浇注系统设计与 CAE 分析

一、分流道设计

操作步骤如下:

(1)单击菜单"插入"→"任务环境"中的"草图"命令,弹出图 3-6-1 所示的"创建草图"对话框,类型选择"在平面上",平面方法选择"新平面",指定平面选择"ZC"平面,单击"确定"按钮进入草绘模式。

(2)按照图 3-6-2 所示创建浇注系统中心线。

(3)完成草图命令后退出草绘模式,使用管道命令创建浇注系统,如图 3-6-3 所示。

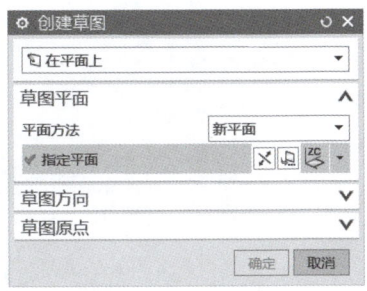

图 3-6-1 创建草图(1)

(4)使用偏置面命令将创建好的浇注系统前端向后偏置 4 mm,如图 3-6-4 所示。

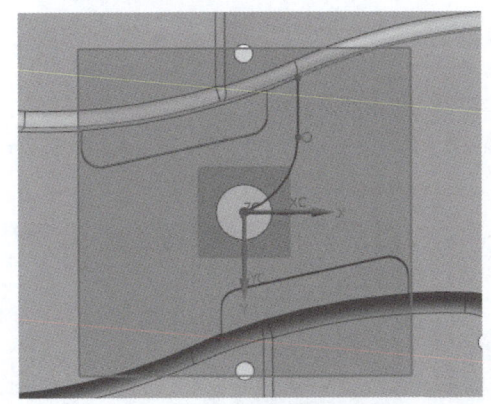

图 3-6-2 创建浇注系统中心线

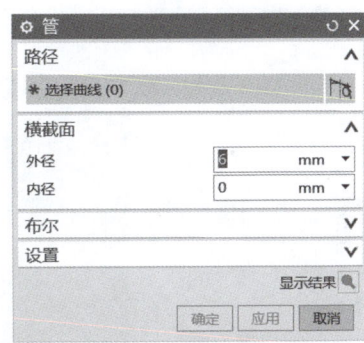

图 3-6-3 创建浇注系统

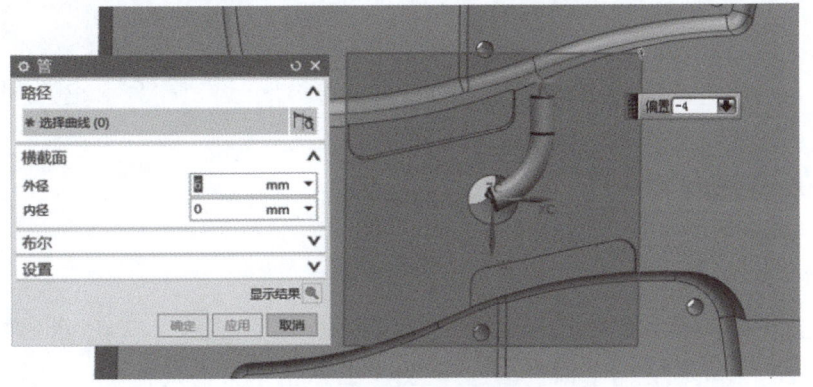

图 3-6-4 将浇注系统前端向后偏置 4 mm

(5)使用倒圆角命令倒 R3 mm 圆角,如图 3-6-5 所示。

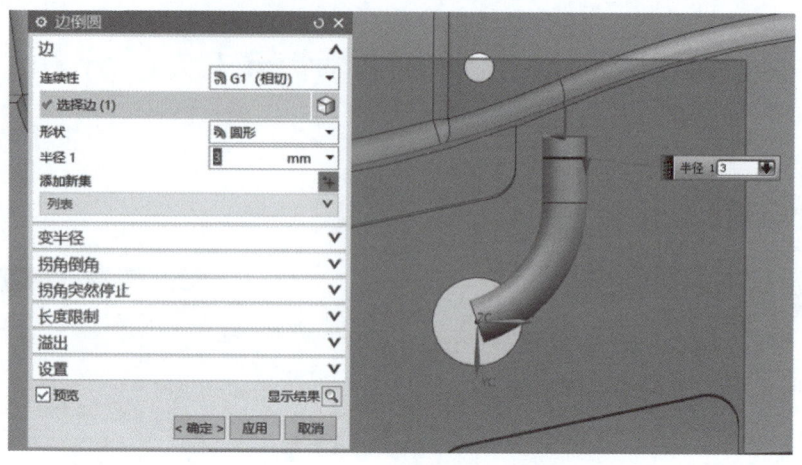

图 3-6-5　对浇注系统倒圆角

(6) 使用移动对象命令将浇注系统的另一边作出来,对象选择已经创建好的浇注系统,运动选择"角度",指定矢量选择 ZC 方向的矢量,指定轴点为绝对坐标原点,角度为 180°,结果选择"复制原先的",如图 3-6-6 所示。

(7) 使用求和命令对浇注系统求和,并与凹模和型芯求差。浇注系统创建完成效果如图 3-6-7 所示。

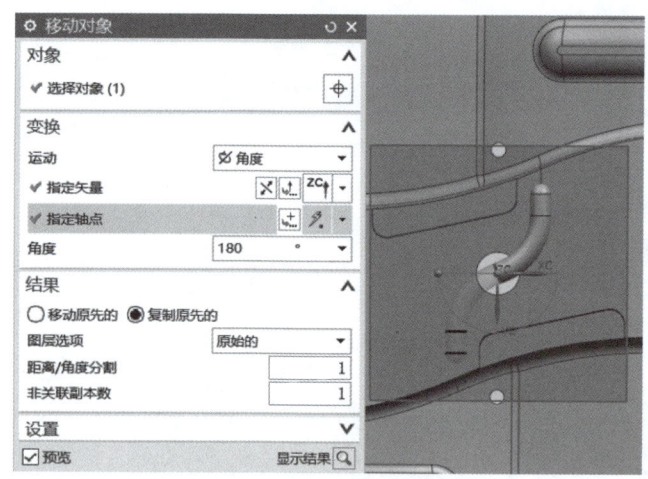

图 3-6-6　创建浇注系统

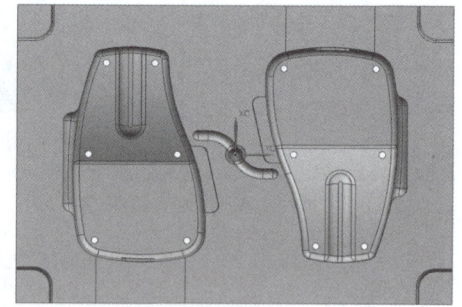

图 3-6-7　浇注系统创建完成效果

二、潜伏式浇口设计

操作步骤如下:

(1) 单击菜单"插入"→"任务环境"中的草图命令,弹出图 3-6-8 所示的"创建草图"对话框,类型选择"在平面上",平面方法选择"新平面",指定平面选择"ZC"平面,单击"确定"按钮进入草绘模式。

(2) 在草绘模式下创建图 3-6-9 所示的圆并进行尺寸约束,结果如图 3-6-9 所示。

项目三 模具设计

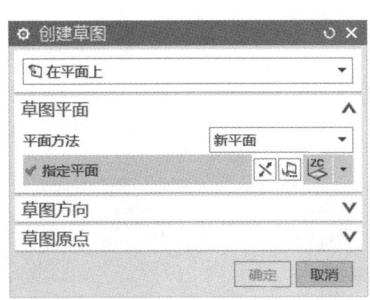

图 3-6-8 创建草图(2)

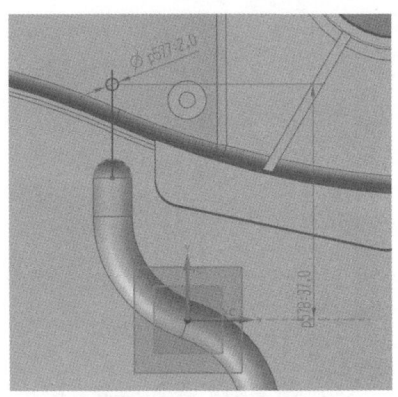

图 3-6-9 尺寸约束结果

(3)使用胡波外挂调出直径为 2 mm 的推杆,单击推杆(顶针)命令调出图 3-6-10 所示的对话框。

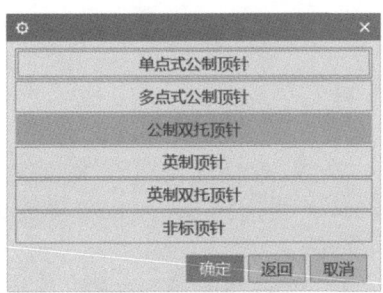

图 3-6-10 选择推杆

(4)选择"公制双托顶针",弹出图 3-6-11 所示的对话框,设置推杆直径为 2 mm。

(5)单击"Ok"按钮,弹出图 3-6-12 所示的对话框,将排位数改为"0.01"。

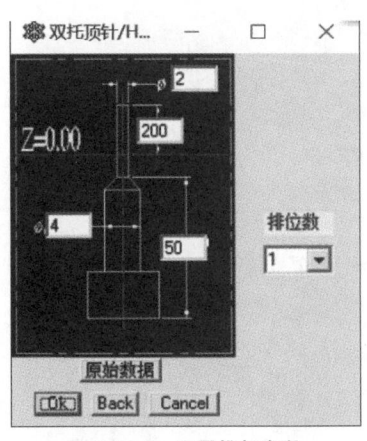

图 3-6-11 设置推杆参数

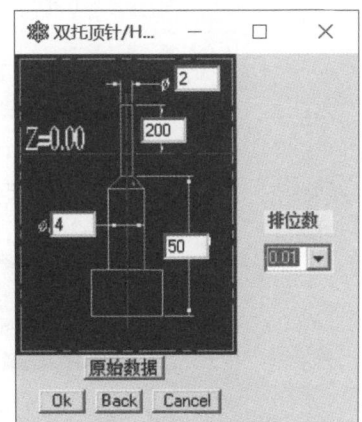

图 3-6-12 修改排位数

(6)单击"Ok"按钮,弹出"点"对话框,选择圆的中心,然后单击"取消"按钮调出推杆,如图 3-6-13 所示。

(7)使用替换面命令将推杆顶端与型芯上表面替换成同样的平面,然后使用移动对象命令将推杆旋转180°,旋转后的效果如图3-6-14所示。

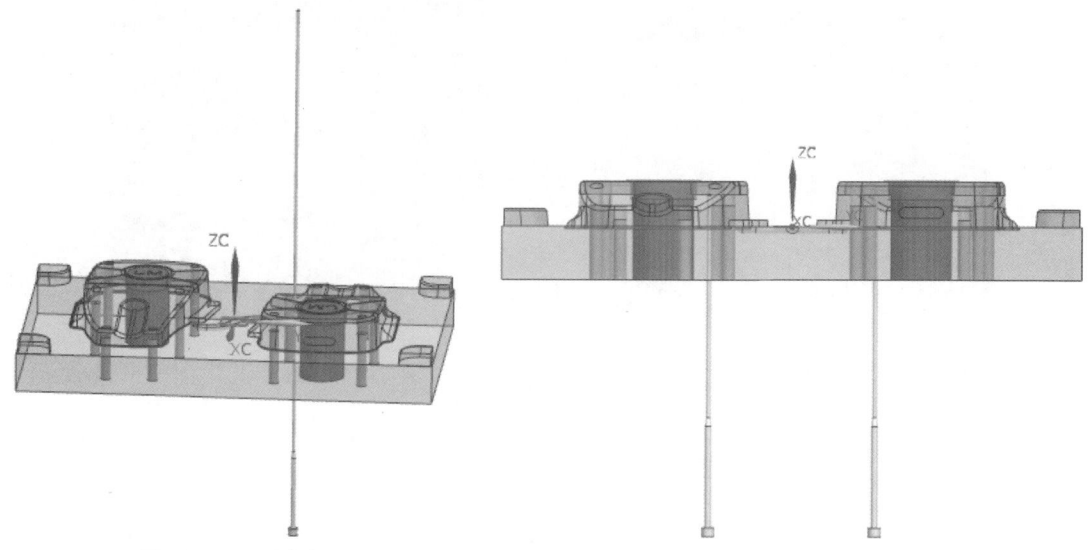

图 3-6-13　调出推杆　　　　　　　　　图 3-6-14　替换面后的效果

(8)使用求差命令将型芯、动模板、推杆固定板逐个与推杆求差,然后单击"WCS重定向"图标按钮重新定位WCS坐标,类型选择"动态",定位点选择浇注系统末端的圆心,将ZC轴旋转45°,效果如图3-6-15所示。

图 3-6-15　求差后的效果

(9)单击"确定"按钮完成WCS重定向。使用直线命令作出一条与ZC轴平行的直线,如图3-6-16所示。

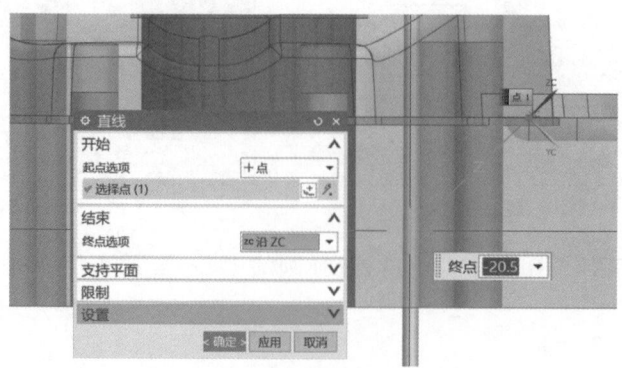

图 3-6-16　直线放置位置

(10)单击"确定"按钮完成直线的创建。使用管道命令创建一条直径为 1.5 mm 的圆柱,如图 3-6-17 所示。

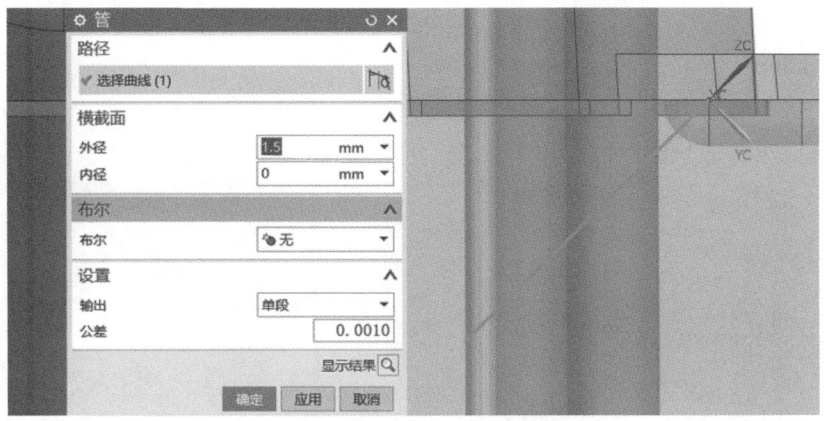

图 3-6-17 直线生成管道

(11)使用拔模命令对管道进行拔模,类型选择"从平面",固定面选择管道末端,要拔模的面选择圆柱侧面,拔模角度为 4°,如图 3-6-18 所示。

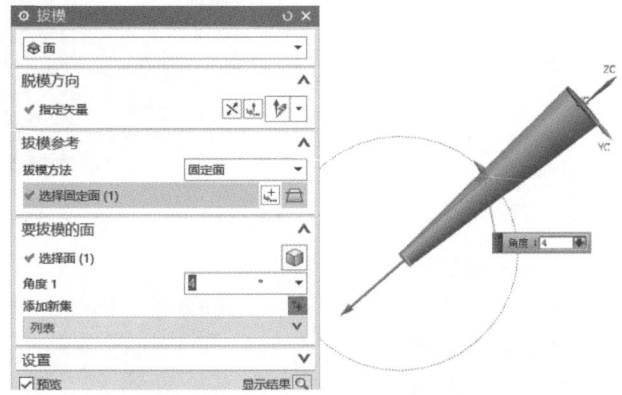

图 3-6-18 对管道进行拔模

(12)使用移动对象命令将潜伏式浇口部分旋转 180°进行复制,然后对潜伏式浇口和动模型芯求差,最终效果如图 3-6-19 所示。

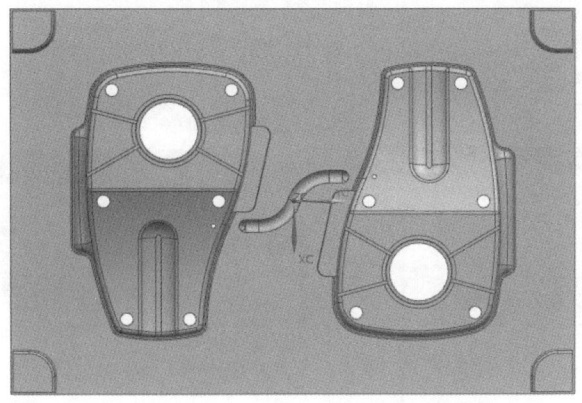

图 3-6-19 潜伏式浇口的设计效果

三、CAE 分析

操作步骤如下:
(1)将产品处理好后输出为 * .stl 格式文件。
(2)导入产品模型,操作步骤如图 3-6-20 所示。

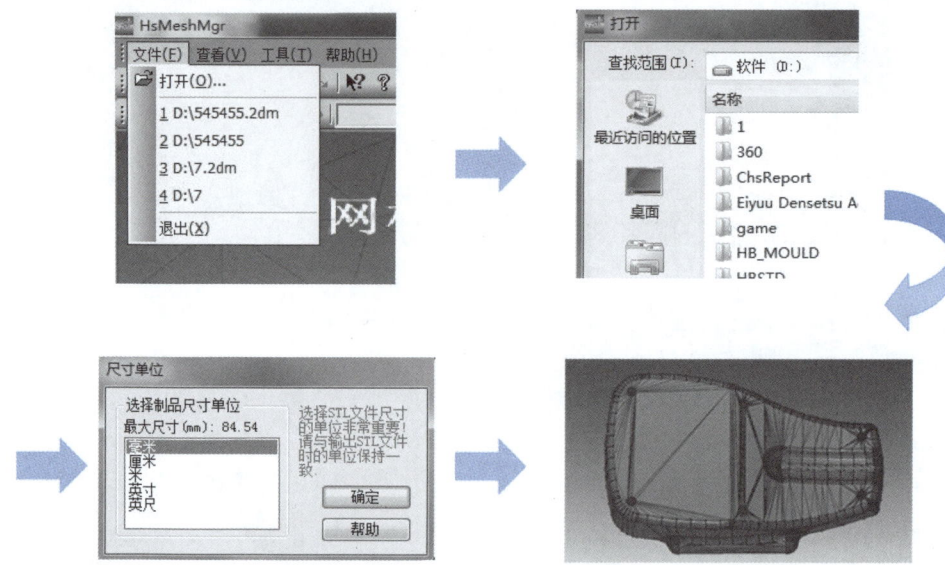

图 3-6-20　导入产品模型

(3)划分 CAE 网格,操作步骤如图 3-6-21 所示。

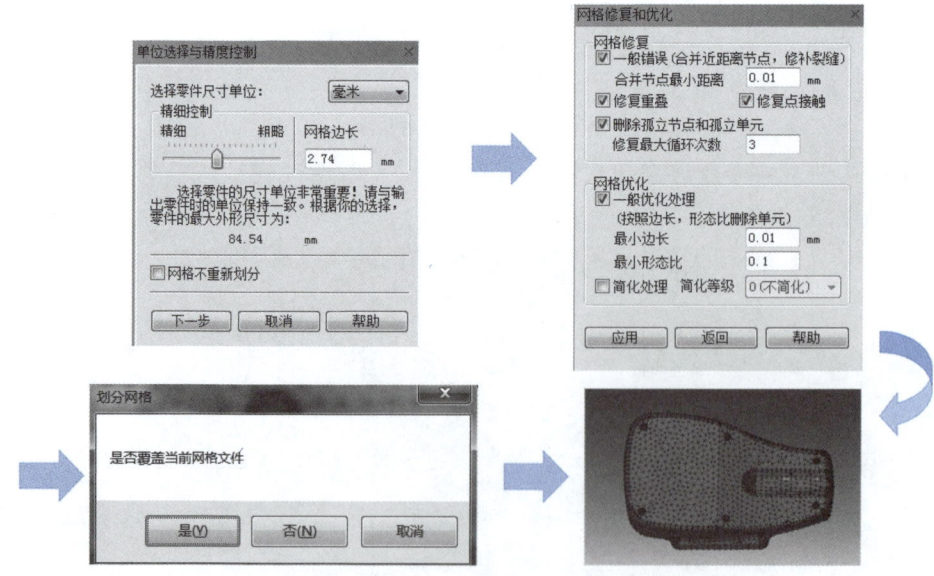

图 3-6-21　划分 CAE 网格

(4)导入流道系统和冷却水路,操作步骤如图 3-6-22 所示。

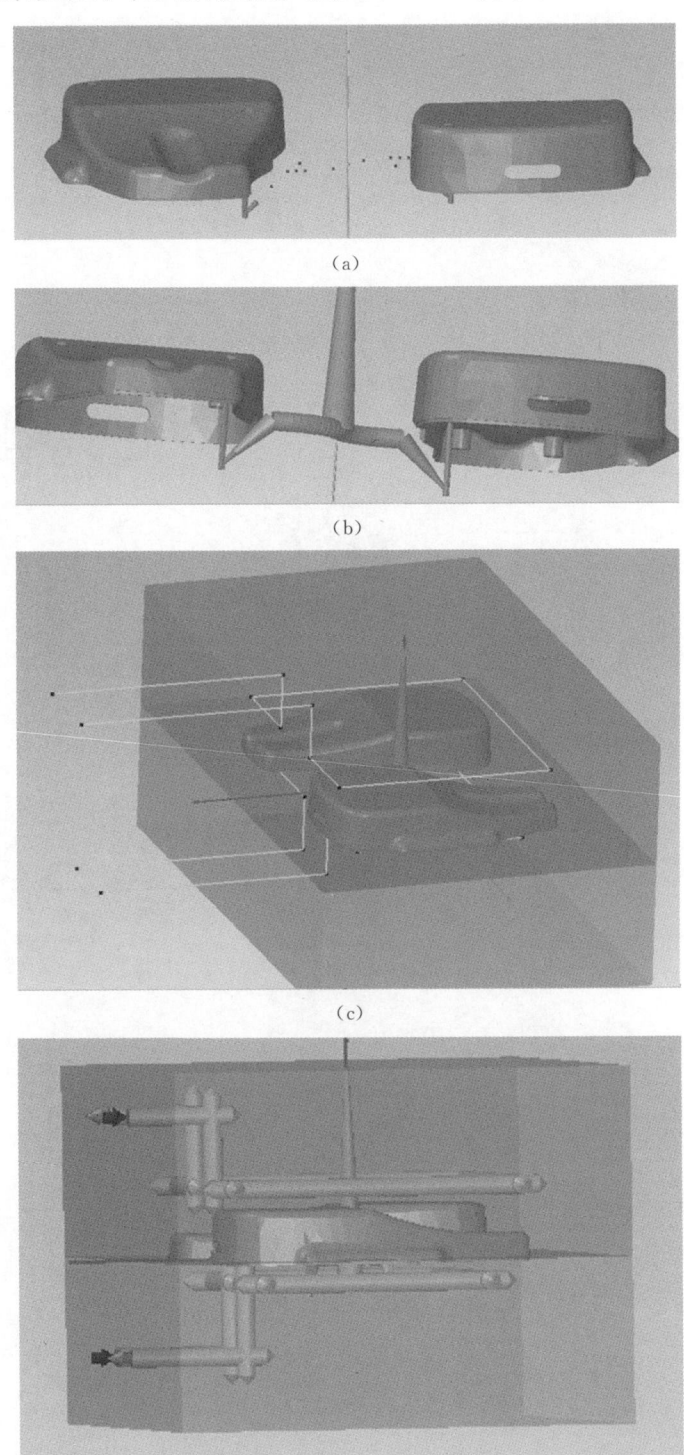

图 3-6-22　导入流道系统和冷却水路

(5) 分析结果,如图 3-6-23 所示。

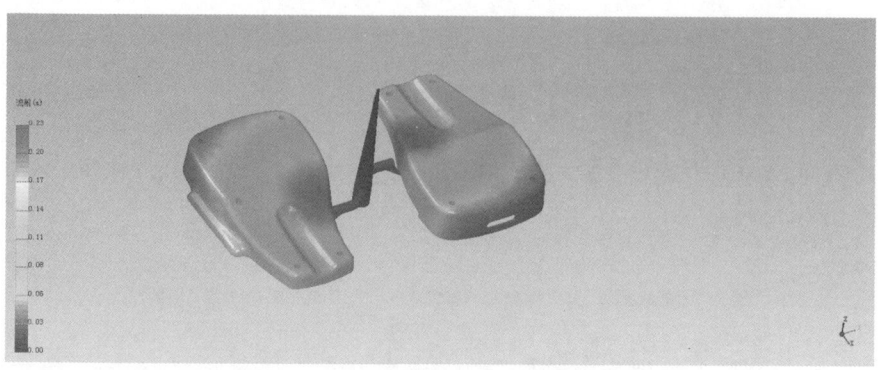

(a)流动前沿(最后时刻)

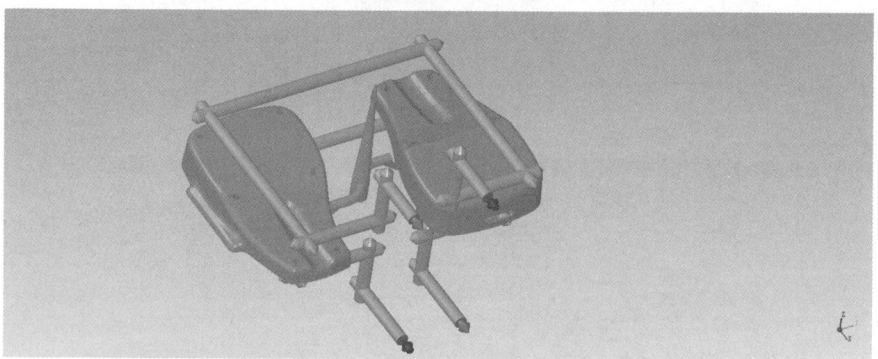

(b)熔合纹

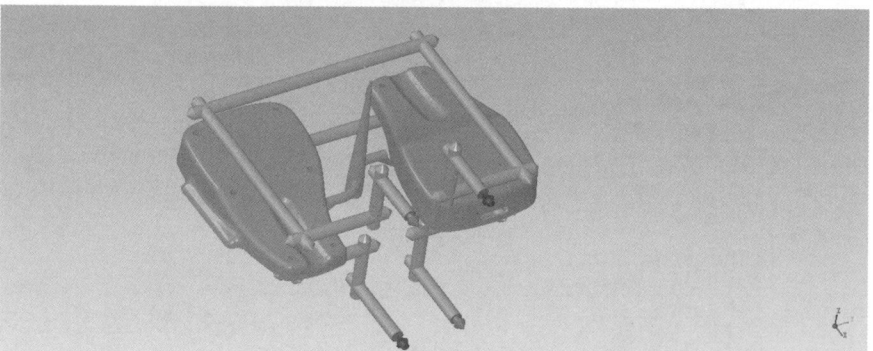

(c)气穴

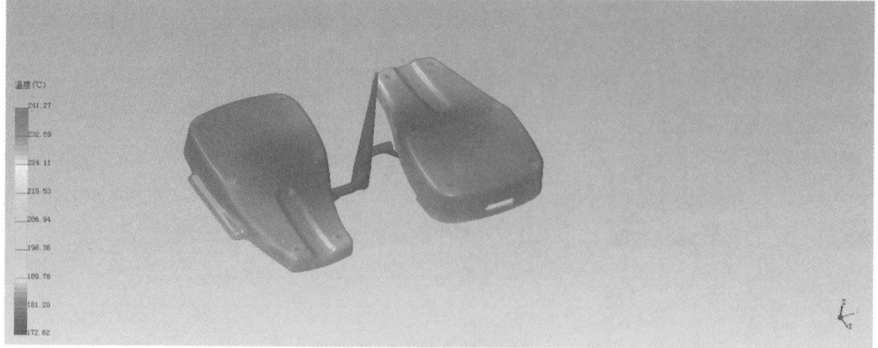

(d)流动结束时的温度场

图 3-6-23　分析结果

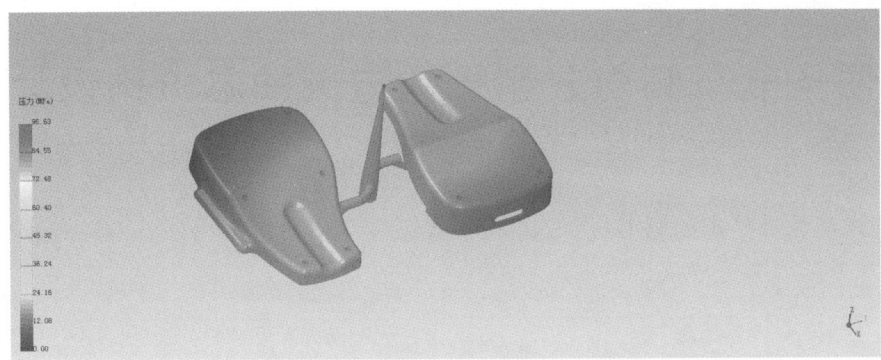
(e)流动结束时的压力场

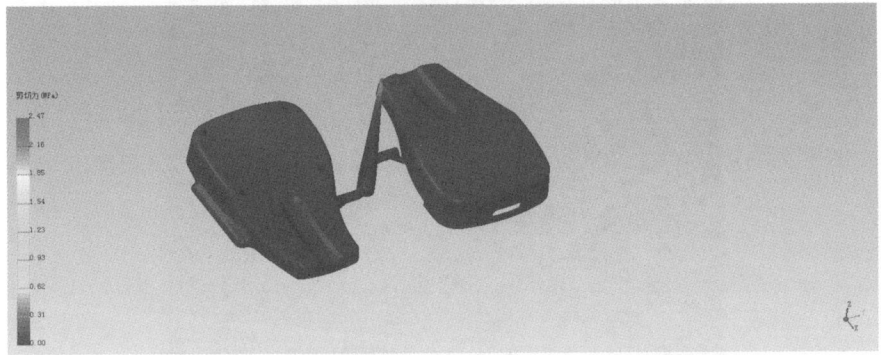
(f)流动结束时的剪切力场

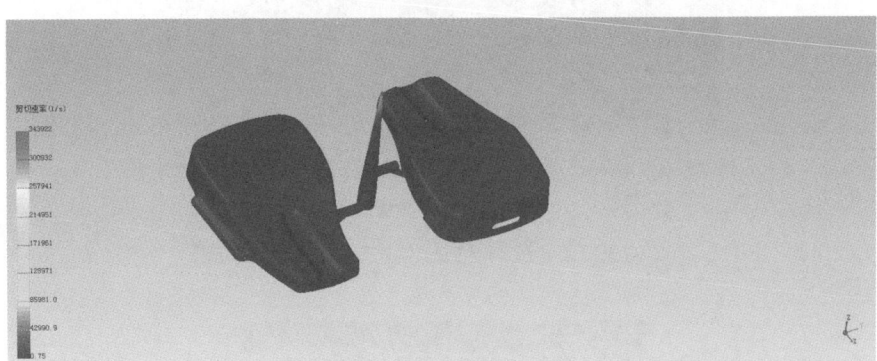
(g)流动结束时的剪切速率场

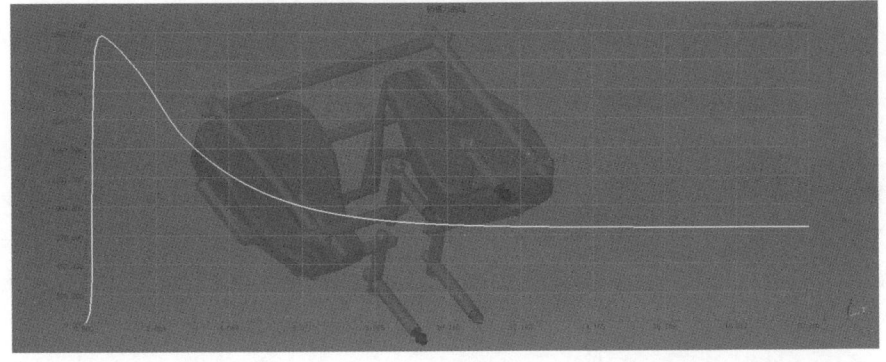
(h)锁模力曲线

图 3-6-23　分析结果(续)

任务七　侧向分型机构与侧抽芯机构设计

操作步骤如下：

(1)使用胡波外挂中的侧滑块(行位)、楔紧块(铲基)命令调出图3-7-1所示的对话框，选择第一种类型的侧滑块。

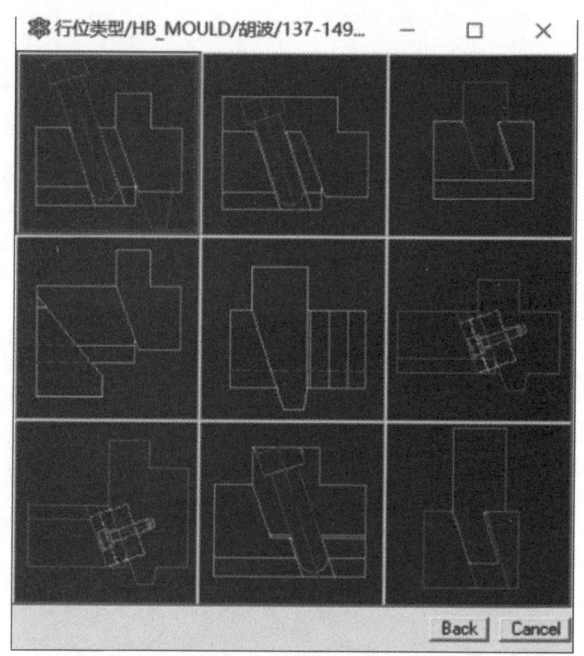

图3-7-1　选择侧滑块的类型

(2)系统弹出图3-7-2所示的方向选择对话框，选择"+X方向"。

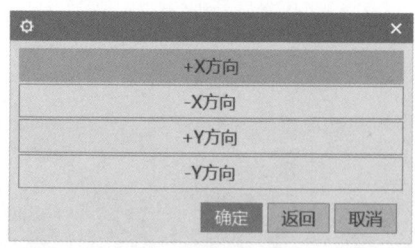

图3-7-2　选择方向

(3)单击"确定"按钮，弹出图3-7-3所示的对话框，按照图中所示进行参数设置，完成后单击"Ok"按钮，调出侧滑块机构，然后单击"取消"按钮完成，如图3-7-4所示。

(4)使用替换面命令将上、下模框上多余的部分去除，结果如图3-7-5所示。

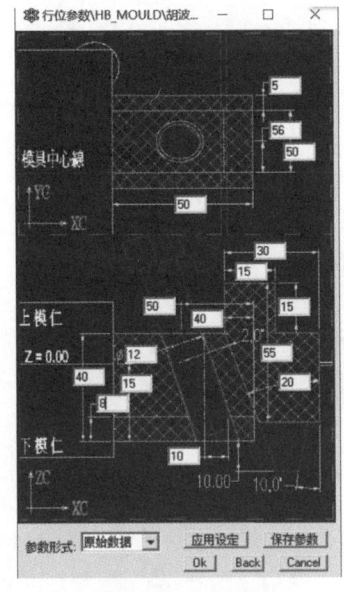

图 3-7-3 设置参数

图 3-7-4 完成调用

(5)使用 WCS 重定向命令将坐标移动到拆分出的滑块头尾部的中心,如图 3-7-6 所示。

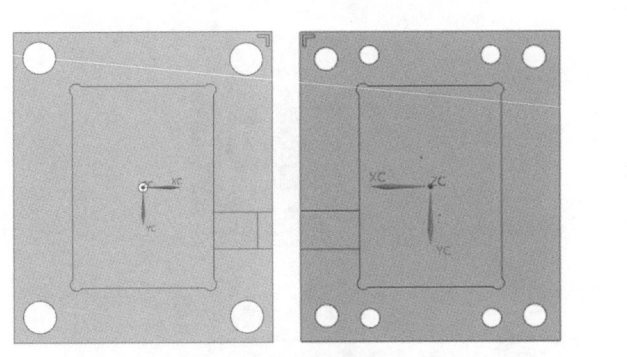

图 3-7-5 去除多余部分

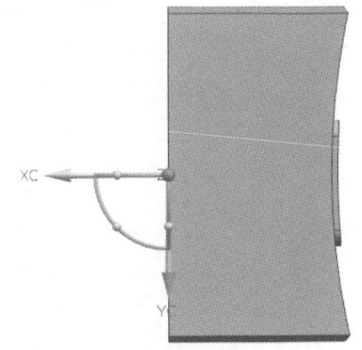

图 3-7-6 移动坐标

(6)使用截面曲线命令创建滑块尾部中心线,类型选择"选定的平面",要剖切的对象选择滑块尾部的面,剖切平面选择"YC"平面,如图 3-7-7 所示。

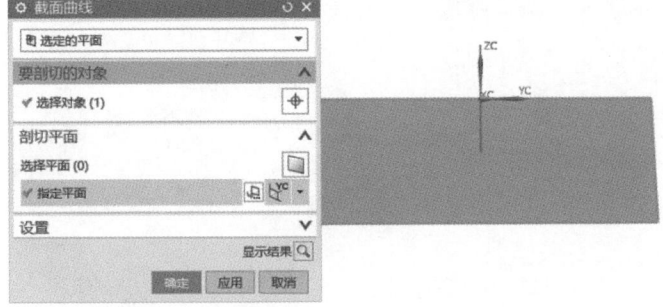

图 3-7-7 创建滑块尾部中心线

(7)使用拉伸命令做出滑块的尾部,如图3-7-8所示。

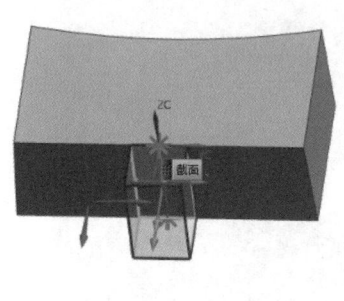

图 3-7-8　做出滑块的尾部

(8)使用拔模命令将滑块头尾部做成燕尾槽形状,如图3-7-9所示。

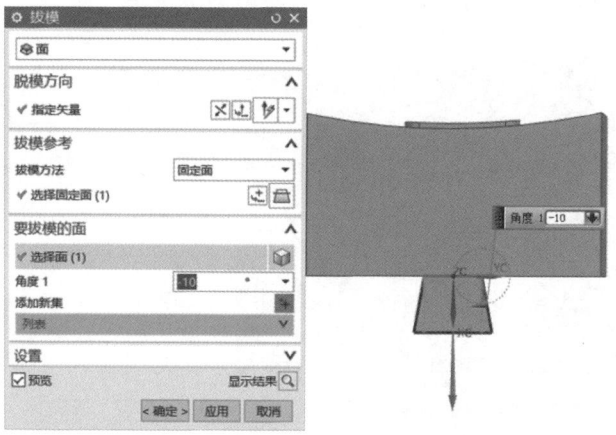

图 3-7-9　将滑块头尾部做成燕尾槽形状

(9)对燕尾槽和滑块头求和,然后按图3-7-10所示倒圆角,圆角半径为0.5 mm。

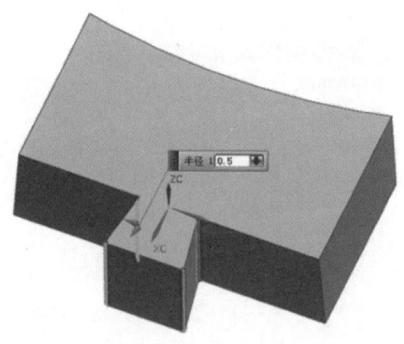

图 3-7-10　倒圆角

项目三 模具设计

(10)对滑块头和滑块座求差,然后使用替换面命令将滑块上面做成由上到下的燕尾槽,效果如图3-7-11所示。

(11)将楔紧块显示出来,其余部分隐藏掉,单击"插入"→"基准点"→"点集"命令,类型选择"面的点",子类型选择"阵列",基本几何体选择楔紧块顶面,U向和V向的点数均设为"2",在"阵列限制"选项组中选择"百分比",设置U、V四个数值,如图3-7-12所示。

(12)使用WCS重定向命令将WCS坐标移动到楔紧块顶面上,如图3-7-13所示。

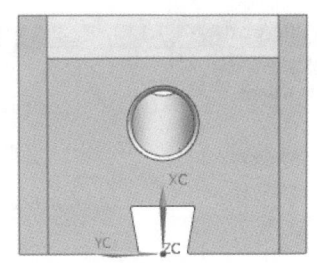

图 3-7-11　燕尾槽完成效果

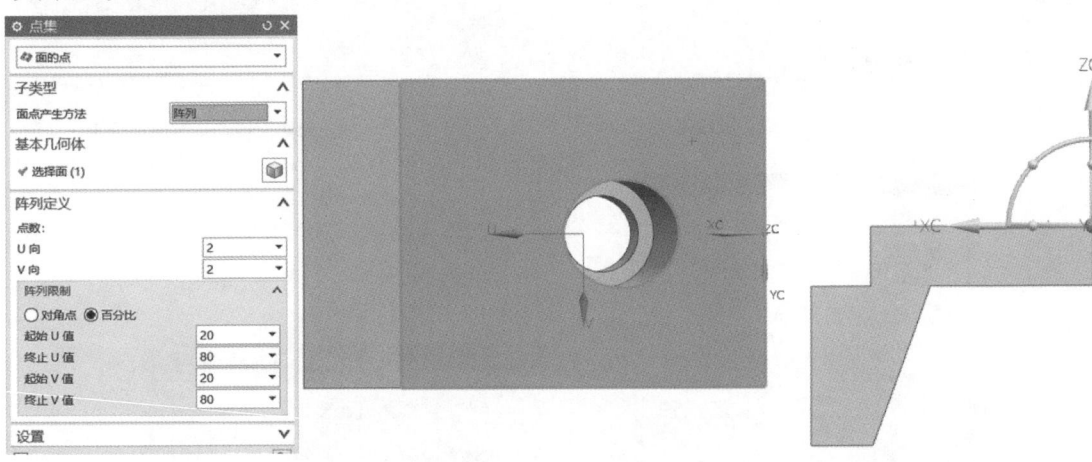

图 3-7-12　点集操作　　　　　　　　　　图 3-7-13　WCS 定向

(13)将定模板显示出来。在胡波外挂中单击"正向螺丝"图标按钮,弹出图3-7-14所示的对话框,螺丝定位类型选择"以WCS原点定位",单击"确定"按钮,弹出图3-7-15所示的对话框,选择螺丝放置实体面为定模板的背面,如图3-7-16所示。螺丝定位点的选择如图3-7-17所示,内六角过孔实体选择定模板与楔紧块,自动判断的点选择其中一个定位出来的点,然后单击"确定"按钮,螺丝类型选择"公制",如图3-7-18所示。螺丝规格选择"M8",如图3-7-19所示。将螺丝孔深改为16 mm,如图3-7-20所示,单击"取消"按钮完成。然后选择"单个继续",如图3-7-21所示。单击下一个定位点,依次完成四个螺丝的创建,结果如图3-7-22所示。

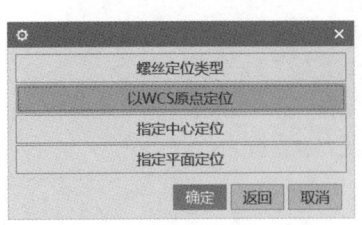

图 3-7-14　选择螺丝定位类型

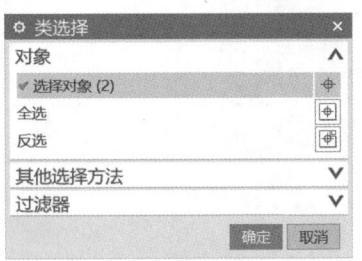

图 3-7-15　类选择

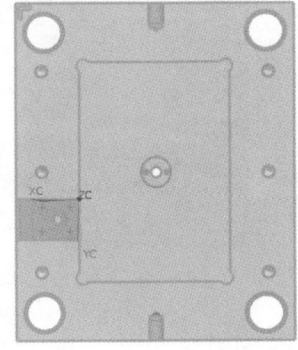

图 3-7-16　选择螺丝通过的实体

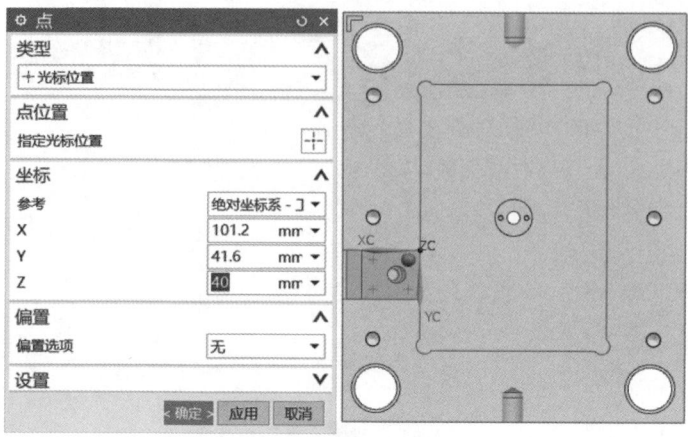

图 3-7-17 螺丝定位

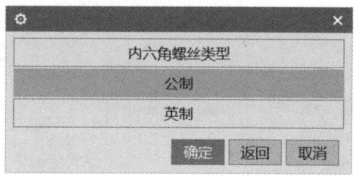

图 3-7-18 选择螺丝类型

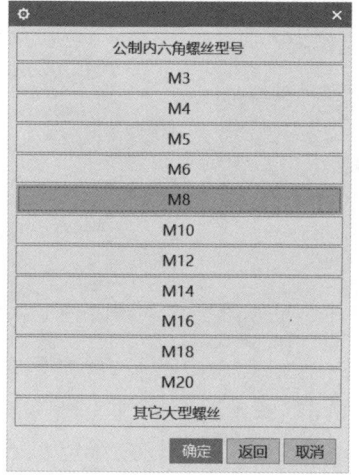

图 3-7-19 选择螺丝规格

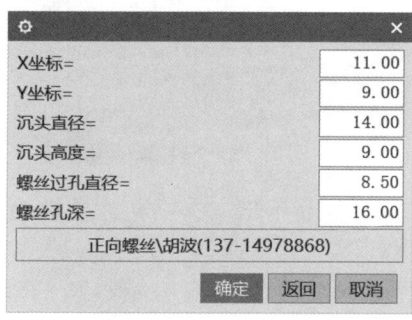

图 3-7-20 修改螺丝孔深

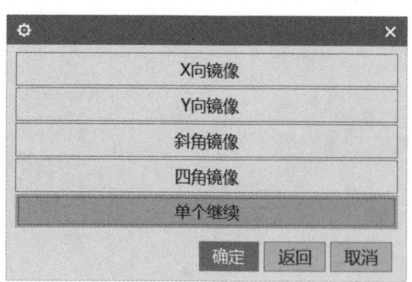

图 3-7-21 镜像选择

图 3-7-22 螺丝创建完成

(14)将定、动模板与滑块、楔紧块的结构显示出来,在草绘模式下做一个矩形,并用拉伸命令以矩形为轮廓做出片体,如图 3-7-23 所示。

(15)使用拆分体命令将定、动模板拆分,工具选择"面或平面",如图 3-7-24 所示。

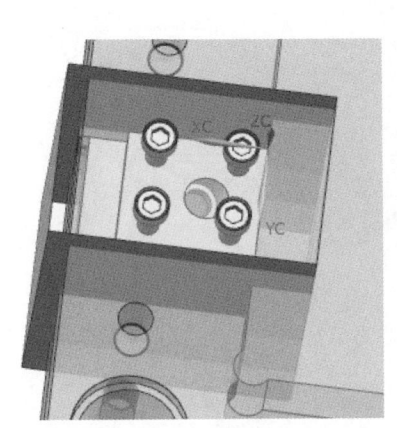

图 3-7-23 生成片体

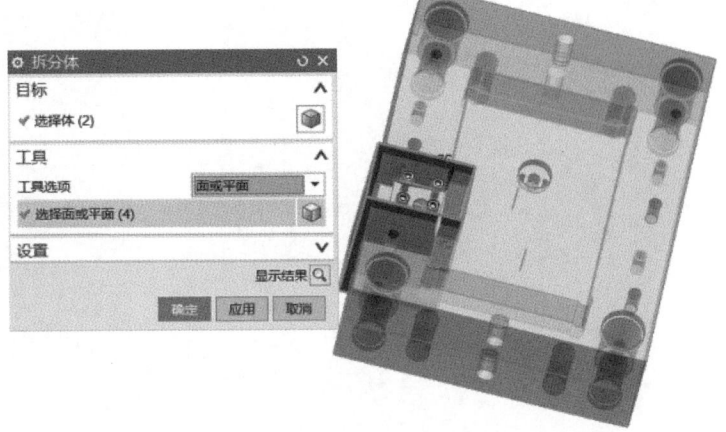

图 3-7-24 拆分定、动模板

(16)使用移动对象命令将拉伸出来的片体移动到另一侧,结果如图 3-7-25 所示。

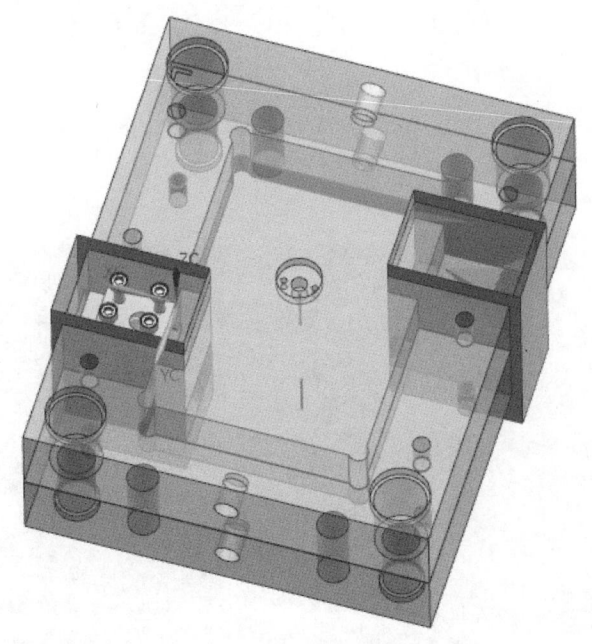

图 3-7-25 移动片体

(17)再次使用拆分体命令将定、动模板拆分,将拆分的部分与两边拉伸出来的片体进行隐藏,结果如图 3-7-26 所示。

(18)使用移动对象命令将所有侧抽芯机构进行旋转,做出另一边的侧抽芯机构,并对模板和缺少的部分求和,结果如图 3-7-27 所示。

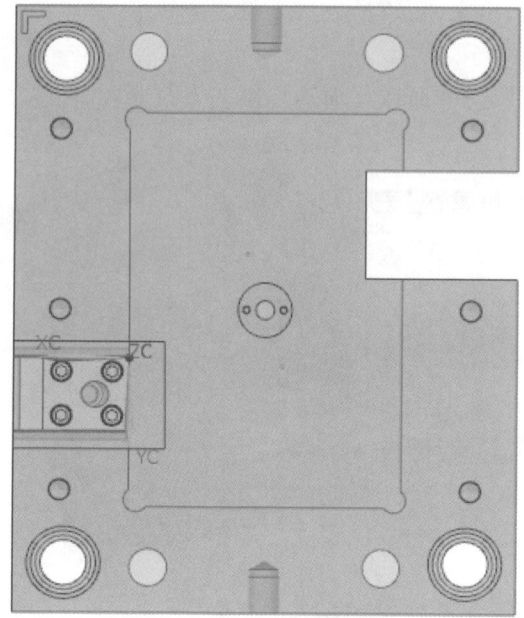
图 3-7-26　再次拆分定、动模板

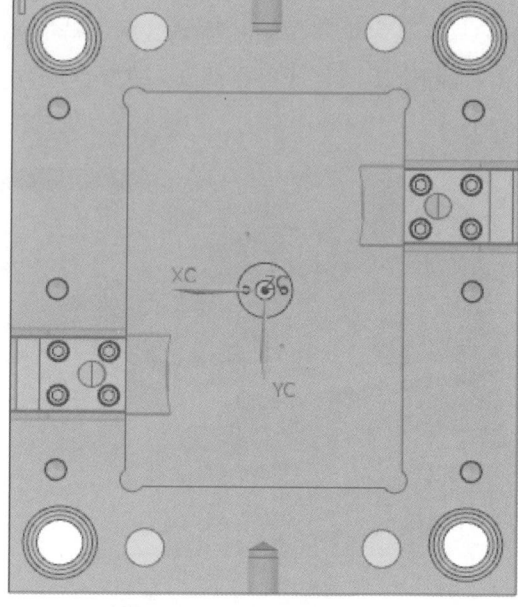
图 3-7-27　侧抽芯机构设计完成

任务八　冷却系统设计

操作步骤如下：

（1）单击胡波外挂中的"冷却水"（运水）命令，弹出图 3-8-1 所示的对话框，选择环绕型冷却水路。

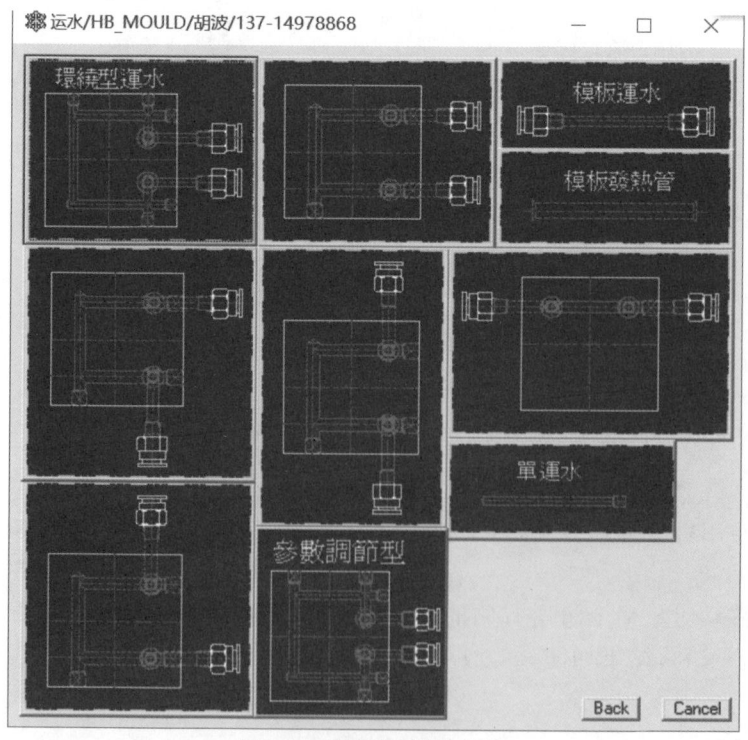
图 3-8-1　选择冷却水路类型

（2）系统弹出图 3-8-2 所示的对话框，选择"＋X 方向"。

（3）按照提示选择内模镶块，弹出型芯环绕型冷却水路对话框，设置环绕型冷却水路参数，调出冷却水路，如图 3-8-3 所示。

（4）单击"取消"按钮完成水路的调用，弹出图 3-8-4 所示的对话框，选择"切削模坯及模仁"，完成冷却水路的创建。

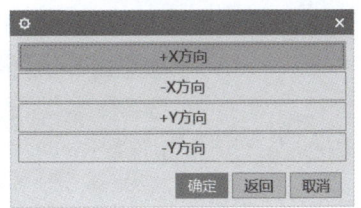

图 3-8-2 选择方向

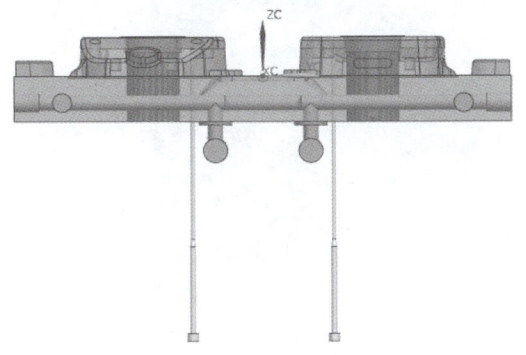

图 3-8-3 调出冷却水路

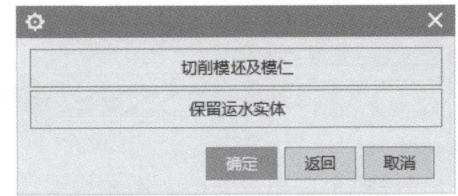

图 3-8-4 冷却水路创建完成

（5）按照以上方法继续创建定模冷却水路。

任务九　推出机构设计

一、推管设计

操作步骤如下：

（1）在胡波外挂中单击"推管"图标按钮，弹出图 3-9-1 所示的对话框，选择第一种推管。

（2）系统弹出图 3-9-2 所示的对话框，接受默认值，单击"确定"按钮。

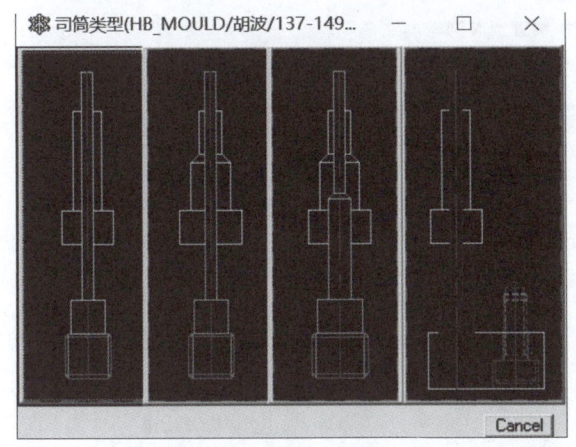

图 3-9-1 选择推管类型

图 3-9-2 设置避空值

（3）选择型芯中推管放置的中心点，如图3-9-3所示。

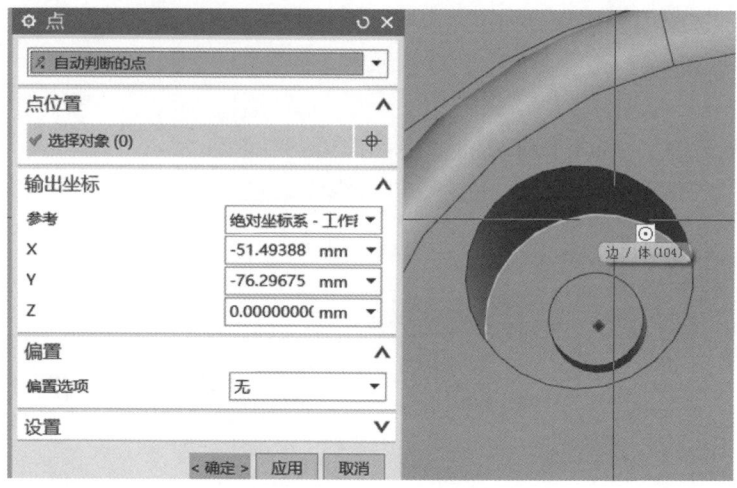

图3-9-3　选择推管放置的中心点

（4）按提示选择推管型芯圆轮廓线，如图3-9-4所示。

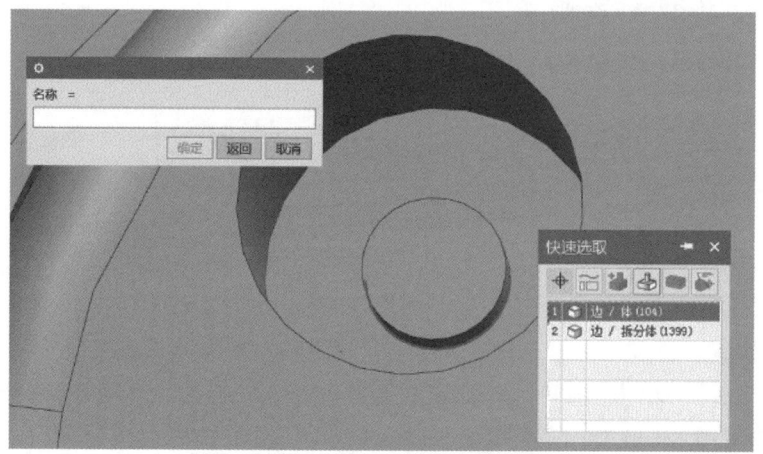

图3-9-4　选择推管型芯圆轮廓线

（5）选择推管圆轮廓线，如图3-9-5所示，然后选择型芯。

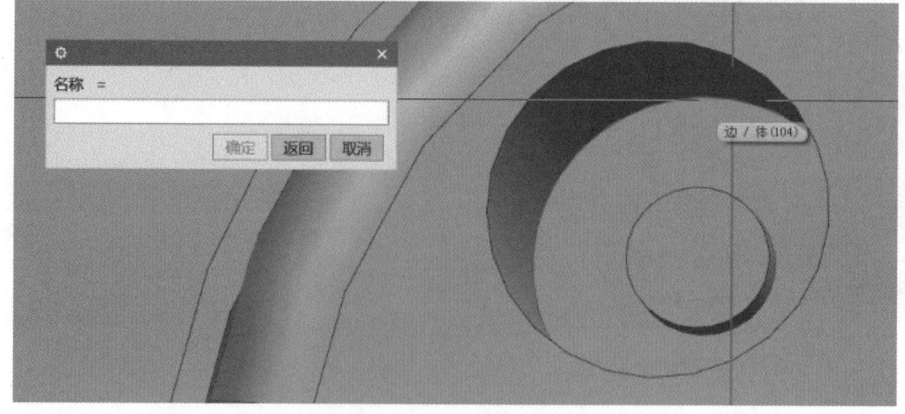

图3-9-5　选择推管圆轮廓线

(6)系统弹出推管尺寸设置对话框,接受默认参数值,调出推管,单击"取消"按钮完成调用。然后弹出"点"对话框,继续定位进行其他推管的调用。完成后的效果如图 3-9-6 所示。

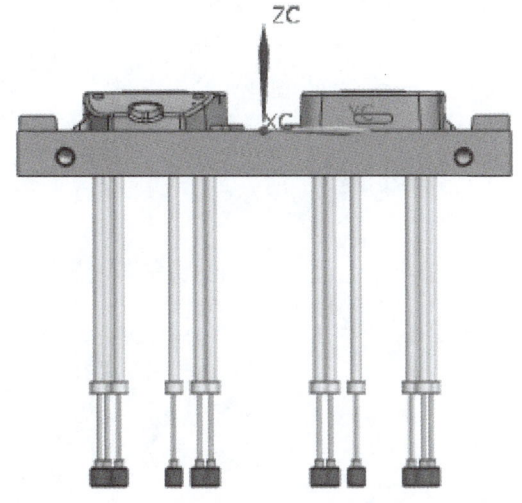

图 3-9-6 推管设计完成效果

二、拉料杆设计

操作步骤如下:

(1)在胡波外挂中单击"拉料杆"(勾料针)图标按钮,弹出图 3-9-7 所示的对话框,按照图示设置参数。

(2)单击"确定"按钮,弹出图 3-9-8 所示的对话框,选择坐标原点。

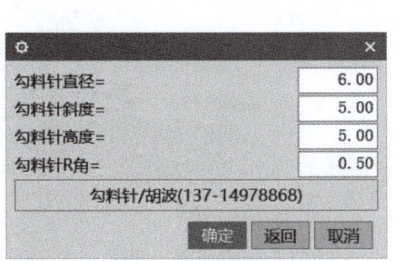

图 3-9-7 设置拉料杆参数

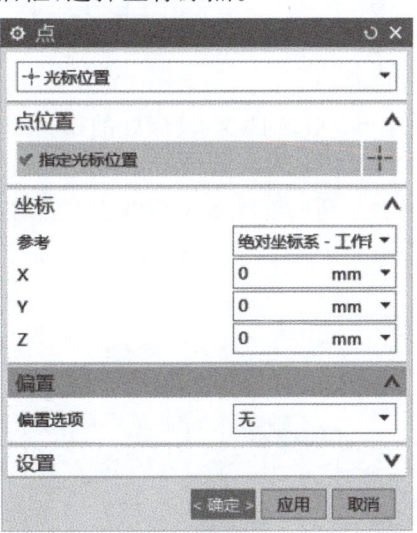

图 3-9-8 设置拉料杆位置

(3)调出拉料杆,如图 3-9-9 所示。
(4)对拉料杆上需要求差的部分与型芯求差,结果如图 3-9-10 所示。

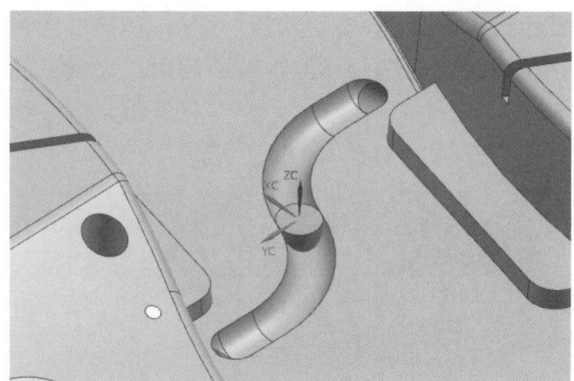

图 3-9-9　调出拉料杆

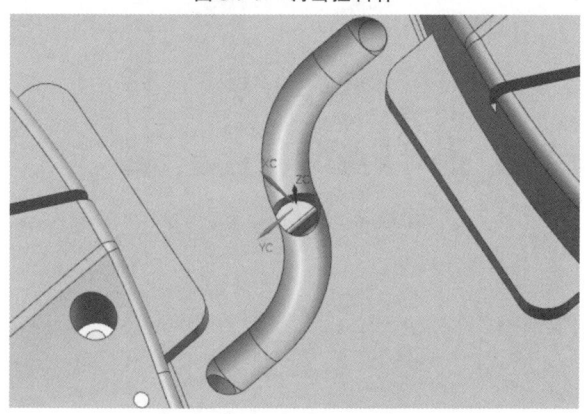

图 3-9-10　对拉料杆和型芯求差

任务十　电极设计

操作步骤如下：

(1)打开 UG 软件,将设计好的模具型芯打开,如图 3-10-1 所示。

(2)分析要设计电极的区域,如图 3-10-2 所示。一般来说,在数控加工过程中数控加工刀具无法加工到的区域要进行电火花加工,分析得知,图 3-10-2 中箭头所指的四个地方的宽度只有 1.5 mm,故只能采用电火花加工。

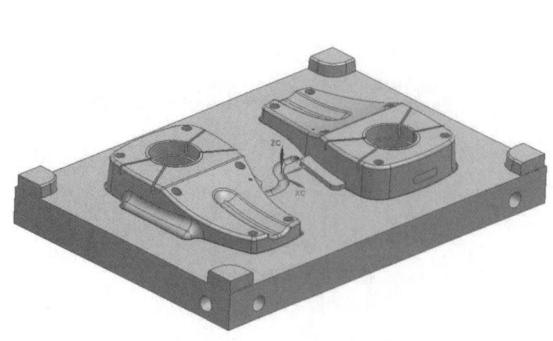

图 3-10-1　设计好的模具型芯

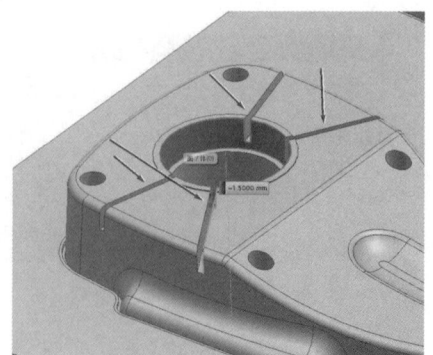

图 3-10-2　设计电极的区域

(3)考虑到电火花加工时需要找到动模型芯的基准,所以在设计电极之前要设置好坐标系。单击"格式"→"WCS"→"定向"命令,如图 3-10-3 所示,在弹出的对话框中选择类型为"对象的坐标系",并单击选择基准平面,如图 3-10-4 所示。

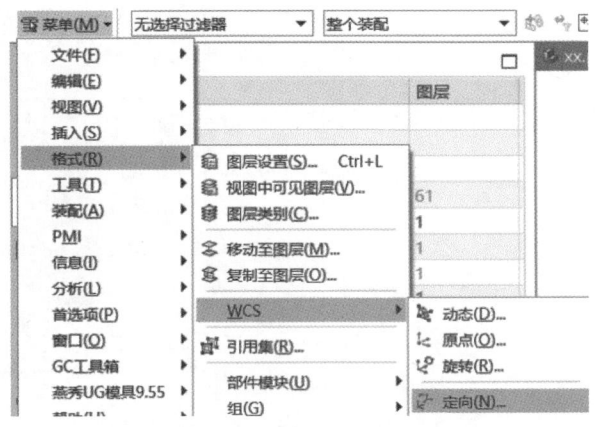

图 3-10-3　选择定向命令

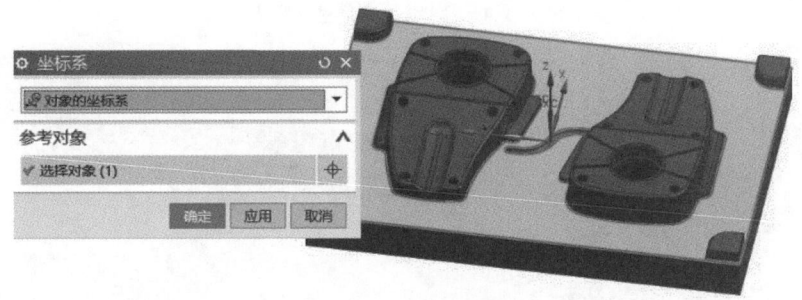

图 3-10-4　设置型芯基准

现在坐标的 X 轴为短边,而在实际加工过程中都以 X 轴为长边,所以要对其进行调整。单击"格式"→"WCS"→"动态"命令,将 X 轴旋转 −90°,如图 3-10-5 所示。

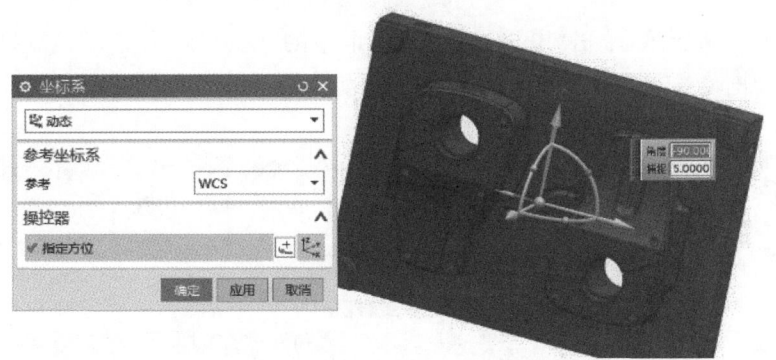

图 3-10-5　旋转工件

(4)单击"文件"→"所有应用模块"→"特定于工艺"→"电极设计"命令,打开 UG 电极设计版块,如图 3-10-6 所示。

(5)选择"格式"→"WCS"→"动态"命令,将坐标原点移动至图 3-10-7(a)所示的端点上,然后单击选中 YC 轴,再单击选中图 3-10-7(a)中箭头指向的边,使坐标的 YC 轴与边的方向相同,结果如图 3-10-7(b)所示。

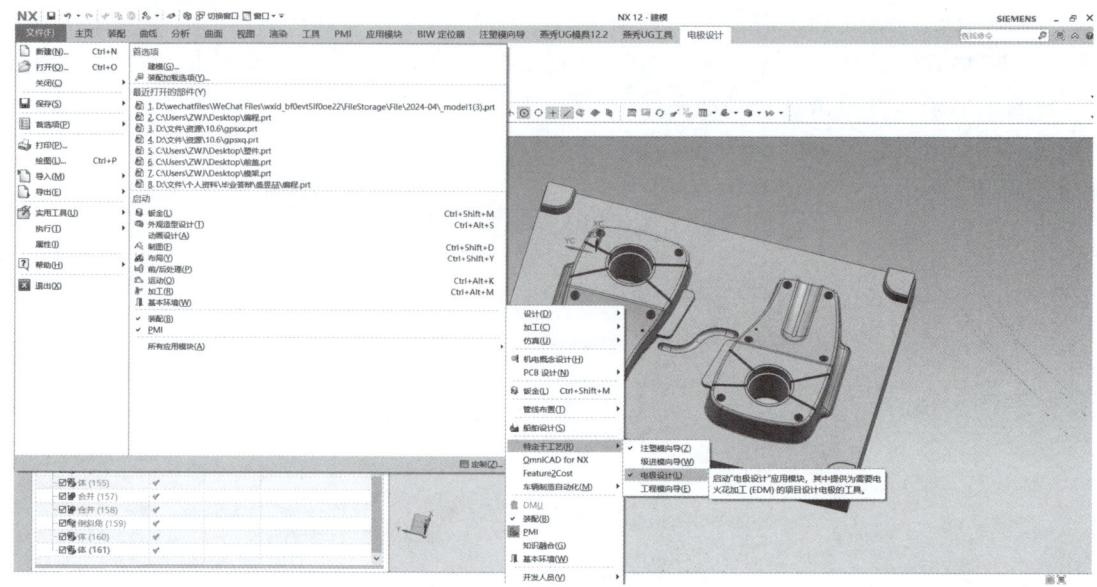

图 3-10-6　打开 UG 电极设计版块

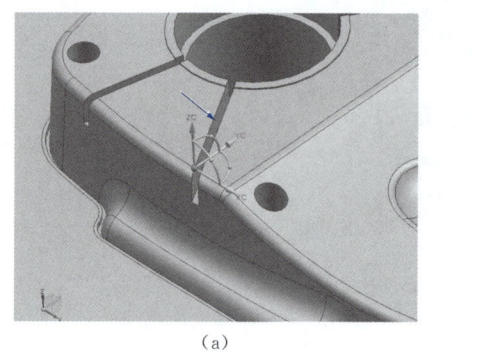

（a）

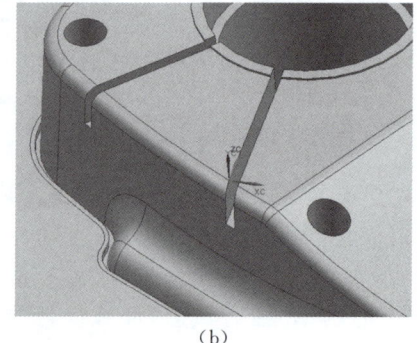

（b）

图 3-10-7　移动坐标原点

（6）如图 3-10-8 所示，单击"电极设计"选项卡中的"包容体"命令，然后选择图中画圈处的面创建方块，并设置间隙为 1 mm。求差时以方块为目标，以动模型芯为刀具，注意要保存工具。结果如图 3-10-9 所示。

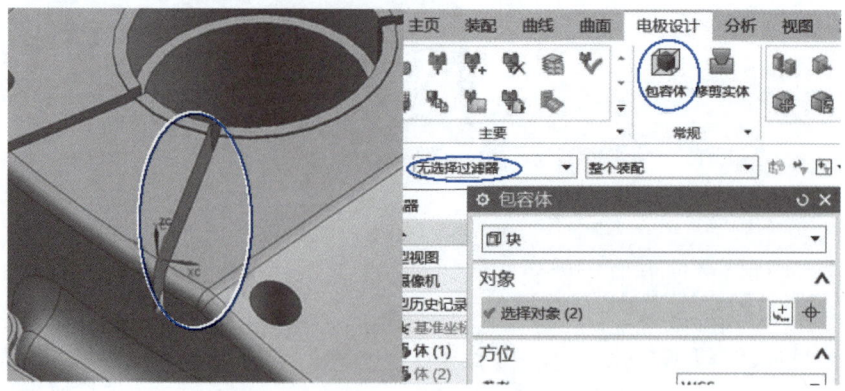

图 3-10-8　创建方块

项目三 模具设计 109

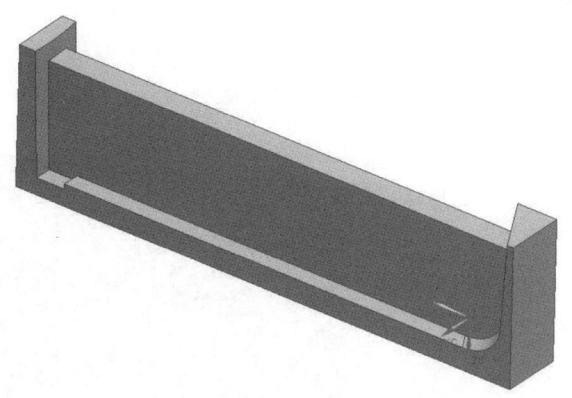

图 3-10-9 求差结果

(7)单击"插入"→"修剪"→"修剪体"命令,如图 3-10-10 所示选择目标为求差后的方块,工具选择"新建平面",选择图示的侧面、顶面,将多余的部分去除,结果如图 3-10-11 所示。

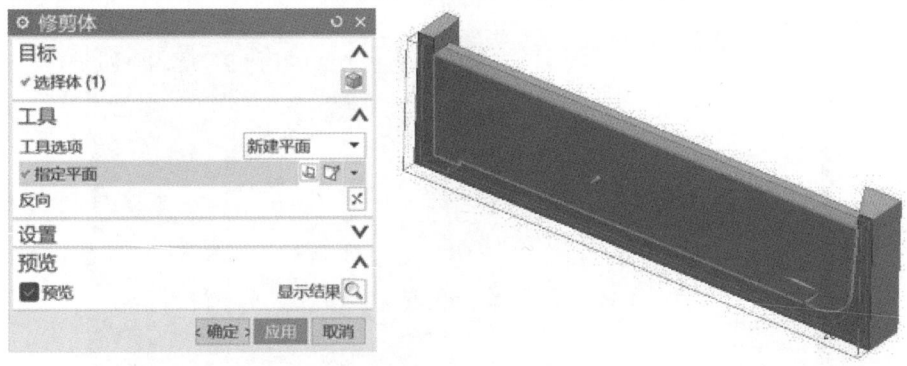

图 3-10-10 修剪体

(8)用相同的方法设计其他电极,结果如图 3-10-12 所示,然后将方块的顶面竖直拉伸 5 mm,用于避空。

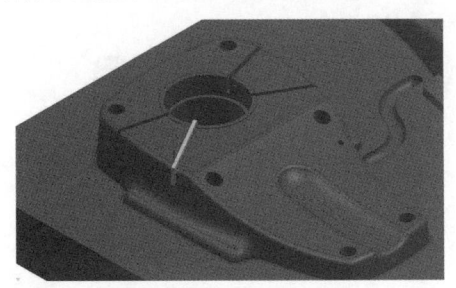

图 3-10-11 修剪体的结果

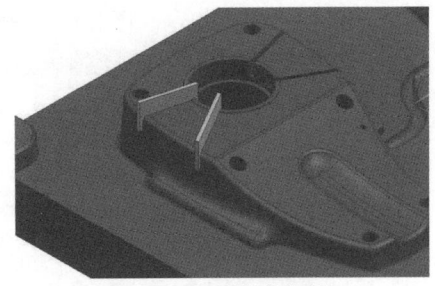

图 3-10-12 设计其他电极

(9)使用创建方块命令设计电极基准台,如图 3-10-13 所示,设置间隙为 6 mm,然后修改下边面的间隙为 0 mm。

(10)单击"格式"→"WCS"→"WCS 设置为绝对"命令,将坐标系设为绝对坐标系。作一条对角线,使用移动对象命令,选择对象为电极基准台的方块,选择运动类型为"点到点",指定出发点为对角线的中点,如图 3-10-14 所示。

设置终止点,单击选择点构造器,在"点"对话框中选择对角线的中点,这时 X 坐标值为 −27.1179(图 3-10-15(a)),因为这个数值会影响电火花加工时电极的位置,所以将 X、Y、Z 三个坐标值都改为整数,如图 3-10-15(b)所示,然后单击"确定"按钮。

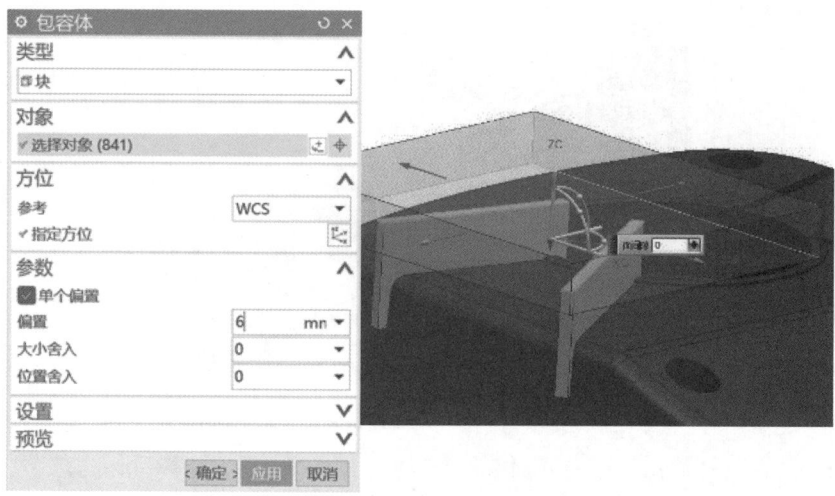

图 3-10-13　设计电极基准台

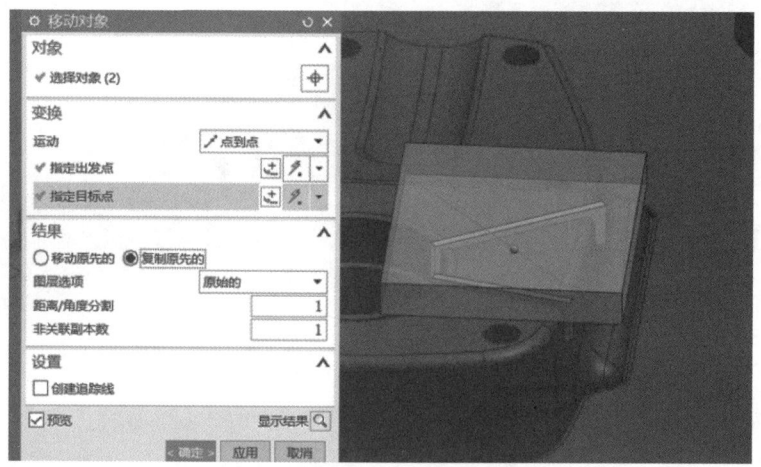

图 3-10-14　移动电极基准台的方块

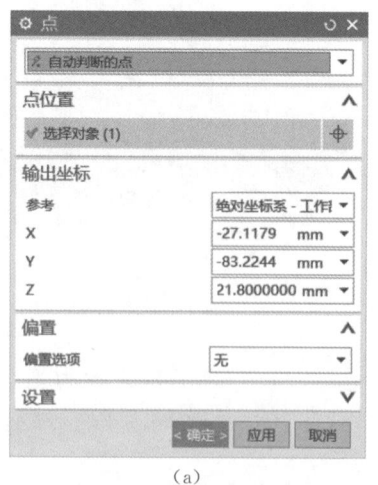
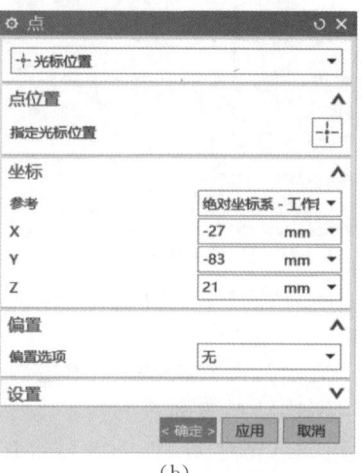

(a)　　　　　　　　　　　　　　(b)

图 3-10-15　调整电极基准台的中心

> **注意**：如果在移动的同时动模型芯也移动，就不能直接移动原先的，而要选择"复制原先的"，复制完成后再删除原先的。

(11) 对设计好的三个部分求和，如图 3-10-16 所示。

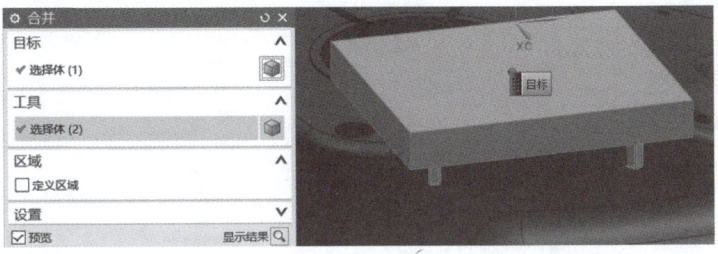

图 3-10-16　求和

(12) 以坐标 X 轴为基准，在右下角倒出 $C3$ mm 的斜角，其他三边分别做出 $R1$ mm 的圆角，如图 3-10-17 所示。

(13) 使用简单干涉命令，设置结果对象为"干涉体"，选择第一体为电极，第二体为动模型芯，单击"确定"按钮，如图 3-10-18 所示。

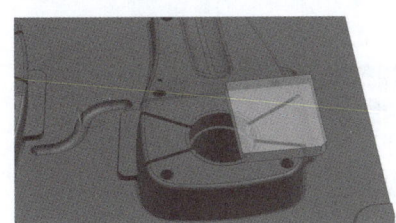

图 3-10-17　设置基准角和圆角

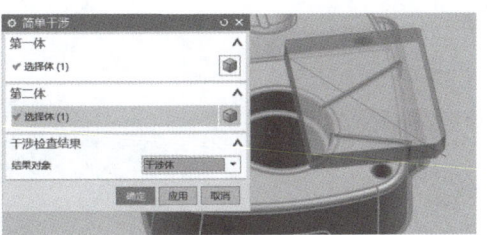

图 3-10-18　检查干涉(1)

图 3-10-19 所示的结果说明电极和动模型芯之间接触得很好。如果没有弹出该对话框，就说明体与体之间存在干涉。

(14) 单击"编辑"→"移动对象"命令，选择对象为设计的电极和直线，在"变换"选项组的"运动"下拉列表中选择"角度"，指定矢量为 ZC 轴方向，如图 3-10-20 所示。

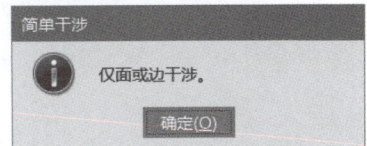

图 3-10-19　检查结果

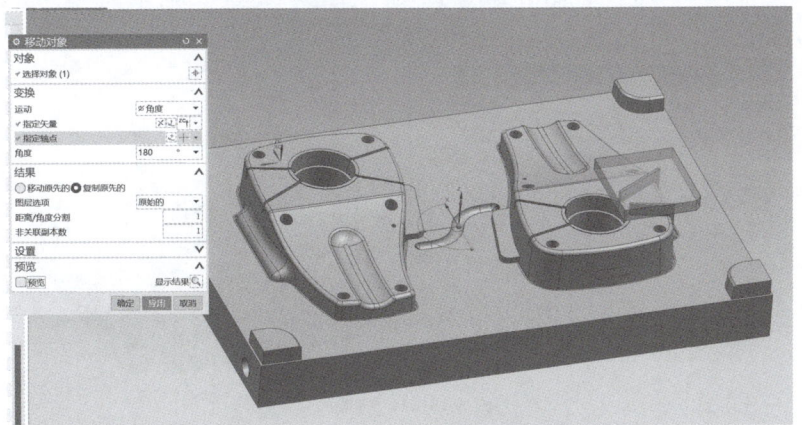

图 3-10-20　移动设计的电极和直线

选择轴点时先打开"点"对话框,设置 X、Y、Z 三轴的坐标为(0,0,0),然后单击"确定"按钮,如图 3-10-21 所示。设置旋转角度为 180°,选择结果为"复制原先的",并设置非关联副本数为"1",单击"确定"按钮完成操作,如图 3-10-22 所示。

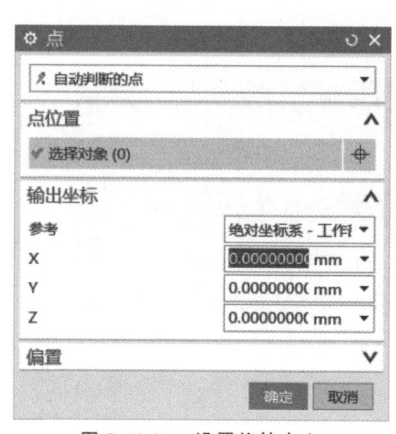

图 3-10-21 设置旋转中心

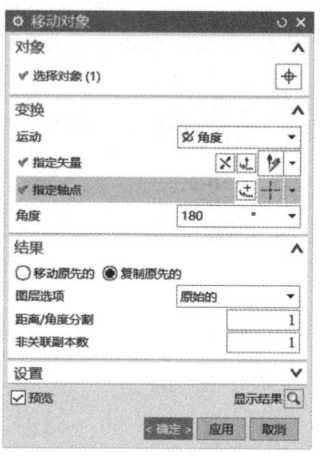

图 3-10-22 设置旋转角度

(15)单击"分析"→"简单干涉"命令,检查复制后的电极与型芯之间是否存在干涉,分析结果如图 3-10-23 所示。

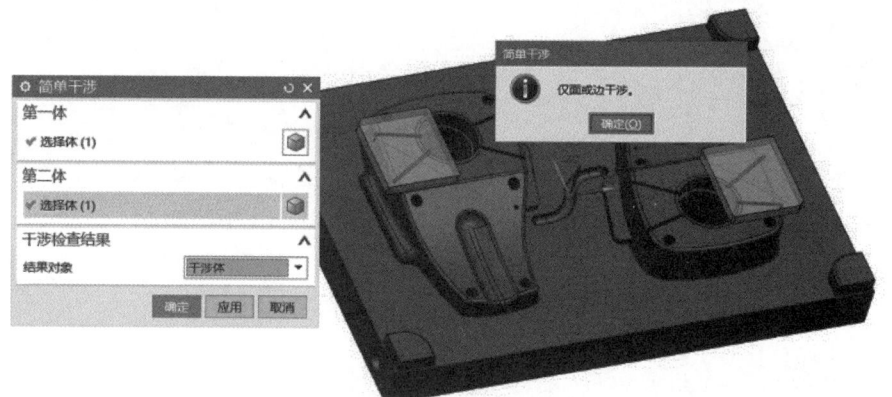

图 3-10-23 检查干涉(2)

(16)如图 3-10-24 所示,使用偏置面命令选择除电极基准台以外的面,设偏置为 −0.2 mm。

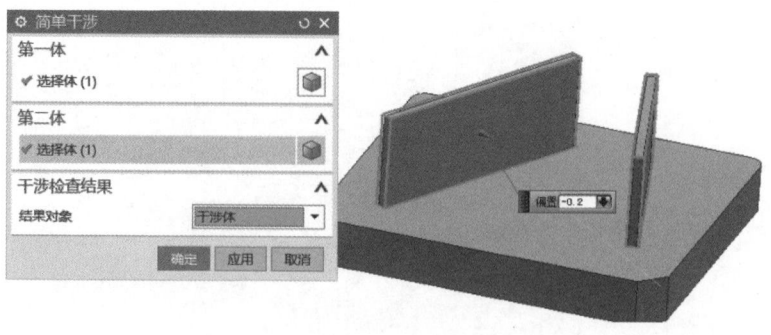

图 3-10-24 偏置面

(17)将型芯、电极、直线置于可见状态下,然后单击"开始"→"制图"命令,进入制图环境,如图 3-10-25 所示,在出图之前创建一个点。

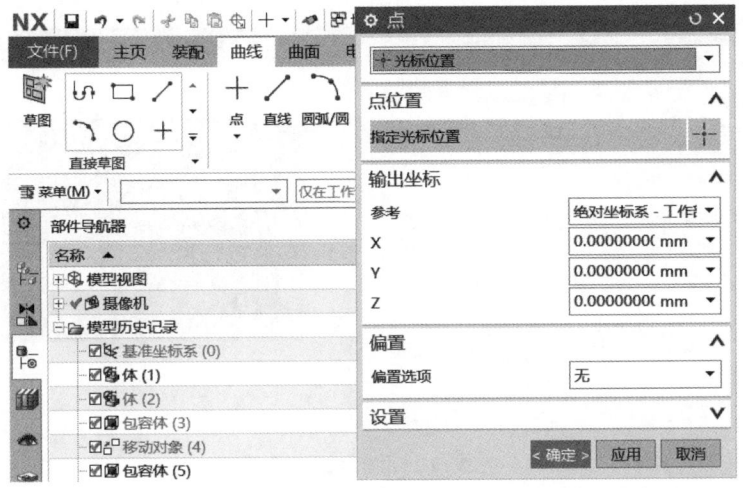

图 3-10-25　创建一个点

单击"新建图纸页"图标按钮,如图 3-10-26 所示,弹出图 3-10-27 所示的对话框,在该对话框中设置大小为 A4,因型芯尺寸比较大,故设置比例为 1∶2,完成后单击"确定"按钮。

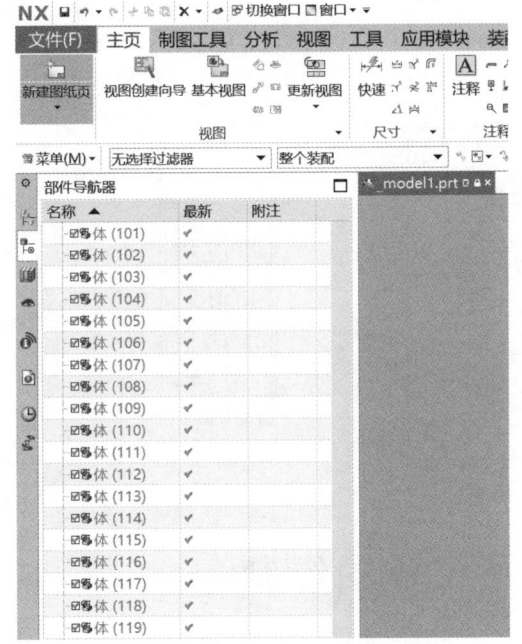

图 3-10-26　新建图纸

图 3-10-27　设置图纸页

使用基本视图命令,选择定向视图工具,定向到图 3-10-28 所示的位置,得到图 3-10-29 所示的图纸,标注重要尺寸即可。

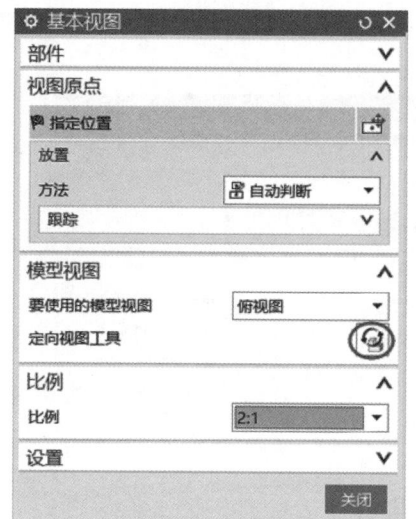
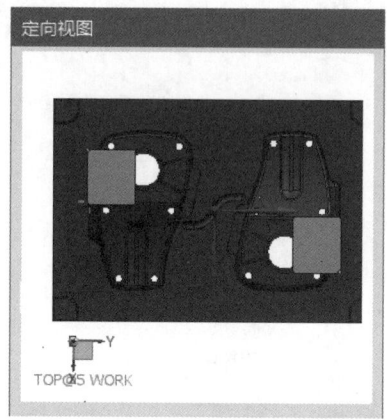

图 3-10-28　定向基本视图

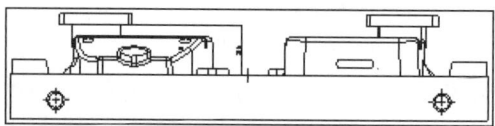

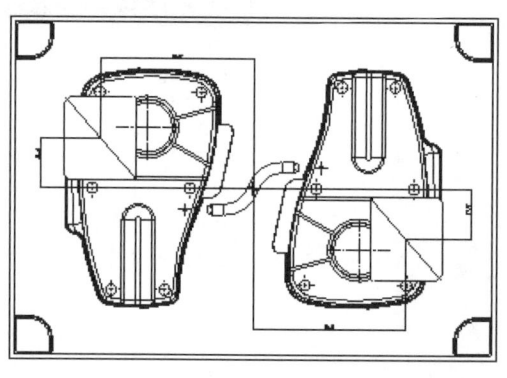
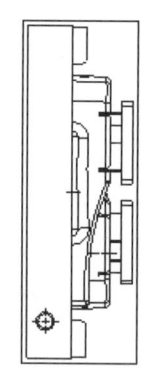

图 3-10-29　标注重要尺寸

任务十一　模具工程图绘制

在实际模具加工中,模具工程图对加工人员有着直接的指导作用,后期的零件检验也要依据模具工程图进行尺寸精度的检验。在制作模具的过程中,最核心的图纸是型芯、型腔零件图及模具装配图。模具工程图主要包括尺寸、几何公差、表面粗糙度、热处理及技术要求等。本例模具的型腔零件图如图 3-11-1 所示,型芯零件图如图 3-11-2 所示,装配图如图 3-11-3 所示。

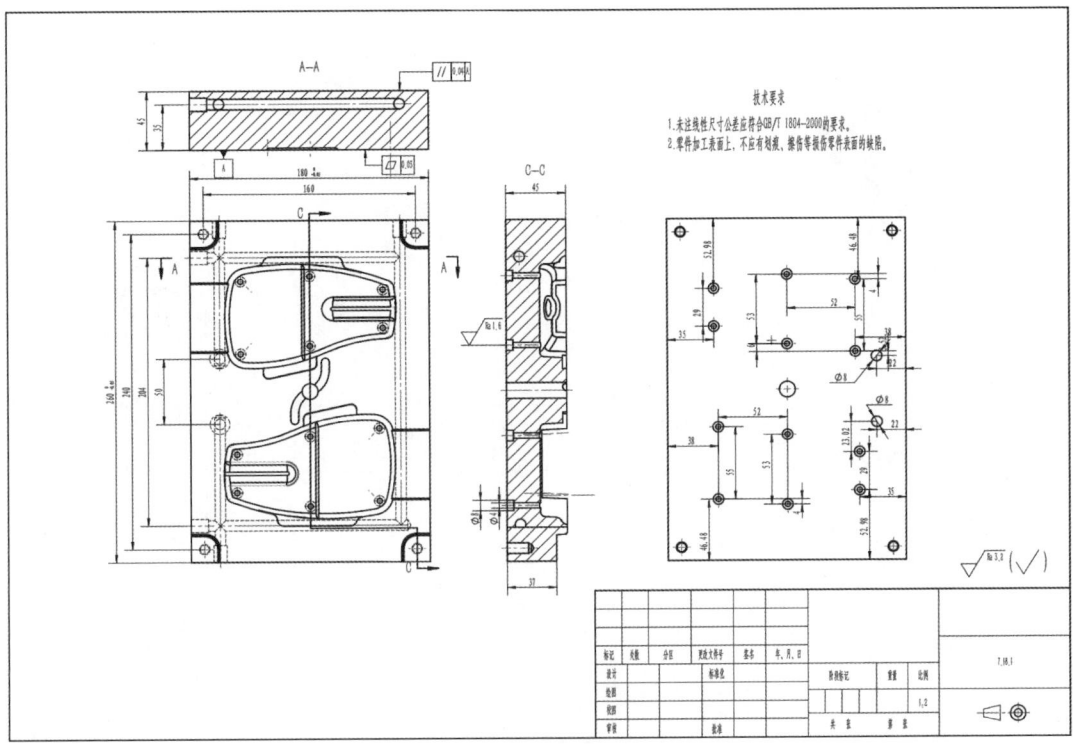

图 3-11-1 型腔零件图

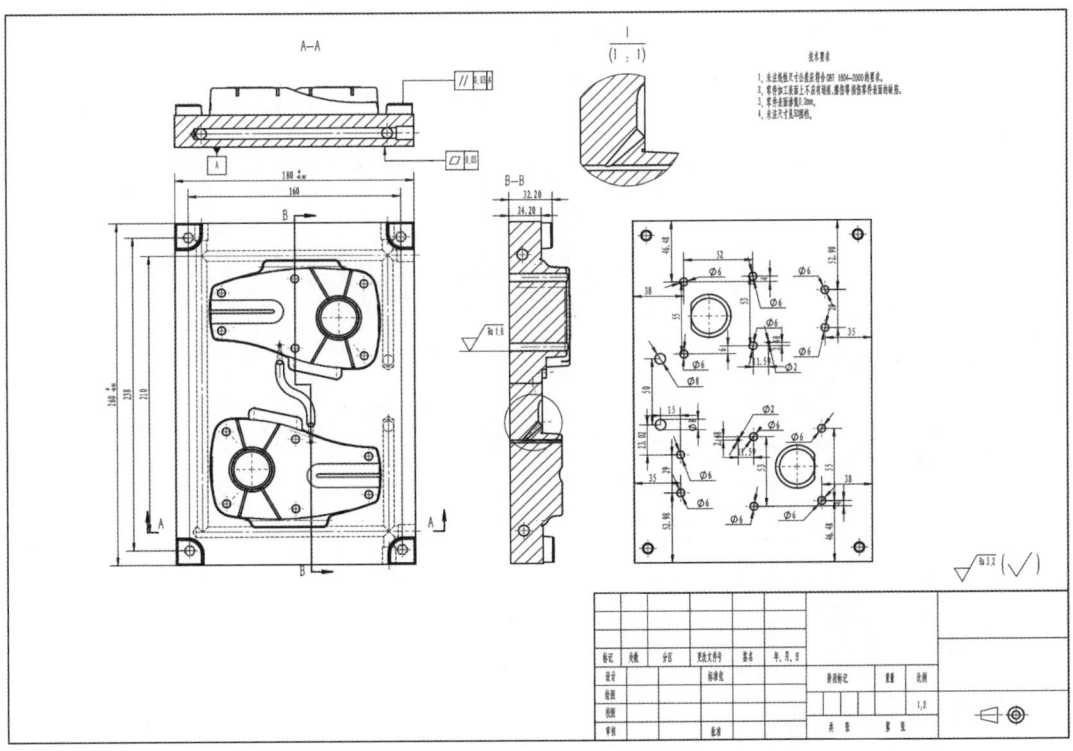

图 3-11-2 型芯零件图

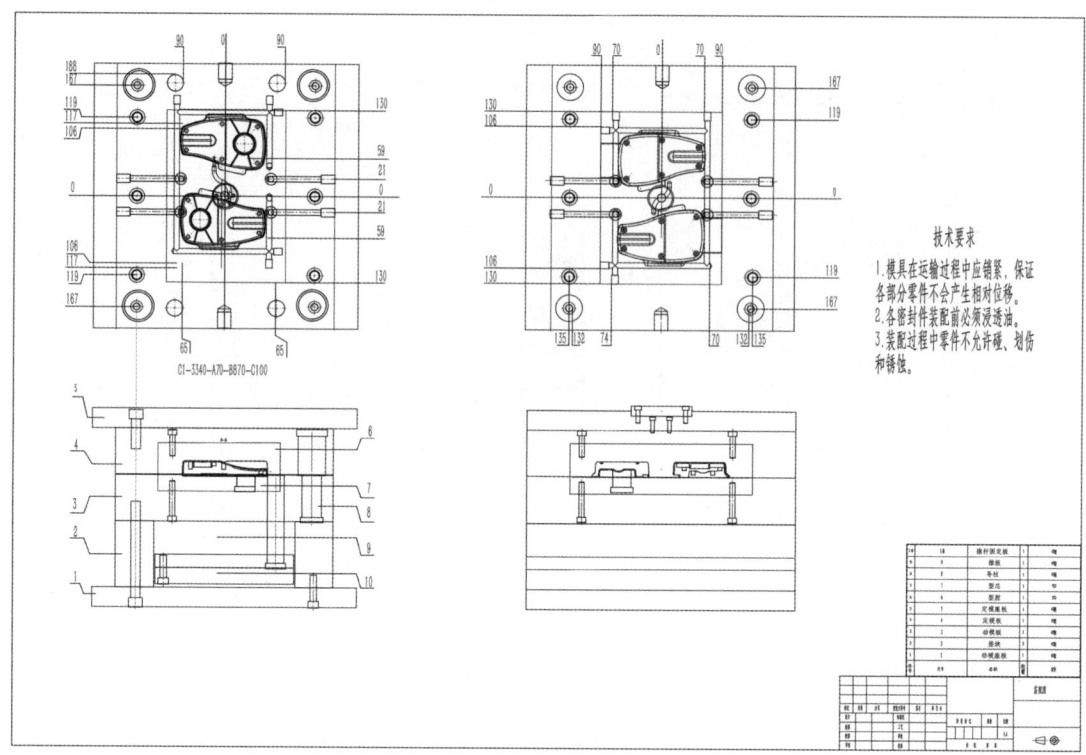

图 3-11-3 装配图

项目四

模具的设计评审与生产备料

> **知识目标**

1. 了解模具生产的成本知识。
2. 了解模具设计评审的内容和方法。
3. 了解各类模具零件材料的使用场合。

> **能力目标**

1. 能够准确识别模具的所有结构,并能评估零件设计的合理性。
2. 能够充分了解模具成型部分的材料性能和要求。
3. 能够在保证模具强度和质量的基础上,实施降低模具成本的有效方法。

> **素质目标**

1. 通过模具设计的评审,充分地与他人沟通、协商,培养良好的合作能力及团队精神。
2. 坚持系统观念,通过生产备料的学习,培养严谨细致、有备无患、考虑全面的职业精神。

任务一　模具的设计评审

模具 3D 设计评审表见表 4-1-1,模具 2D 设计评审表见表 4-1-2,模具设计说明书评审表见表 4-1-3。

表 4-1-1　　　　　　　　　　模具 3D 设计评审表

序号	项目	内容及要求	问题点	对策	备注
1	成型零部件	导入塑件与实际塑件相符			
		按要求设置收缩率			
		按要求确定型腔的合理布局			
		分型面合理			
		型腔结构合理			
		型芯结构合理			
		抽芯结构合理			

续表

序号	项目	内容及要求	问题点	对策	备注
2	浇注系统	主流道结构尺寸合理			
		分流道位置、形状、大小合理			
		浇口位置、形状、大小合理			
		冷料穴位置、形状、大小合理			
3	推出机构	推杆形状、位置、长度、数量合理			
		复位机构合理			
		拉料杆结构、位置、数量合理			
4	冷却系统	冷却回路设置合理,不干涉			
5	总体结构	模架尺寸合理			
		模具外形尺寸符合注塑机参数要求			
		凸、凹模固定板结构合理			
		定模固定板、动模固定板结构合理			
		各模板的厚度等合理			

表 4-1-2　　　　　　　　　模具 2D 设计评审表

装配图评审表

序号	项目	内容及要求	问题点	对策	备注
1	视图	装配关系、工作原理、连接方式及主要零件的主要结构表达清晰,视图布局合理,符合国家标准			
2	尺寸标注和技术要求	必要尺寸标注完整,技术要求合理			
3	标题栏	标题栏符合国家标准,填写完整			
4	明细栏	名称、数量正确			

型芯工程图评审表

序号	项目	内容及要求	问题点	对策	备注
1	视图	完整、正确、清晰地表达零件的结构形状,视图布局合理			
2	尺寸标注	尺寸标注完整、清晰、合理,符合国家标准			
3	技术要求	尺寸公差、几何公差、表面粗糙度标注齐全、合理,技术要求的文字表述正确、清楚			
4	标题栏	标题栏符合国家标准,填写完整			

型腔工程图评审表

序号	项目	内容及要求	问题点	对策	备注
1	视图	完整、正确、清晰地表达零件的结构形状,视图布局合理			
2	尺寸标注	尺寸标注完整、清晰、合理,符合国家标准			
3	技术要求	尺寸公差、几何公差、表面粗糙度标注齐全、合理,技术要求的文字表述正确、清楚			
4	标题栏	标题栏符合国家标准,填写完整			

表 4-1-3　　　　　　　　　　　模具设计说明书评审表

分类	项目	问题点	对策	备注
模具设计说明书	(1)产品的材料、体积、质量 (2)产品的收缩率 (3)模具分型面的选择 (4)模具模架的选择 (5)模具浇注系统的特点 (6)模具推出机构的设计 (7)模具冷却系统的设计 (8)注塑机的选择 (9)模具设计的创新及自我评价			

任务二　模具的生产备料

根据客户确认合格的三维造型图,编制模具采购订单,见表4-2-1。

表 4-2-1　　　　　　　　　　　　模具采购订单

供应商:宁波××模具制造有限公司　　编号:P00RD000531
传真号码:　　　　　　　　　　　　日期:2024-3-19

物料名称	材料型号	规格型号/mm	含税单价	交货日期	备注
型芯	P20	260×180×45	22.00 元/kg		1 件
凹模	P20	260×180×45	22.00 元/kg		1 件
滑块	P20	64×50×28	22.00 元/kg		2 件
楔紧块	45	81×58×60/70×60×50	6.00 元/kg		2 套
斜导柱	SKD11	φ20×50	25.00 元/kg		2 件
推管	SKD11	φ6×150/φ2.5×191.5	70.00 元/套		12 套
拉料杆	SKD11	φ5×140	25.00 元/件		1 件
推杆	SKD11	φ2×155	25.00 元/件		2 件
镶块	P20	φ40×50	22.00 元/kg		2 件
镶针	P20	φ12×40	22.00 元/kg		12 件
模架	45	LKM 大水口 3340	3 300.00 元/套		1 套
内六角螺钉	Q235	M8×35	4.00 元		12 件
内六角螺钉	Q235	M5×20	3.00 元		4 件
浇口套	S45C	φ12×75	30.00 元/件		1 件
定位圈	45	φ110×20	150.00 元/kg		1 件

审核:　　　　　　　部门:采购部　　　　　采购:　　　　　联系方式:

项目五

模具主要零件的制造

知识目标

1. 熟悉模具主要零件、电极的加工原理。
2. 熟悉模具零件加工的自动编程、刀具、走刀路线、去除余量等知识。

能力目标

1. 能熟练使用 CAM 软件进行编程加工。
2. 能充分理解模具主要零件的加工工艺。

素质目标

1. 在学习中融入哲学思想,树立致良知、知行合一、学用相长的思想意识。
2. 通过模具零件的加工制作以及零件精度的把控,培养爱岗敬业、精益求精的工匠精神。

模具生产属于单件生产,不同于流水线的批量生产,可以说每套模具基本上都是新产品,模具设计与制造人员都要进行创造性的模具设计、数控编程、生产准备、机械加工、装配及试模修改等几个过程,因此模具生产管理复杂、难度大。现代模具生产是建立在 CAD/CAE/CAM 集成应用的基础上,建立以工艺管理为中心的科学管理体制,编制合理的工艺文件并组织实施,重视生产链前端(设计)、中端(加工)的能力开发,重视工序质量的控制与设备管理,以提高模具生产率,缩短模具交货周期,降低生产成本,提高模具质量水平。

任务一 凹模的编程加工

一、模具加工工艺编制

模具零件加工工艺规程的制订步骤:制订前详细分析模具零件图、技术条件、结构特点以及该零件在模具中的作用等;确定模具零件坯料的制造方法;初拟工艺路线,注意粗、精加工基准的选择,确定热处理工序,划分加工阶段。在拟订工艺方案时,应拟订几个可实施的工艺方案进行分析比较,选择其中较合理的方案,并根据实际情况进行相应的调整。在拟订工艺方案的过程中,应正确选择加工设备、工具、夹具和量具;根据工艺路线确定各加工阶段的尺寸及公差,确定半成品的尺寸;根据坯料的材料及硬度计算或查表确定切削用量;在模具零件的制造过程中加强检验,把检验的重点放在尺寸精度上。

一份合理的工艺编制文件能对模具生产成本的控制与产品质量产生好的影响。编制工艺文件的基本原则是"快""好""省",它贯穿编制的始终。根据企业自身的人力、物力基础和客户提供的数据或图纸的要求,尽快地编制切实可行的工艺文件,制造出高品质的模具产品。

1."快"

要求在最短的时间内编制出工时最短的工艺文件。

(1)工艺员要熟知本单位的机床设备加工能力及工人的技术水平,最好亲自操作过每一台机床,对加工过程十分了解,以适应模具零件复杂性与特殊性的要求,做到拿到一份图纸,就能很快地确定最佳加工流程。

(2)确定合理的最小加工余量。在上、下工序或粗、精工序之间要留出必要的加工余量,以减少各工序的加工时间。

(3)由于模具零件多为单件或小批量生产,因此工艺卡片不可能像批量产品那样详尽,但要力求一目了然,没有遗漏。关键工序要表达清楚加工注意事项,写出操作指导,以减少操作者的适应时间和加工失误。

(4)对于加工过程中需要的夹具、量具、辅助工具等,优先选用通用装备。如有特殊要求,则应先行设计,提前做好准备。

2."好"

要求工艺员能够编写出最合理的工艺文件,预防或处理加工过程中可能出现的问题,这也是衡量一个工艺员是否优秀的标准之一。

(1)严格区分粗、精加工工艺。一般而言,粗、精加工工艺的划分由热处理工艺决定,在最终热处理后的加工多为精加工。余量要尽量安排在粗加工阶段完成,以减少刀具的损耗。

(2)采取预处理工艺措施。对于一些中间去除材料较多的零件,在精加工之前应单边留0.5 mm 左右的余量,先加工出大致型腔,时效处理后再精加工,以消除加工内应力所产生的变形。对于一些薄壁零件,要预留一个加强工艺台,以防止加工中夹持变形。

(3)适当地留出加工基准。在生产中常会遇到加工基准无法与设计基准重合的问题,这时就要预加工一个工艺基准,以便于各工序的加工。

(4)使用专业术语。在工艺文件中要充分运用人们所熟知的专业术语和加工表达方法,清楚地传达加工意图,避免使用"加工到图纸""形状尺寸公差到要求"之类的模糊语言,做到工艺与图纸有机结合,使机床操作员明白该干什么以及怎样干,也便于检验人员进行检测。

3."省"

要充分节省人力、物力及财力,提高生产率。

(1)运用机械加工工艺学和运筹学的观点,对于模具之类的单件小批量产品,采用集中工序加工的原则,尽量安排在一台机床上加工,充分发挥机床的效用,缩短工艺流程,由此减少装夹、识图、计算等重复劳动的时间,减少转序交检的时间,提高生产率。

(2)对每台机床加工的工时定额有充分的估计,能快加工的尽量不采用慢加工机床,能粗加工解决的就不采用精加工机床,这样有利于保护机床的精度和使用期限,节约成本。

二、凹模加工工艺编制

凹模加工工艺见表 5-1-1。

表 5-1-1 凹模加工工艺

序号	加工方式(轨迹名称)	加工部位	刀具名称	刀具直径/mm	刀角半径/mm	刀具长度/mm	刀刃长度/mm	主轴转速/(r·min^{-1})	进给速度/(mm·min^{-1})	切削深度/mm	加工余量/mm	程序名称
1	型腔铣	型腔	D16R0.8	16	0.8	70	35	3 000	3 000	0.4	0.2	16-1
2	底壁铣	型腔	D16R0.8	16	0.8	70	35	3 000	3 000	0.2	0	16-2
3	底壁铣	型腔	D16R0.8	16	0.8	70	35	3 000	3 000	0.2	0	16-3
4	深度轮廓铣	型腔	D16R0.8	16	0.8	70	35	3 000	3 000	0.1	0	16-4
5	型腔铣	型腔	D6	6	0	70	35	5 000	3 000	0.2	0.2	6-1
6	深度轮廓铣	型腔	D6	6	0	70	35	5 000	3 000	0.2	0	6-2
7	固定轮廓铣	型腔	D6R3	6	3	70	35	5 000	3 000	0.2	0.1	06-1
8	固定轮廓铣	型腔	D6R3	6	3	70	35	3 000	3 000	0.2	0	06-2
9	固定轮廓铣	型腔	D6R3	6	3	70	35	3 000	3 000	0.2	0	06-3

三、凹模加工程序编制

1. 编程加工准备

(1)在 Windows 操作系统中单击"开始"→"程序"→"Siemens NX 12.0"→"NX 12.0"命令,进入 UG NX 12.0 初始界面,如图 5-1-1 所示。

(2)在"主页"选项卡中单击"打开"图标按钮,弹出"打开"对话框,选择凹模文件"xq.prt",单击"打开"按钮打开文件,结果如图 5-1-2 所示。

(3)在"应用模块"选项卡的"特定于工艺"选项组中单击"注塑模",启用"注塑模向导"选项卡,在"注塑模工具"选项组中单击"包容体"命令,弹出图 5-1-3 所示的对话框。

项目五　模具主要零件的制造

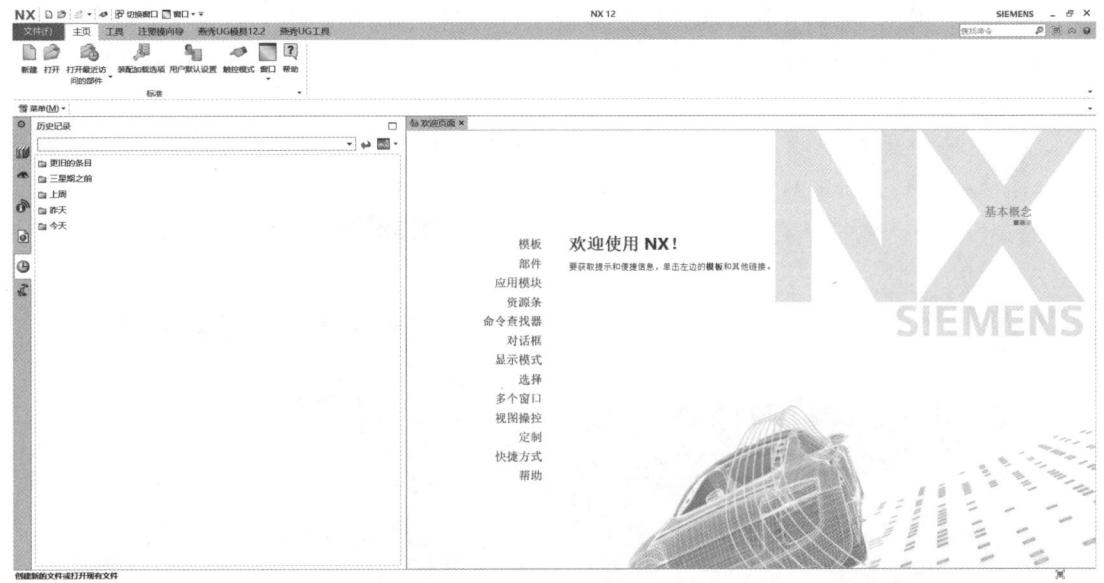

图 5-1-1　UG NX 12.0 初始界面

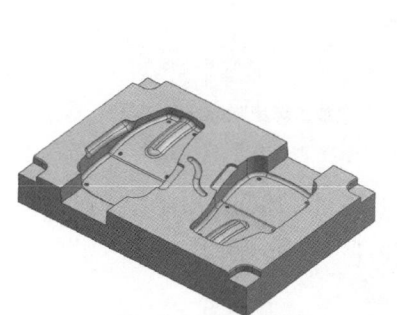

图 5-1-2　凹模模型

图 5-1-3　包容体

(4) 在"编辑"工具栏中单击"移动对象"命令,将凹模型腔上表面的中心点移至绝对坐标处,并使工件的长方向为 X 方向,短方向为 Y 方向,如图 5-1-4、图 5-1-5 所示。

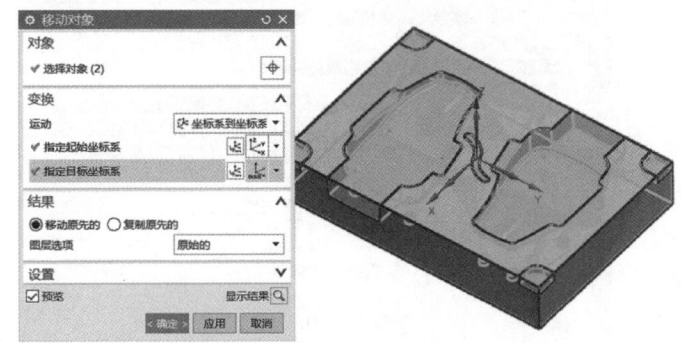

图 5-1-4　移动对象

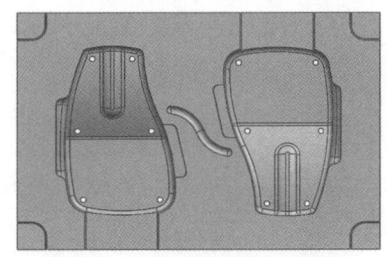

图 5-1-5　移动对象后的平面图

(5) 利用边缘修补、有界平面、扩大面、通过曲线网格、修剪片体等命令补上镶件孔、推杆孔等,如图 5-1-6 所示。

（6）在"分析"选项卡中单击"测量"图标按钮，得到待加工区的集合特征信息，零件顶平面和底面的最大距离为 35 mm，外形尺寸为 180 mm×130 mm×35 mm，测量型腔的最小曲率和最小尺寸。

（7）在"应用模块"选项卡中单击"加工"图标按钮，弹出图 5-1-7 所示的"加工环境"对话框，选择合适的加工配置模板，单击"确定"按钮。

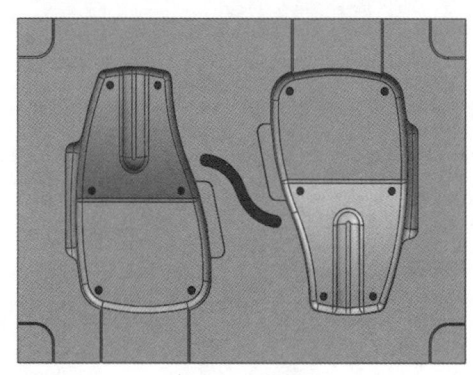

图 5-1-6 补孔

图 5-1-7 "加工环境"对话框

（8）打开"工序导航器"面板，如图 5-1-8 所示。

（9）在"工序导航器"工具栏中单击"几何视图"图标按钮，双击"MCS_MILL"，弹出图 5-1-9 所示的"MCS 铣削"对话框，指定 MCS 为"绝对-显示部件"，设定安全距离为"30"。

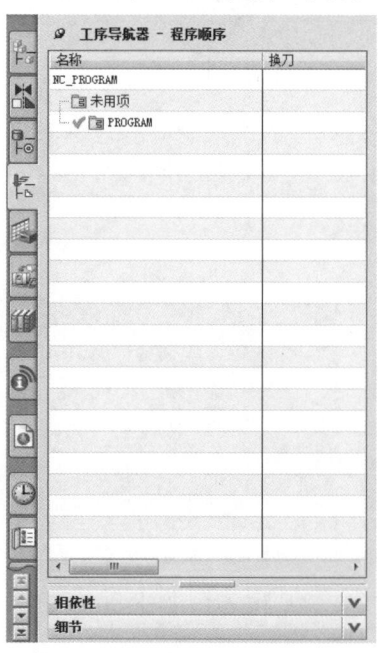

图 5-1-8 "工序导航器"面板

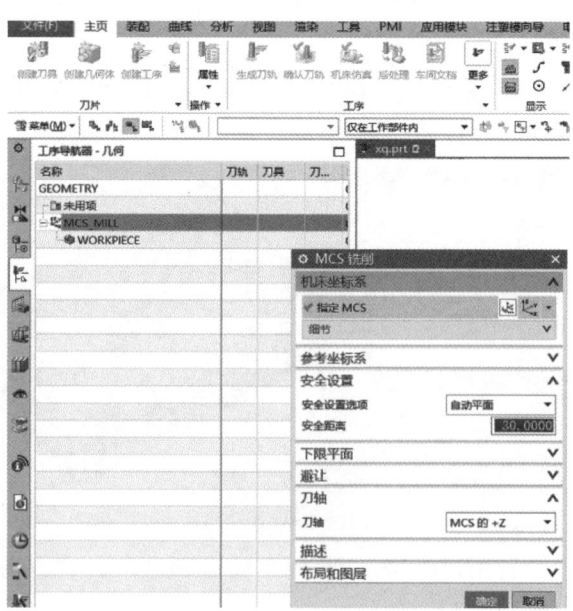

图 5-1-9 "MCS 铣削"对话框

(10)在"工序导航器-几何"列表框中双击"WORKPIECE",弹出"工件"对话框,如图 5-1-10 所示。

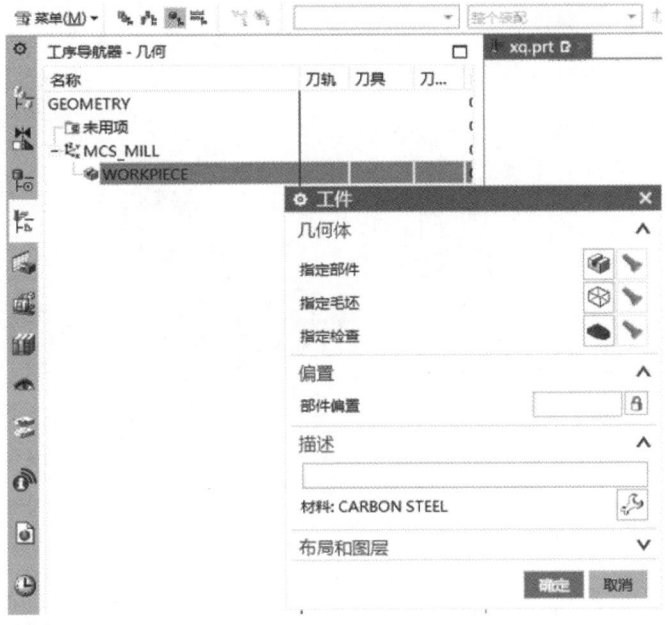

图 5-1-10 "工件"对话框

(11)在"工件"对话框中单击"指定部件"图标按钮,弹出图 5-1-11 所示的"部件几何体"对话框,选择型腔,然后单击"确定"按钮退出该对话框。在"工件"对话框中单击"指定毛坯"图标按钮,弹出图 5-1-12 所示的"毛坯几何体"对话框,在"类型"下拉列表中选择"包容块",得到图 5-1-12 所示的包容块,然后单击"确定"按钮退出该对话框。

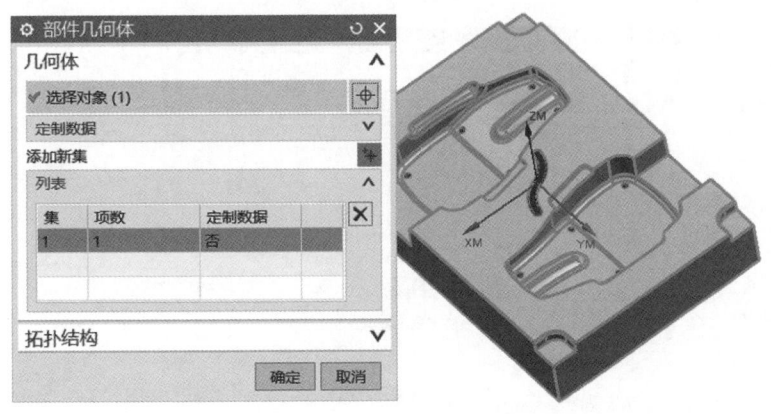

图 5-1-11 选择铣削几何体

(12)在"工序导航器"工具栏中单击"程序顺序"图标按钮,在"主页"选项卡中单击"创建程序"图标按钮,创建八个程序文件夹,如图 5-1-13 所示。

(13)在"主页"选项卡中单击"创建刀具"图标按钮,弹出图 5-1-14 所示的"创建刀具"对

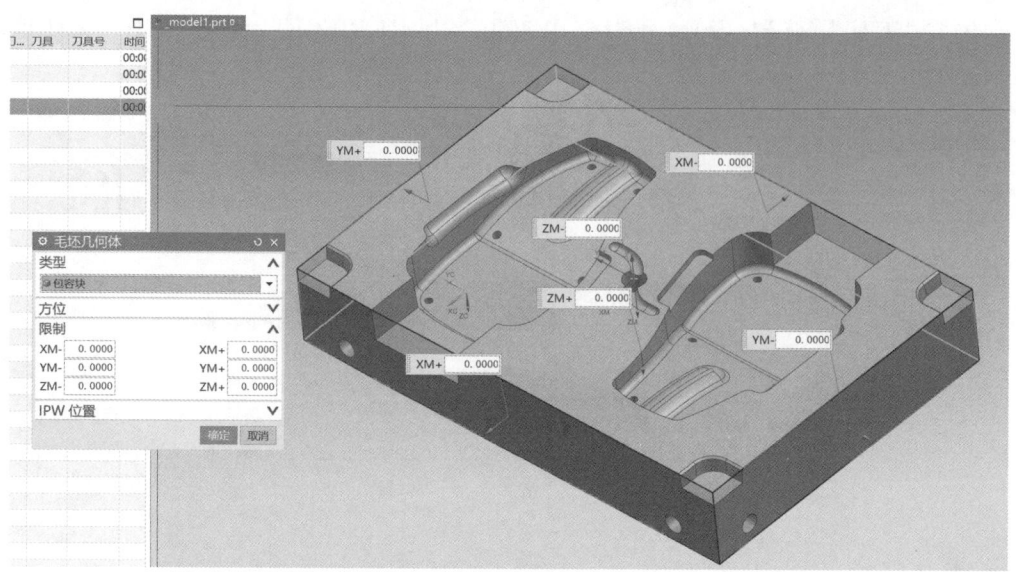

图 5-1-12 创建包容块

话框,设置刀具的创建类型和名称,单击"确定"按钮,弹出图 5-1-15 所示的"铣刀-5 参数"对话框,设置刀具几何参数,然后单击"确定"按钮退出该对话框。

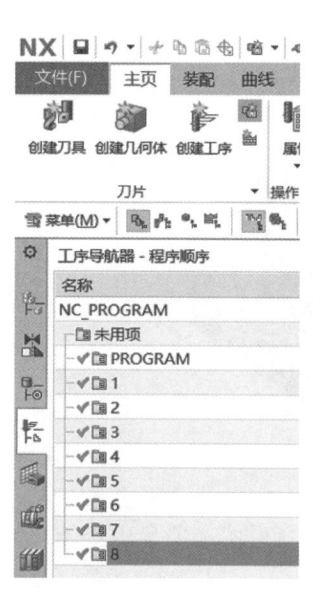

图 5-1-13 创建程序文件夹

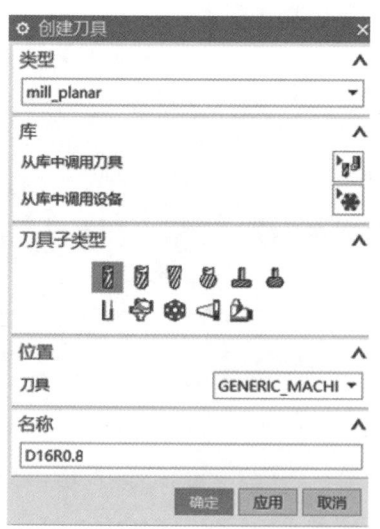

图 5-1-14 创建刀具

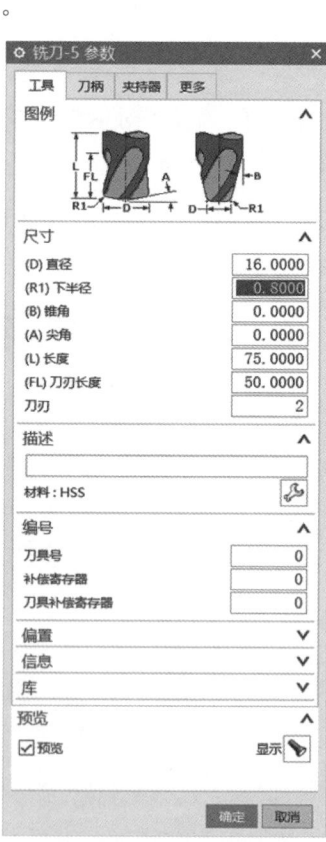

图 5-1-15 设置铣刀参数(1)

项目五 模具主要零件的制造 127

(14)参考上一步操作创建其他 D16R0.8、D6、D6R3 刀具,刀具几何参数设置如图 5-1-16 所示。

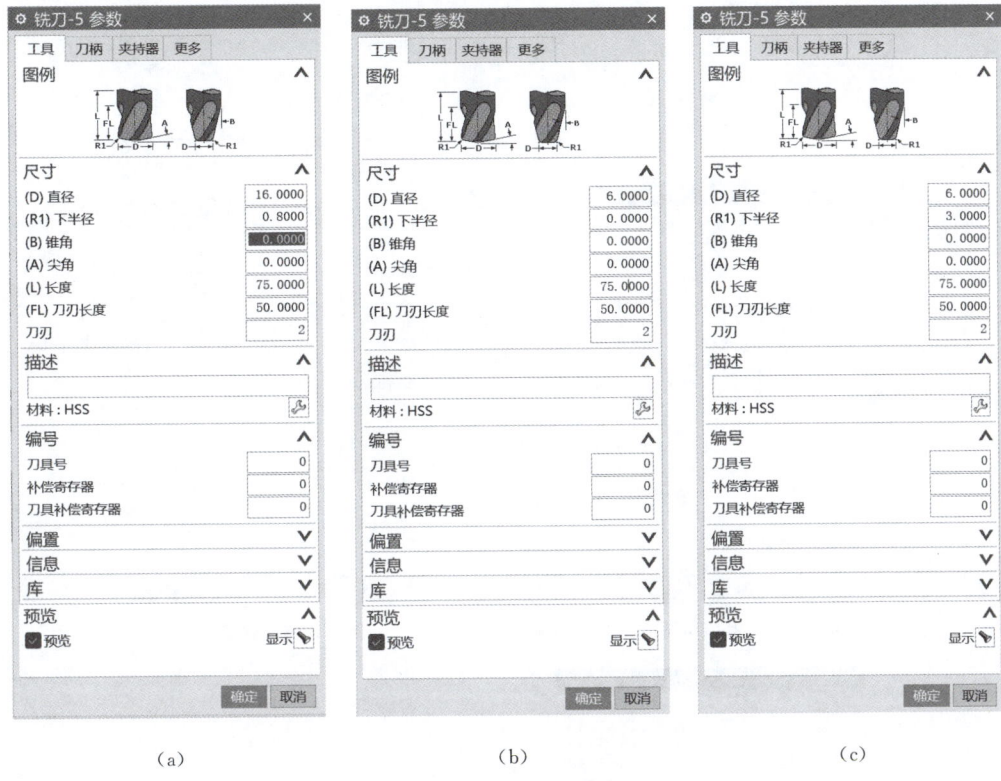

(a)　　　　　　　　　　(b)　　　　　　　　　　(c)

图 5-1-16　设置铣刀参数(2)

2. 编写型腔铣加工程序

(1)在"主页"选项卡中单击"创建工序"图标按钮,弹出图 5-1-17 所示的"创建工序"对话框,将类型设置为"mill_contour",工序子类型选择第一个,程序选文件夹"1",刀具选"D16R0.8",几何体选"WORKPIECE",方法选"METHOD"。

(2)在图 5-1-18 所示的"型腔铣"对话框中,将切削模式设置为"跟随周边",步距设置为"恒定",最大距离设置为"11 mm",公共每刀切削深度设置为"恒定",最大距离设置为"0.5 mm"。

(3)单击"切削参数"图标按钮设置参数,如图 5-1-19 所示。

(4)单击"非切削移动"图标按钮设置参数,接受默认设置。

(5)单击"进给率和速度"图标按钮设置参数,如图 5-1-20 所示。

(6)在"型腔铣"对话框中单击"指定切削区域"图标按钮设置切削区域,如图 5-1-21 所示。

图 5-1-17 创建工序

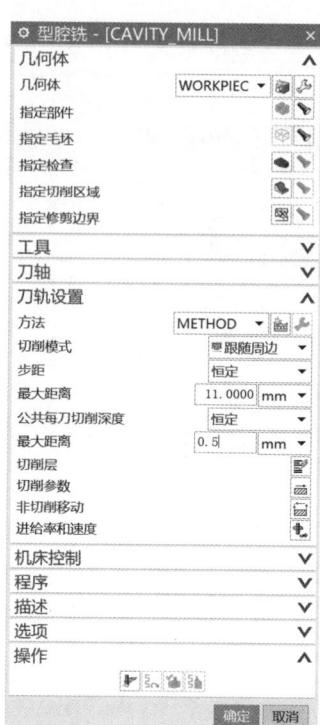

图 5-1-18 设置刀轨

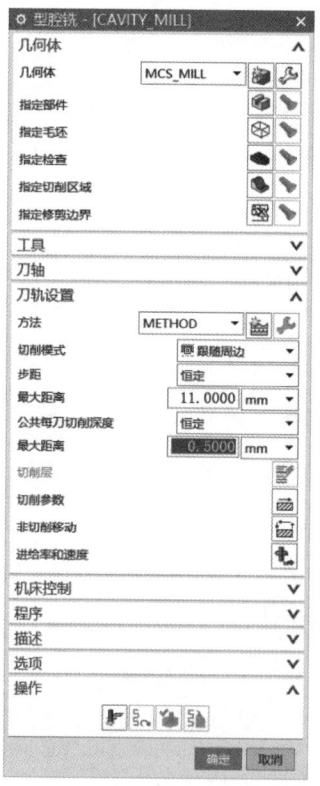

(a)

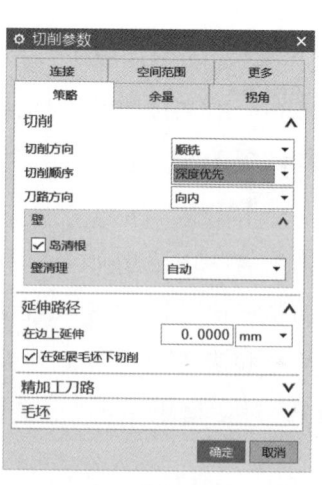

(b)

图 5-1-19 设置切削参数(型腔铣)

项目五　模具主要零件的制造

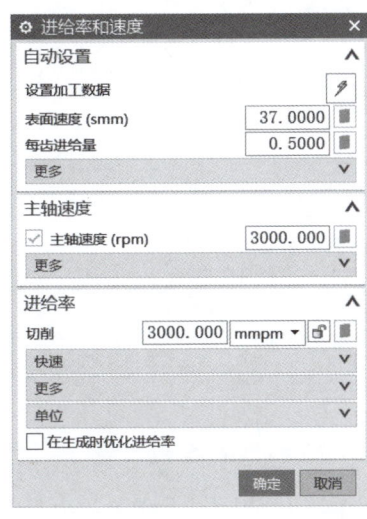

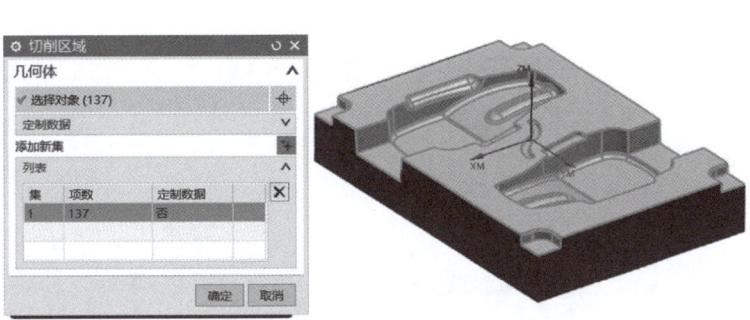

图 5-1-20　设置进给率和速度(型腔铣)　　　　图 5-1-21　设置切削区域(型腔铣)

(7)单击"生成"图标按钮,得到图 5-1-22 所示的刀路轨迹。

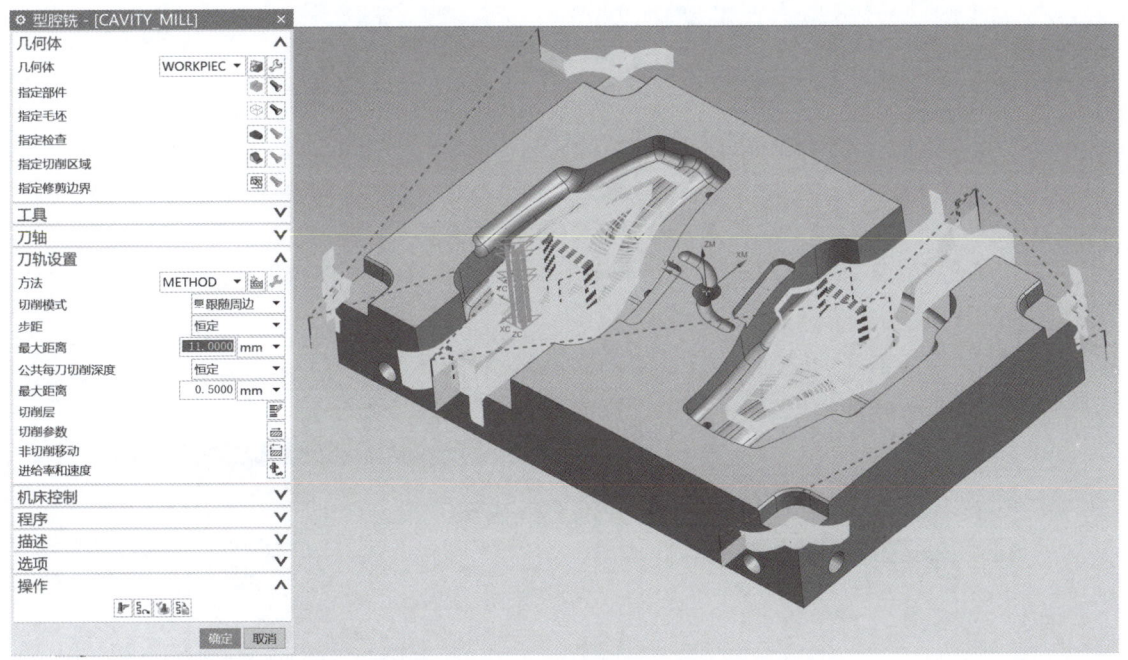

图 5-1-22　生成刀路轨迹(型腔铣)

3. 编写平面铣加工程序

(1)单击"创建工序"图标按钮,将类型设置为"mill_planar",选择"底壁铣"工序,单击"确定"按钮进入参数设置界面,如图 5-1-23 所示,将切削模式设置为"跟随周边",步距设置为"恒定",最大距离设置为"7 mm",底面毛坯厚度设置为"0.2",每刀切削深度设置为"0.2"。

(a)　　　　　　　　　　　　　　　　　　(b)

图 5-1-23　设置平面铣加工参数

(2)单击"切削参数"图标按钮,弹出图 5-1-24 所示的对话框,在"余量"选项卡中将最终底面余量设置为"0.001"。

(3)单击"非切削移动"图标按钮设置参数,接受默认设置。

(4)单击"进给率和速度"图标按钮设置参数,如图 5-1-25 所示。

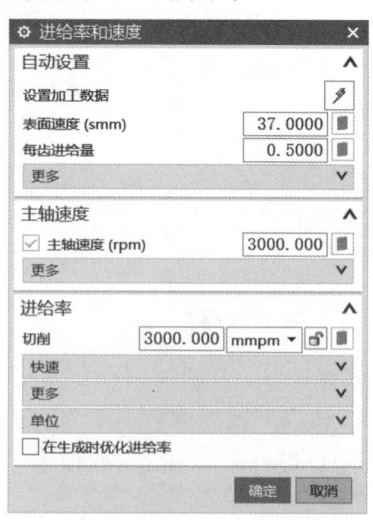

图 5-1-24　设置切削参数(平面铣)　　　图 5-1-25　设置进给率和速度(平面铣)

(5)单击"指定切削区底面"图标按钮设置切削区域,如图 5-1-26 所示。

图 5-1-26　设置切削区域(平面铣)

(6)单击"生成"图标按钮,得到图 5-1-27 所示的刀路轨迹。

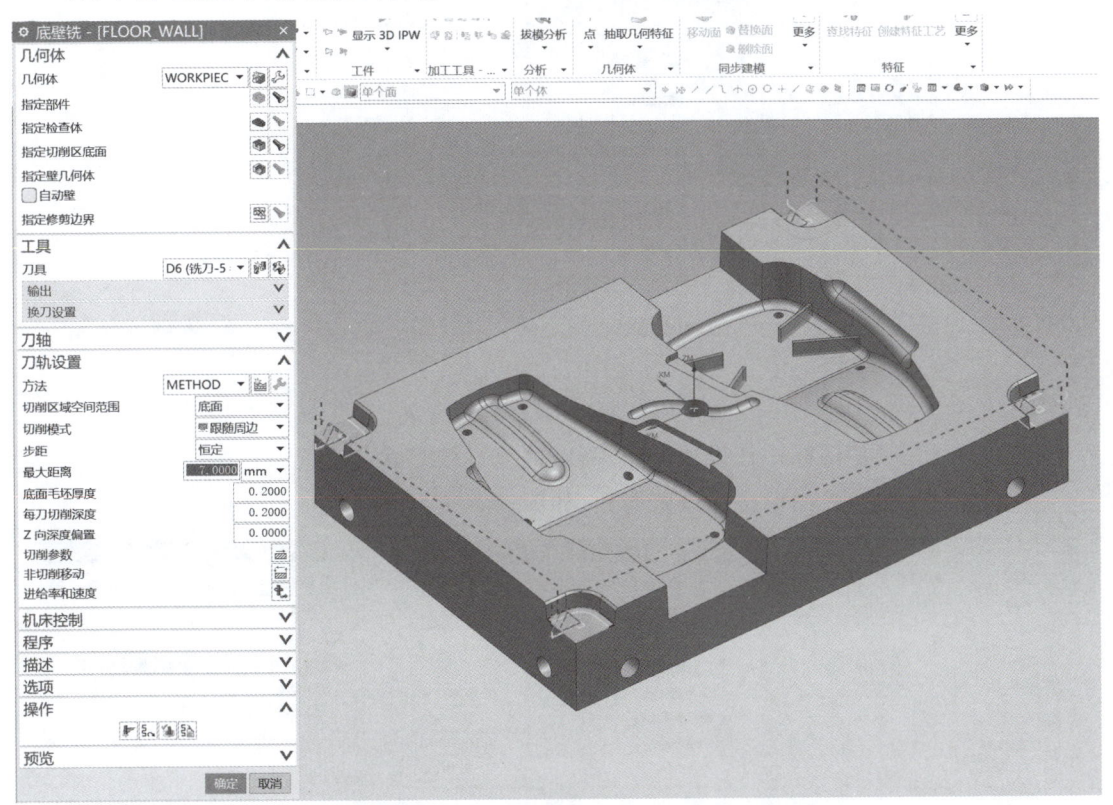

图 5-1-27　生成刀路轨迹(平面铣)

4. 编写深度轮廓加工程序

(1)单击"创建工序"图标按钮,将类型设置为"mill_contour",工序子类型选择"深度轮廓铣",创建"深度轮廓铣"工序,如图 5-1-28 所示,将陡峭空间范围设置为"无",合并距离设置为"3 mm",最小切削长度设置为"0.1 mm",公共每刀切削深度设置为"恒定",最大距离设置为"0.2 mm"。

(a)   (b)

图 5-1-28 设置深度轮廓加工参数

(2)单击"切削层"图标按钮设置参数,一般情况下接受默认设置。

(3)单击"切削参数"图标按钮设置参数,如图 5-1-29 所示。

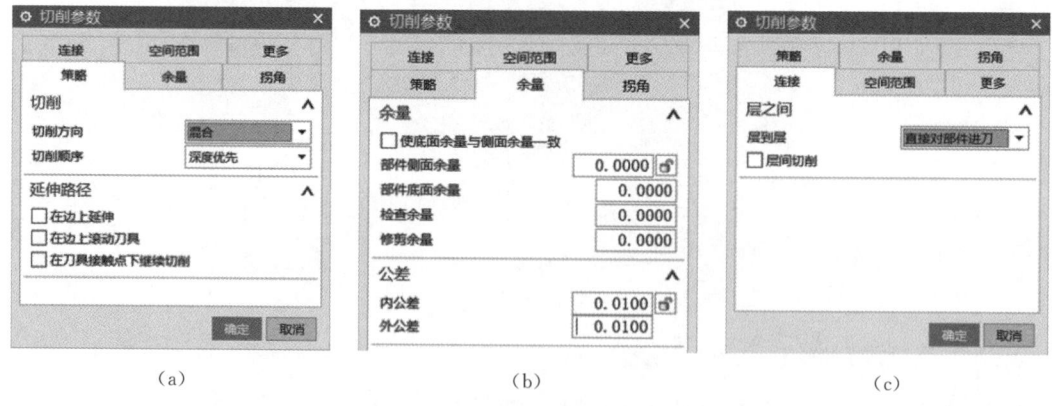

(a)   (b)   (c)

图 5-1-29 设置切削参数(深度轮廓加工)

项目五 模具主要零件的制造

(4)单击"非切削移动"图标按钮设置参数,接受默认设置。

(5)单击"进给率和速度"图标按钮设置参数,如图 5-1-30 所示。

(6)单击"指定切削区域"按钮设置切削区域,如图 5-1-31 所示。

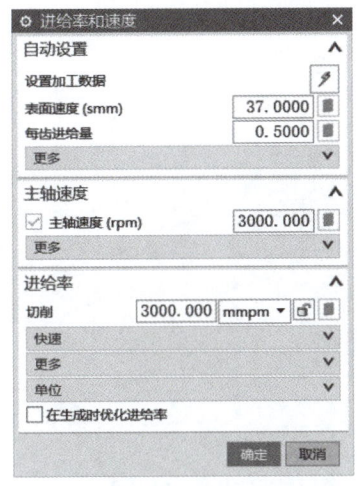

图 5-1-30　设置进给率和速度（深度轮廓加工）

图 5-1-31　设置切削区域(深度轮廓加工)

(7)单击"生成"图标按钮,得到图 5-1-32 所示的刀路轨迹。

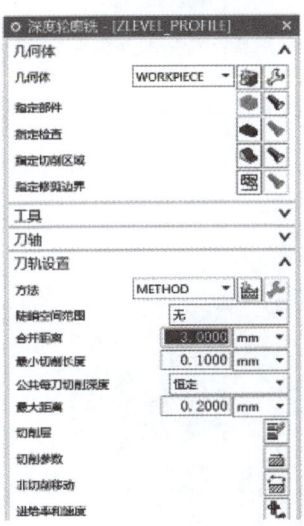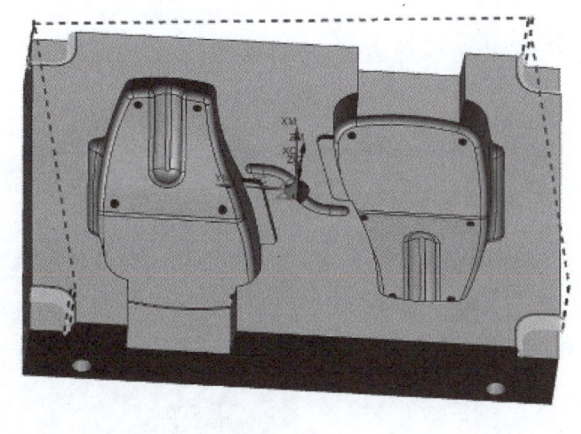

图 5-1-32　生成刀路轨迹(深度轮廓加工)

5.编写轮廓区域加工程序

轮廓区域加工程序适用于曲面的半精加工或精加工。具体编程步骤如下：

(1)创建"深度轮廓铣"工序,参数设置如图 5-1-33 所示。

(2)单击"指定切削区域"图标按钮设置切削区域,如图 5-1-34 所示。

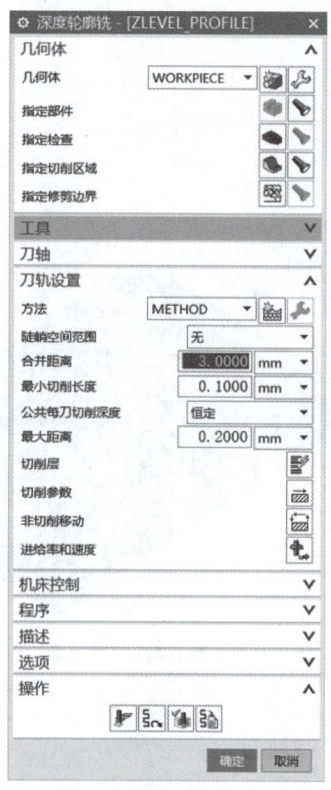 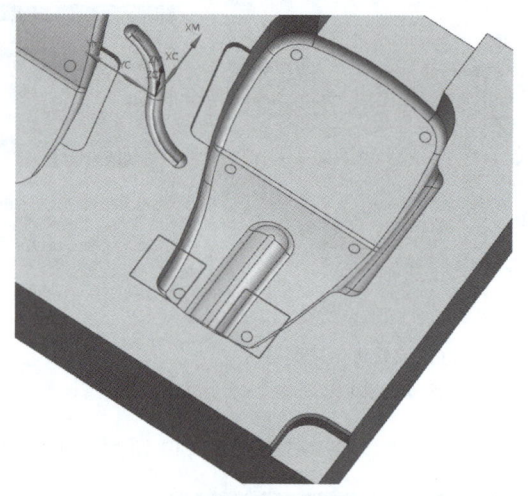

图 5-1-33　设置轮廓区域加工参数　　　　图 5-1-34　设置切削区域(轮廓区域加工)

(3)单击"指定修剪边界"图标按钮,如图 5-1-35 所示,画圈区域即要修剪的区域。

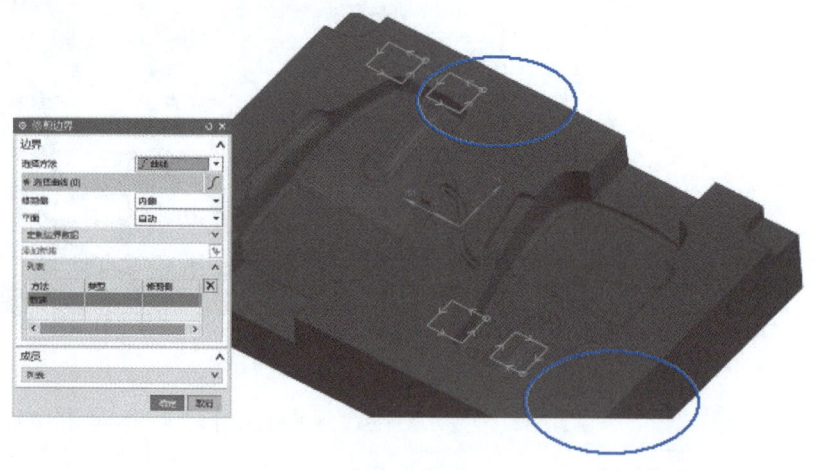

图 5-1-35　指定修剪边界

(4)按照上述步骤修改其他参数。

(5)单击"生成"图标按钮,得到图 5-1-36 所示的刀路轨迹。

项目五 模具主要零件的制造

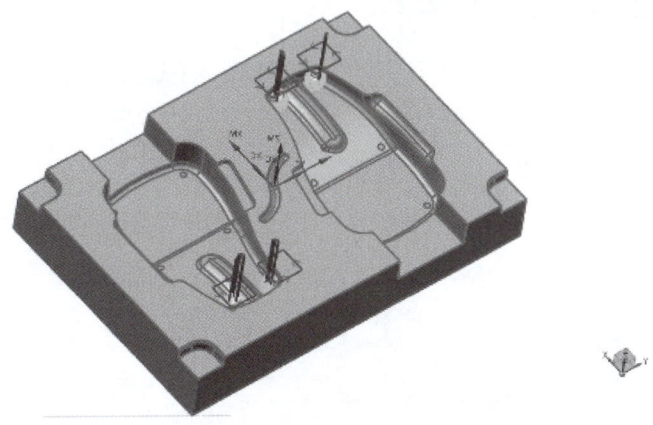

图 5-1-36 生成刀路轨迹(轮廓区域加工)

6. 编写精加工程序

(1)创建"固定轮廓铣"工序,单击"指定切削区域"图标按钮设置切削区域,如图 5-1-37 所示。

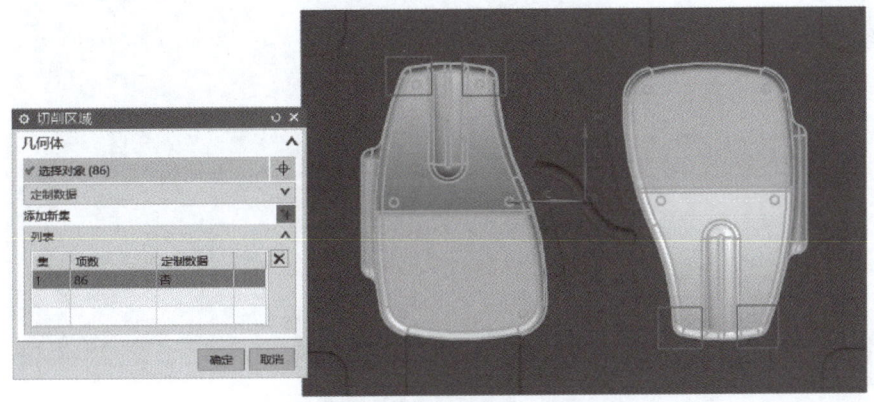

图 5-1-37 设置切削区域(精加工)

(2)驱动方法选择"区域铣削",具体参数设置如图 5-1-38 所示。

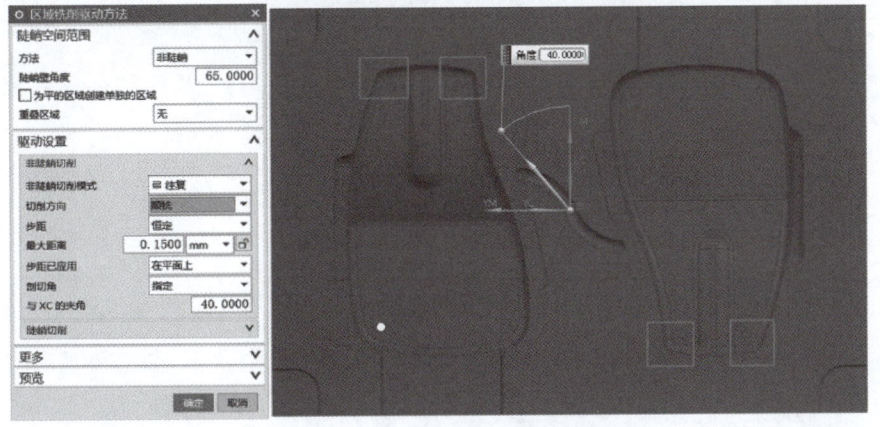

图 5-1-38 设置区域铣削驱动方法参数

(3)单击"切削参数"图标按钮修改参数,如图 5-1-39 所示。

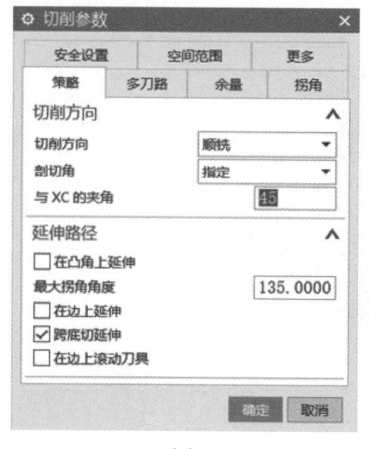
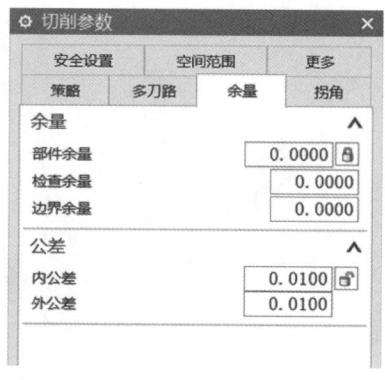

(a)　　　　　　　　　　　　　　(b)

图 5-1-39　设置切削参数(精加工)

(4)单击"进给率和速度"图标按钮设置参数,如图 5-1-40 所示。

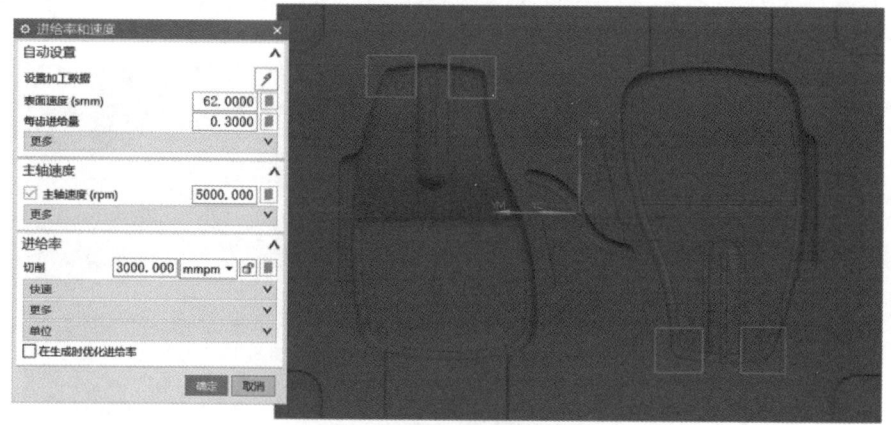

图 5-1-40　设置进给率和速度(精加工)

(5)单击"生成"图标按钮,得到图 5-1-41 所示的刀路轨迹。

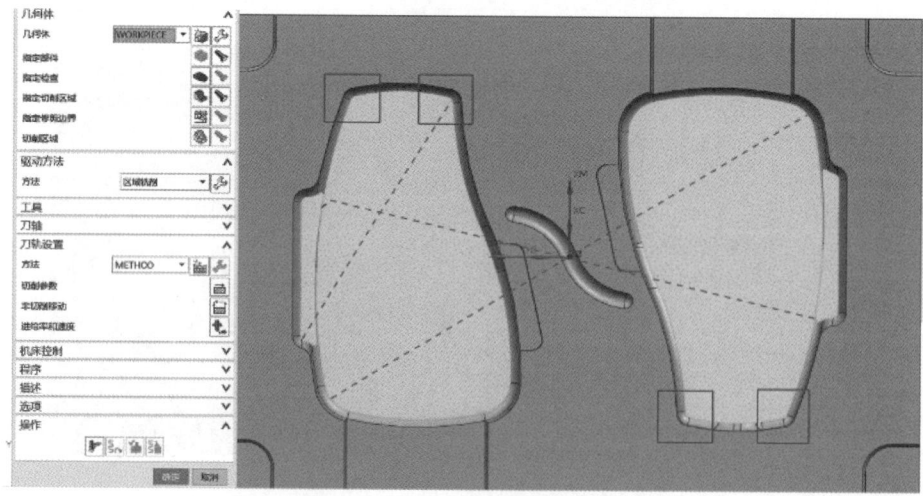

图 5-1-41　生成刀路轨迹(精加工)

项目五　模具主要零件的制造

7. 编写流道加工程序

(1) 创建"固定轮廓铣"工序,单击"指定切削区域"图标按钮设置切削区域,如图 5-1-42 所示。

(2) 驱动方法选择"曲面",如图 5-1-43 所示。

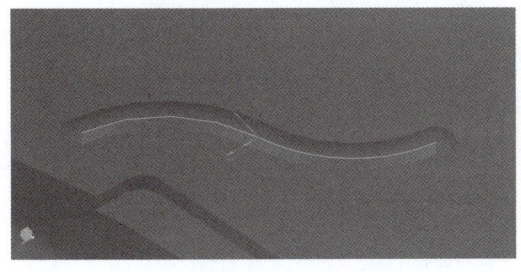
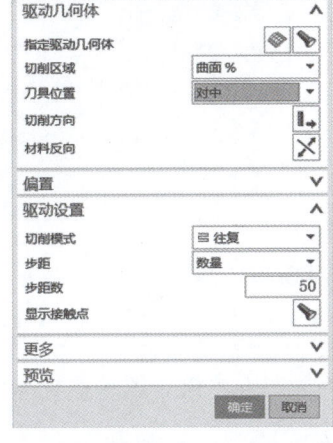

图 5-1-42　设置切削区域(流道加工)　　　　图 5-1-43　设置曲面区域驱动方法参数

(3) 单击图 5-1-43 中的"指定驱动几何体"图标按钮,结果如图 5-1-44 所示。

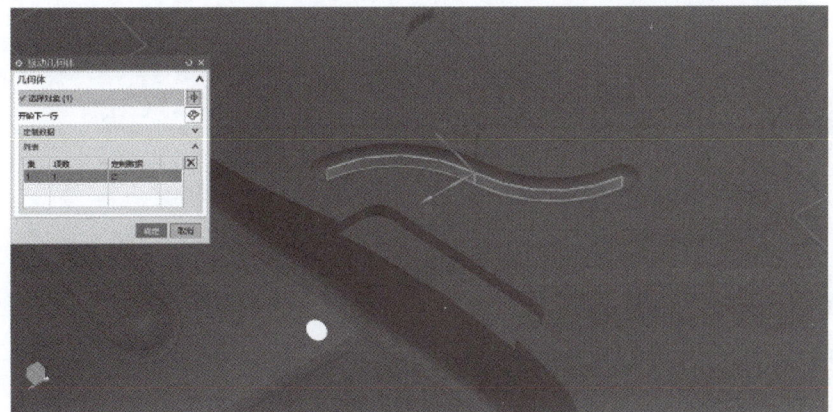

图 5-1-44　指定驱动几何体

(4) 刀具位置选择"对中",切削方向如图 5-1-45 中箭头所示。

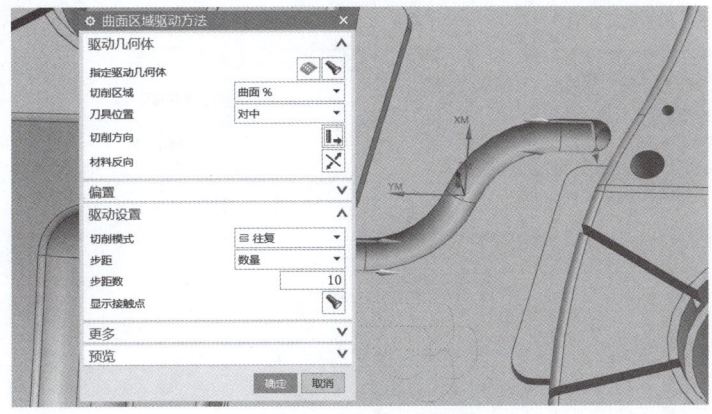

图 5-1-45　切削方向示意

(5)单击"生成"图标按钮,得到图 5-1-46 所示的刀路轨迹。

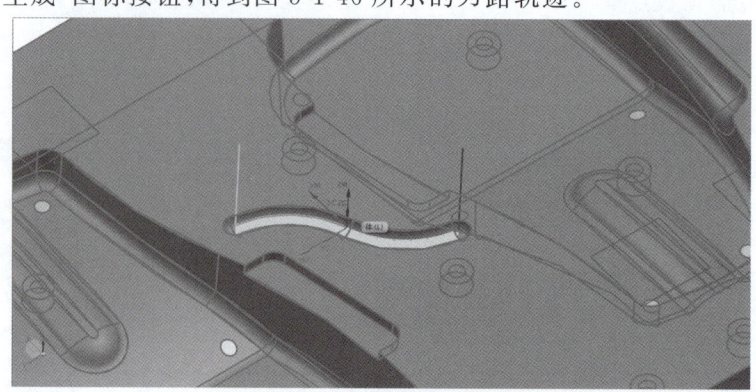

图 5-1-46　生成刀路轨迹(流道加工)

8. 程序模拟仿真

对编写好的程序进行模拟仿真是检验程序正确性最为直观、快捷的方法,编程人员可通过 UG NX 12.0 附带的程序仿真功能检验程序的正确性。具体操作步骤如下:

(1)选择所有程序后单击鼠标右键,在弹出的快捷菜单中单击"刀轨"—"确认"命令,如图 5-1-47 所示。

(2)在弹出的"刀轨可视化"对话框(图 5-1-48)中切换到"3D 动态"选项卡,选中"抑制动画"复选框,单击"前进到下一工序"按钮,得到仿真后的结果,然后单击"确定"按钮退出该对话框。

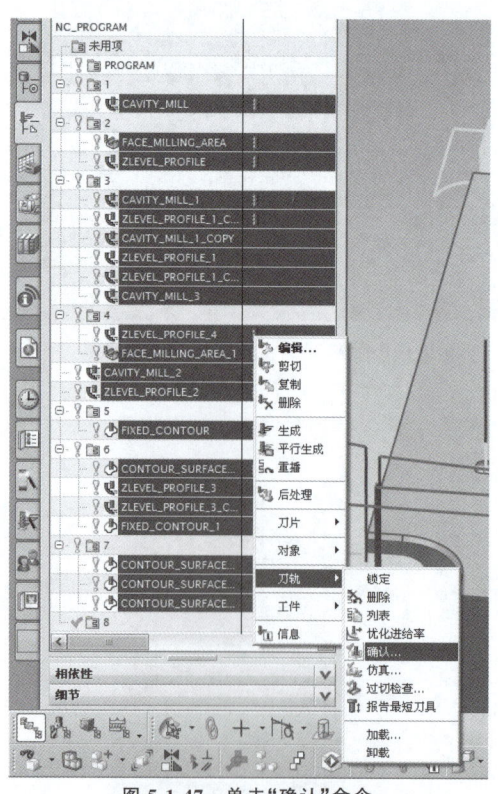

图 5-1-47　单击"确认"命令

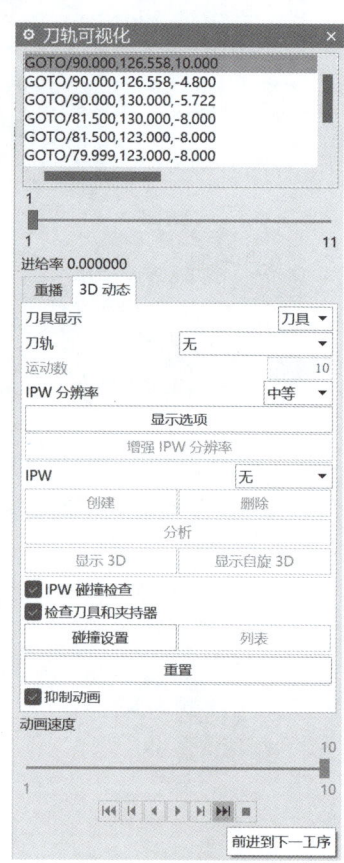

图 5-1-48　模拟仿真

四、数控加工中心作业指导

1. 操作步骤

(1)机床每次开机前检查冷却油箱和润滑油箱的油量,如果不够应及时补充。

(2)开启电源,检查机床 X、Y、Z 三轴的运动状况,主轴空转检查,机床原点复位。

(3)清洁机床工作台和工件。按照加工程序单的要求安装工件,注意基准角的位置和模板正、反面,使用百分表校平基准面,校直基准边。夹紧要安全可靠,以免加工中发生松动。

(4)工件定位校正。按照图纸或加工程序单的要求,使用百分表校正工件基准大面(顶面),限制 2 个转动自由度,校正平面度小于 0.04 mm;打表校基准边,限制 1 个转动自由度,校正直线度小于 0.02 mm。对于六面已经都磨好的工件,要校检其垂直度是否合格。

(5)工件找正(分中碰数)。对于装夹好的工件,可利用分中棒(寻边器)进行碰数,以确定加工参考零位。开动主轴,设转速为 600 r/min,手动移动工作台 X 轴,快速接近工件基准边,再改用慢速,转动手轮,按照 1 格进 0.01 mm 移动,注意观察分中棒上、下端的状况,若由偏转到同心突然有较大的跳动,就设定这点的相对坐标值为零。重复两次,最后确定位置。再根据加工程序单设定的方向,由加减所用分中棒的半径得到坐标点,这点就是工件 X 轴上的零位。将 X 轴零位的机械坐标值记录在机床工件坐标系 G54 代码中。工件 Y 轴零位设定的步骤与 X 轴的操作相同。

(6)刀具对刀。根据加工程序单的要求,将加工所用的刀具装入刀柄夹紧,注意刀具长度的要求,以免加工时发生碰撞。找到对刀基准面,进行 Z 轴方向对刀。一般采用铣刀棒滚动法对刀:将新的铣刀放在基准面上,主轴不转动,快速移动主轴头接近铣刀,再改用慢速,转动手轮,按照一格进 0.01 mm 向下移动,同时移动铣刀棒通过刀具端面,如果进一格卡住,退一格可以通过,就可以将刚好卡住铣刀棒的位置设定为 Z 轴的相对坐标,其值为零。重复两次,最后确定位置。将这点的机械坐标 Z 值加上铣刀棒直径记录在机床工件坐标系,此时机床绝对坐标值应显示为正数并等于铣刀棒直径。如果对刀有较高要求,则可以开车(开动主轴旋转)直接对刀,即进行试切,在对刀面上手轮向下一格就看到刀痕产生,退后一格则没有。改变位置重复一次,把刚好产生刀痕的位置设定为 Z 轴的零点,将机械坐标 Z 值记录在机床工件坐标系 G54 代码中,就完成了对刀。

(7)输入加工程序或进行 DNC(数字控制系统)加工。执行每个程序之前,必须认真检查所用的刀具是否与加工程序单上指定的刀具一致。开始加工时要把进给速度调到最小,采用"单步执行",快速定位、落刀、进刀时须集中精神,手应放在紧急停止键上,有问题时应立即停止。注意观察刀具运动方向,以确保安全进刀,然后慢慢加大进给速度到合适,同时要对刀具和工件加冷却液或冷风。等加工正常之后,取消"单步执行",机床进行自动加工。

(8)粗加工不得离控制面板太远,如有异常现象,应及时停机检查。粗加工后再打表检查一次,确定工件是否松动。如松动,则必须重新校正和碰数。在加工过程中,要根据切削状况手动调整主轴转速和进给速度,不断优化加工参数,以达到最佳加工效果。如果认为切削加工方式不合理,可以向编程人员提出改刀路、换刀具。深型腔加工特别是精加工要随时检查刀具的磨损度,适时停机转换刀粒。加工黑皮坯料或淬火后的工件时,如果连续碰掉刀粒(不应超过两片),则应立即停机检查,根据实际情况改变加工工艺或改正刀路轨迹。大型工件加工中途应及时清理工作台、导轨护罩上的切屑,特别是导轨护罩上的切屑,避免运动中顶死,造成导轨护罩卡死报废或机床过载。

(9)粗加工后应进行自检,以便及时调整。自检内容主要为加工部位的位置尺寸,如工件是否有松动,工件是否正确分中碰数,加工部位到基准边(准点)的尺寸是否符合图纸要求,加工部位相互间的位置尺寸等。经过自检才能继续进行精加工。精加工后,要对加工部位的形状尺寸进行自检,确认满足图纸及工艺要求后,才能拆卸工件送检验员进行专检。

(10)加工和检验完毕后,应及时拆卸工件、清理机床,摆放好工装夹具、刀头、刀具、工具等。

2. 质量要求

(1)按照基准角的位置和模板正、反面的要求安装工件,校平基准面,校直基准边。平面度小于 0.04 mm,直线度小于 0.02 mm。

(2)分中棒要进行退磁处理,X、Y 轴的原点碰数误差小于 0.02 mm。

(3)严格按照加工程序单的要求装刀;轴原点对刀误差小于 0.02 mm;Z 轴对刀基准位置应在同一点,最好用一个已铣到位的平面来检测对刀是否准确,避免因先后工序不同而使刀具加工后出现台阶,工件外形不顺滑。

(4)工件、刀具装夹可靠、稳固。不同的刀具材质和不同的工件材料要采用不同的切削加工参数,并在加工过程中及时优化、调整。

3. 注意事项

(1)工件正式加工前,应再次检查程序下刀点及刀具大小是否与程序单相一致,最好仿真执行一遍加工程序,做到对加工轨迹心中有数。刀具千万不可拿错,以免造成工件报废。如发现异常情况,应立即与编程人员沟通,机床操作员不得随意加工。

(2)重要工件要进行试刀,特别是大工件(加工程序单必须写明尺寸)。第一刀走完要用卡尺检验大致尺寸,确保基准位置正确,避免错位而报废材料。

(3)垫铁一般放在工件的四角,对于跨度过大的工件,还要在中间加放等高垫铁,以增加刚性,防止加工变形。工件校正后一定要拧紧螺母,防止装夹不牢固而使工件发生加工移位。

(4)对于深型腔加工,刀具越长越容易中途发生"掉刀"现象。如果观察到切削声音突然变大或加工火花明显增多,则应及时停机检查刀具情况,更换刀粒,或重新收紧刀粒螺钉,或收紧刀柄,刀具被夹持在刀柄里的长度应不小于 55 mm。

(5)对模板凹槽有配合的地方,要在加工部分深度(10 mm 左右)后停机检查加工精度,并做适当调整,可改变机床刀径补充值或重新编制加工程序。争取一次加工到位,避免重复加工。

任务二　模具型芯的编程加工

一、型芯加工工艺编制

型芯加工工艺见表 5-2-1。

表 5-2-1　　　　　型芯加工工艺

序号	加工方式（轨迹名称）	加工部位	刀具名称	刀具直径/mm	刀角半径/mm	刀具长度/mm	刀刃长度/mm	主轴转速/(r·min^{-1})	进给速度/(mm·min^{-1})	切削深度/mm	加工余量/mm	程序名称
1	型腔铣	型芯	D16R0.8	16	0.8	70	35	3 000	3 000	0.5	0.2	16-1
2	底壁铣	型芯	D16R0.8	16	0.8	70	35	3 000	3 000	0.2	0	16-2
3	底壁铣	型芯	D16R0.8	16	0.8	70	35	3 000	3 000	0.2	0	16-3
4	深度轮廓铣	型芯	D16R0.8	16	0.8	70	35	3 000	3 000	0.05	0	16-4
5	深度轮廓铣	型芯	D16R0.8	16	0.8	70	35	3 000	3 000	0.1	0	16-5
6	型腔铣	型芯	D6	6	0	70	35	5 000	3 000	0.05	0.2	6-1
7	深度轮廓铣	型芯	D6	6	0	70	35	5 000	3 000	0.1	0	6-2
8	深度轮廓铣	型芯	D6R3	6	3	70	35	5 000	3 000	0.3	0.1	06-1
9	固定轮廓铣	型芯	D6R3	6	3	70	35	5 000	3 000	0.3	0.1	06-2
10	深度轮廓铣	型芯	D6R3	10	5	70	35	5 000	3 000	0.1	0	06-3
11	固定轮廓铣	型芯	D6R3	6	3	70	35	5 000	3 000	0.1	0	06-4
12	固定轮廓铣	型芯	D6R3	6	3	70	35	5 000	3 000	0.1	0	06-5

二、型芯加工程序编制

1. 编程加工准备

（1）在 Windows 操作系统中单击"开始"→"程序"→"Siemens NX 12.0"→"NX 12.0"命令，进入 UG NX 12.0 初始界面，如图 5-2-1 所示。

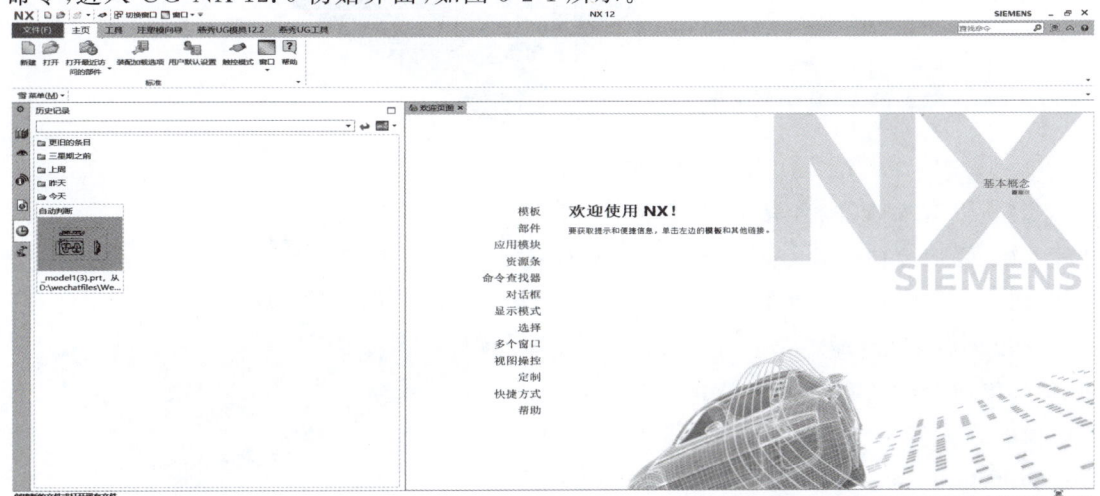

图 5-2-1　UG NX 12.0 初始界面

(2) 在"主页"选项卡中单击"打开"图标按钮,弹出"打开"对话框,选择文件"xx.prt",单击"打开"按钮打开文件,结果如图 5-2-2 所示。

(3) 单击"开始"→"所有应用模块"→"注塑模向导"→"注塑模工具"→"包容体"命令,结果如图 5-2-3 所示。

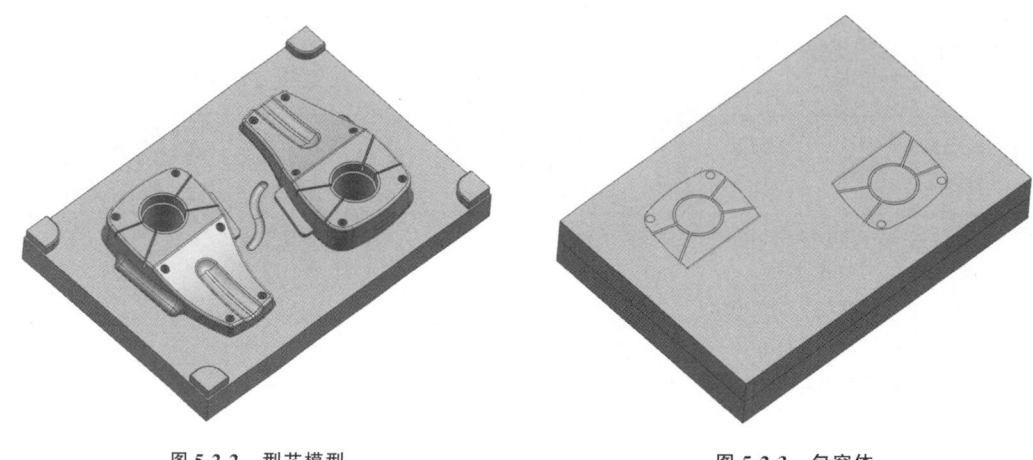

图 5-2-2　型芯模型　　　　　　　　　图 5-2-3　包容体

(4) 在"编辑"工具栏中单击"移动对象"命令,将型芯上表面的中心点移至绝对坐标处,并使工件的长方向为 X 方向,短方向为 Y 方向,如图 5-2-4 所示。

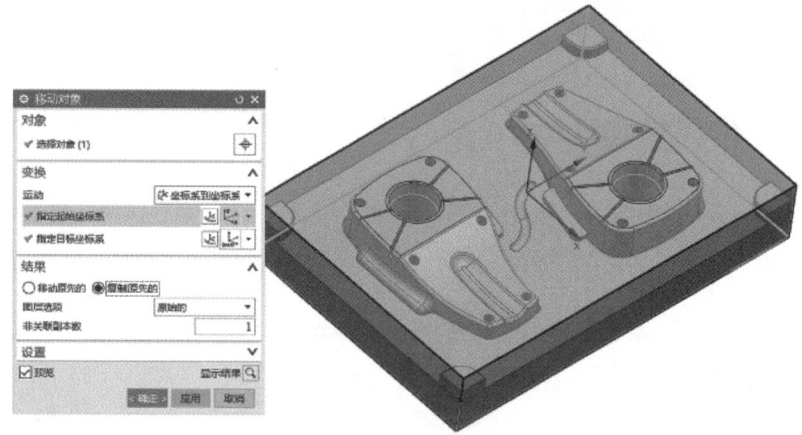

图 5-2-4　移动对象

(5) 利用边缘修补、有界平面、扩大面、通过曲线网格、修剪片体等命令补上镶件孔、推杆孔等,如图 5-2-5 所示。

(6) 在"分析"选项卡中单击"测量"图标按钮,得到待加工区的集合特征信息,零件顶平面和底面的最大距离为 35 mm,外形尺寸为 180 mm×130 mm×35 mm,测量型腔的最小曲率和最小尺寸。

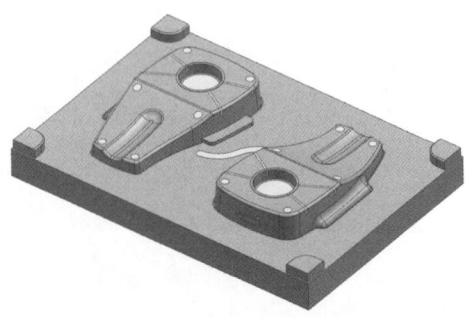

图 5-2-5　补孔

(7)在"应用模块"选项卡中单击"加工"图标按钮,弹出图 5-2-6 所示的"加工环境"对话框,选择合适的加工配置模板,单击"确定"按钮。

(8)在"工序导航器"工具栏中单击"几何视图"图标按钮,双击"MCS_MILL",弹出图 5-2-7 所示的"MCS 铣削"对话框,指定 MCS 为"绝对-显示部件",设定安全距离为"30"。

图 5-2-6 "加工环境"对话框　　　　图 5-2-7 "MCS 铣削"对话框

(9)在"工序导航器-几何"列表框中双击"WORKPIECE",弹出"工件"对话框,如图 5-2-8 所示。

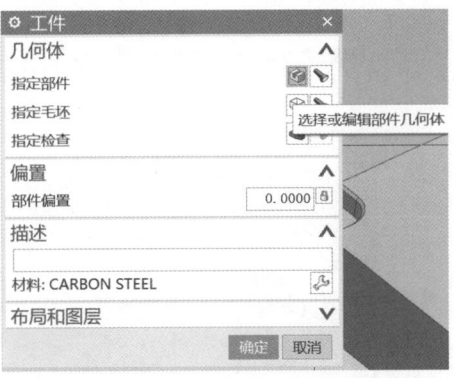

图 5-2-8 "工件"对话框

(10)指定部件单击"选择或编辑部件几何体"图标按钮,弹出图 5-2-9 所示的"部件几何体"对话框,选择长方体,然后单击"确定"按钮退出该对话框,创建的包容块如图 5-2-10 所示。

(11)在"主页"选项卡中单击"创建程序"图标按钮,创建八个程序文件夹,如图 5-2-11 所示。

(12)在"主页"选项卡中单击"创建刀具"图标按钮,弹出图 5-2-12 所示的"创建刀具"对话框,设置刀具的创建类型和名称,单击"确定"按钮,弹出"铣刀-5 参数"对话框,设置刀具几何参数,然后单击"确定"按钮退出该对话框。

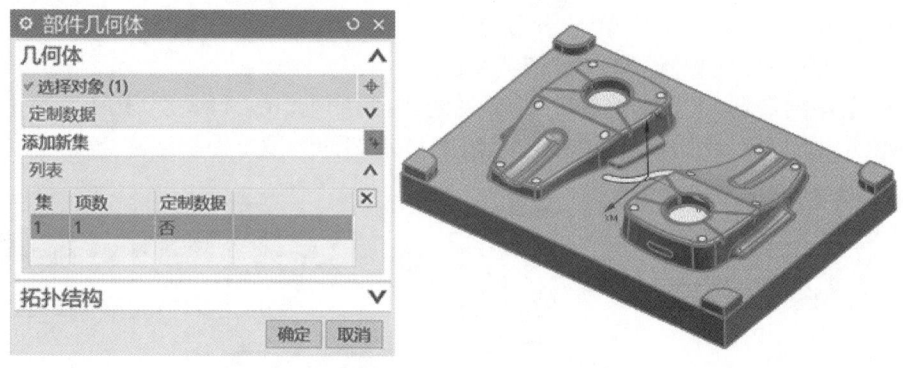

图 5-2-9　选择长方体

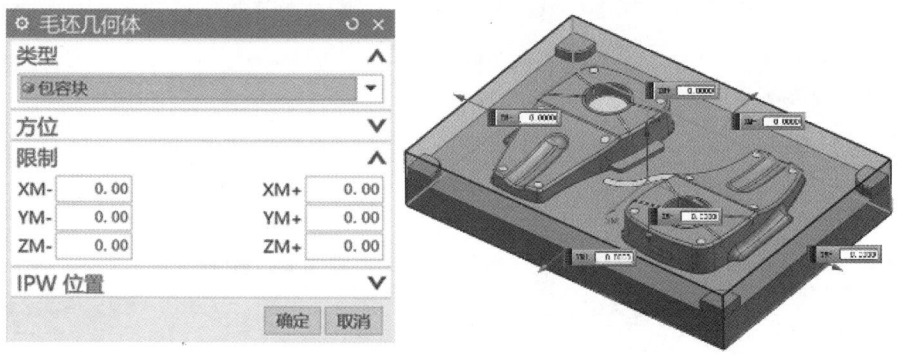

图 5-2-10　创建包容块

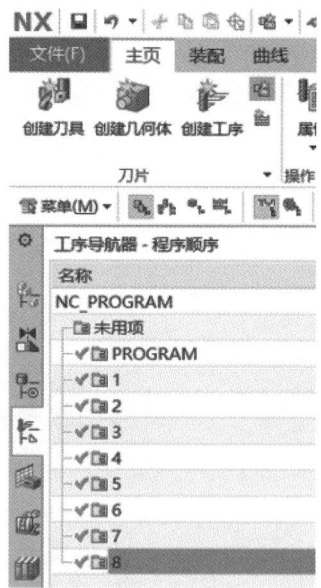

图 5-2-11　创建程序文件夹

（13）参考上一步操作创建其他 D16R0.8、D6、D6R3 刀具，刀具几何参数设置如图 5-2-13 所示。

项目五　模具主要零件的制造

(a)　　　　　　　　　　　(b)

图 5-2-12　创建刀具并设置参数

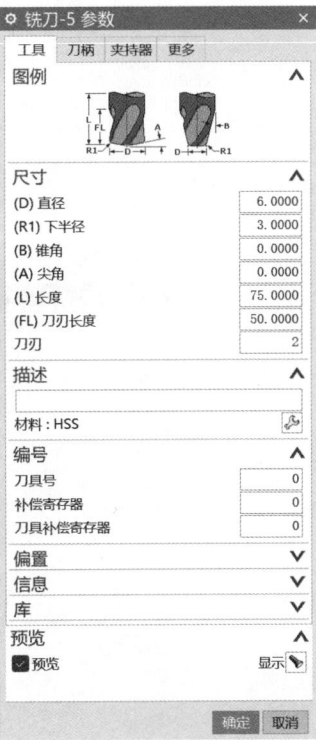

(a)　　　　　　　　　　(b)　　　　　　　　　　(c)

图 5-2-13　设置铣刀参数

2. 编写轮廓粗加工程序

（1）在"主页"选项卡中单击"创建工序"图标按钮，弹出图5-2-14所示的"创建工序"对话框，将类型设置为"mill_contour"，程序选文件夹"1"，刀具选"D16R0.8"，几何体选"WORKPIECE"，方法选"METHOD"。

（2）在图5-2-15所示的"型腔铣"对话框中，将切削模式设置为"跟随周边"，步距设置为"恒定"，最大距离设置为"11 mm"，公共每刀切削深度设置为"恒定"，最大距离设置为"0.5 mm"。

图 5-2-14 创建工序

图 5-2-15 设置型腔铣参数

（3）单击"切削参数"图标按钮设置参数，如图5-2-16所示。

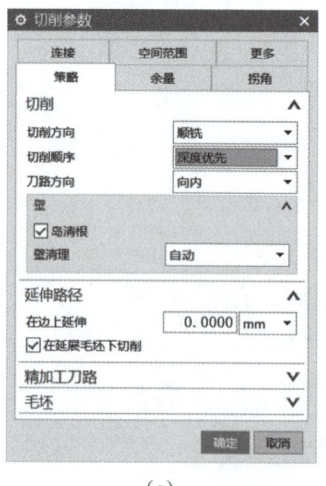

(a)

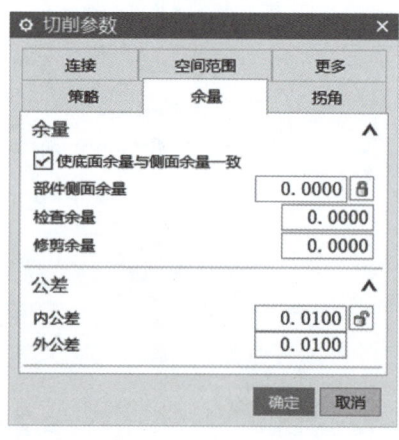

(b)

图 5-2-16 设置切削参数（轮廓粗加工）

(4)单击"非切削移动"图标按钮设置参数,接受默认设置。

(5)单击"进给率和速度"图标按钮设置参数,如图 5-2-17 所示。

(6)单击"指定切削区域"图标按钮设置切削区域,如图 5-2-18 所示。

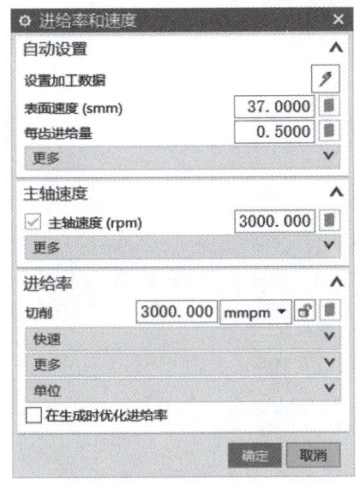

图 5-2-17 设置进给率和速度（轮廓粗加工）

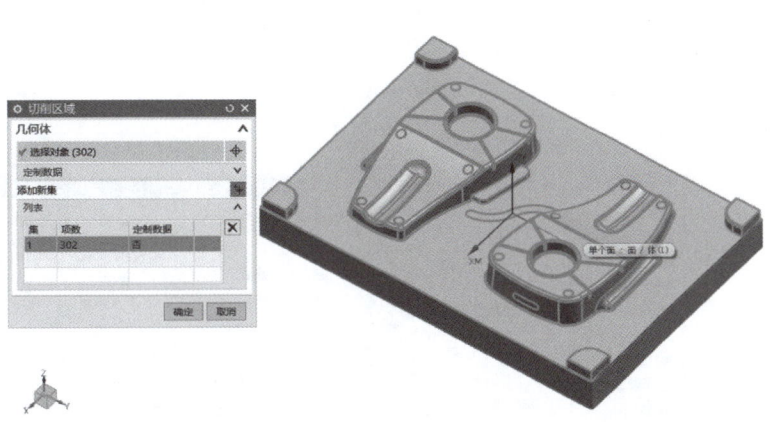

图 5-2-18 设置切削区域（轮廓粗加工）

(7)单击"生成"图标按钮,得到图 5-2-19 所示的刀路轨迹。

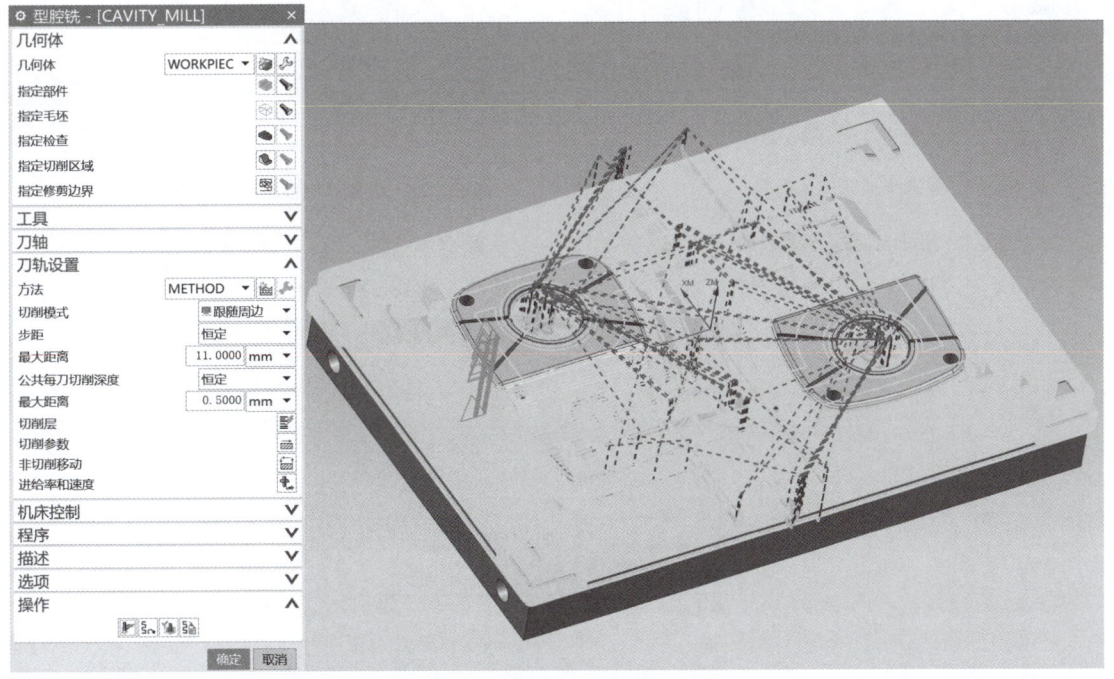

图 5-2-19 生成刀路轨迹（轮廓粗加工）

3. 编写平面铣加工程序

(1)创建"底壁铣"工序,如图 5-2-20 所示,将切削模式设置为"跟随周边",步距设置为"恒定",最大距离设置为"7 mm",底面毛坯厚度设置为"0.2",每刀切削深度设置为"0.2"。

(2)单击"切削参数"图标按钮,弹出图 5-2-21 所示的对话框,设置最终底面余量为"0.001"。

图 5-2-20 设置平面铣加工参数

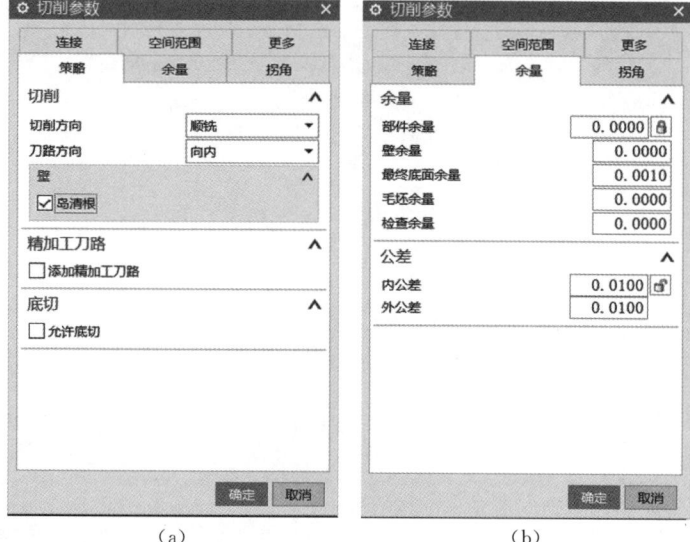

图 5-2-21 设置切削参数(平面铣)

(3)单击"非切削移动"图标按钮设置参数,接受默认设置。

(4)单击"进给率和速度"图标按钮设置参数,如图 5-2-22 所示。

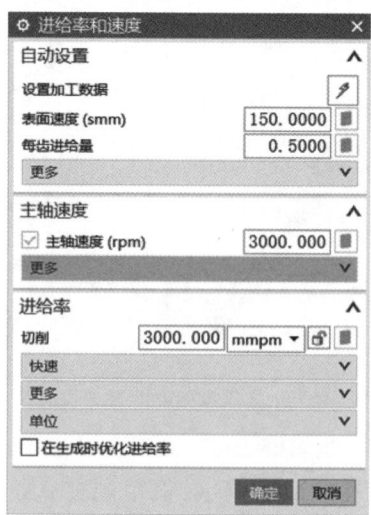

图 5-2-22 设置进给率和速度(平面铣)

(5)单击"指定切削区域"图标按钮设置切削区域,如图 5-2-23 所示。

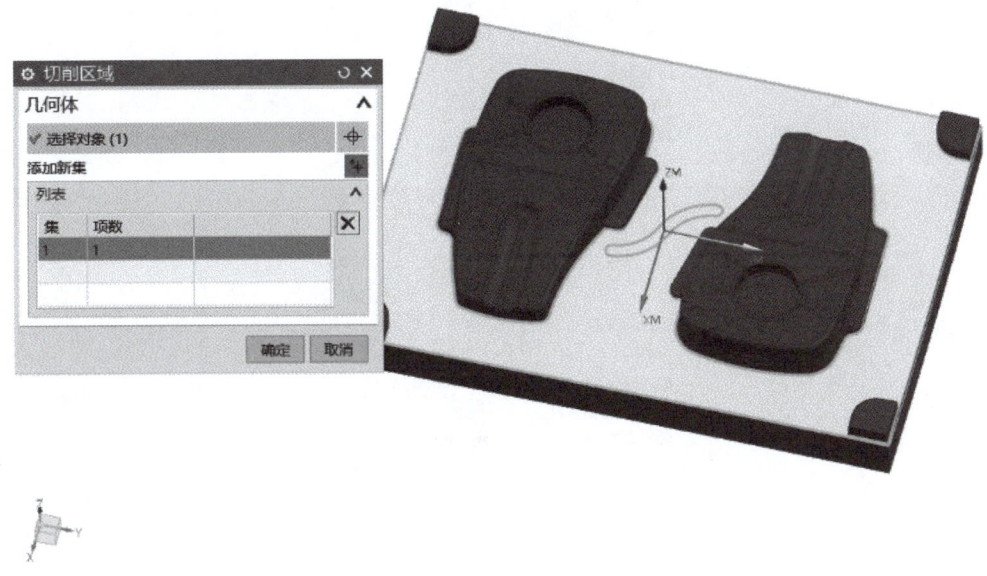

图 5-2-23　设置切削区域(平面铣)

(6)单击"生成"图标按钮,得到图 5-2-24 所示的刀路轨迹。

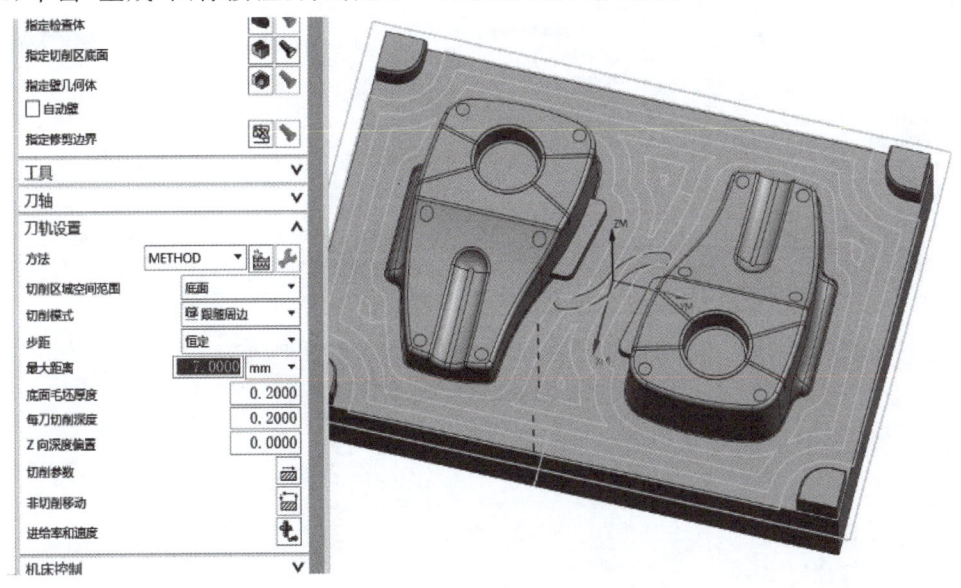

图 5-2-24　生成刀路轨迹(平面铣)

4. 编写深度轮廓加工程序

(1)创建"深度轮廓铣"工序,如图 5-2-25 所示,将陡峭空间范围设置为"无",合并距离设置为"3 mm",最小切削长度设置为"0.1 mm",公共每刀切削深度设置为"恒定",最大距离设置为"0.2 mm"。

(2)单击"切削层"图标按钮设置参数,一般情况下接受默认设置。

(3)单击"切削参数"图标按钮设置参数,如图 5-2-26 所示。

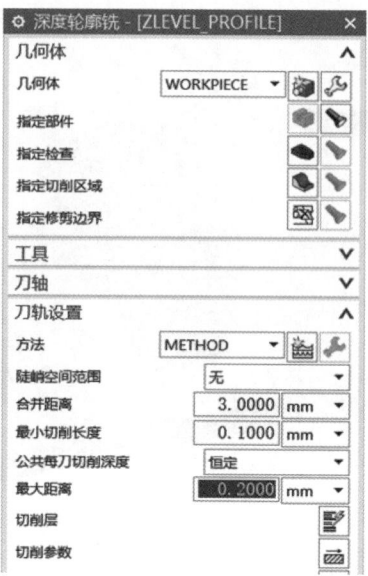

图 5-2-25 设置深度轮廓加工参数

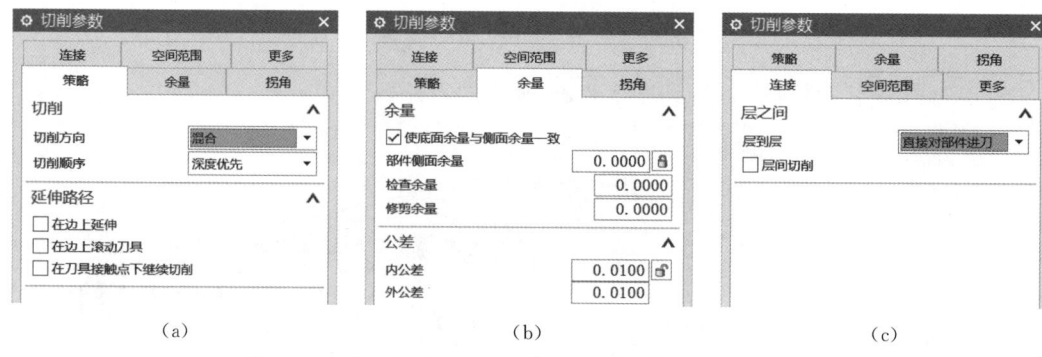

(a)   (b)   (c)

图 5-2-26 设置切削参数(深度轮廓加工)

(4)单击"非切削移动"图标按钮设置参数,接受默认设置。

(5)单击"进给率和速度"图标按钮设置参数,如图 5-2-27 所示。

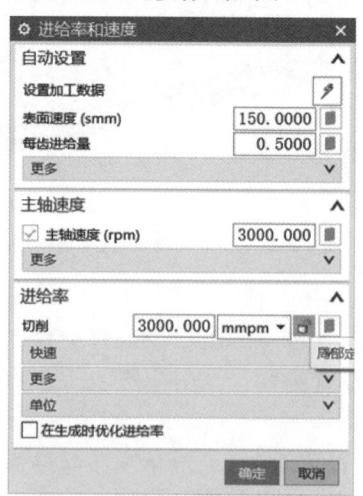

图 5-2-27 设置进给率和速度(深度轮廓加工)

项目五 模具主要零件的制造   151

(6)单击"指定切削区域"图标按钮设置切削区域,如图 5-2-28 所示。

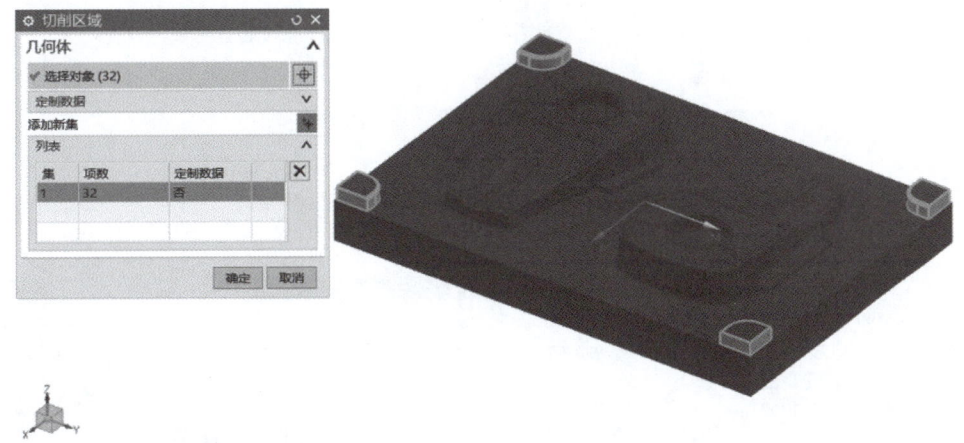

图 5-2-28 设置切削区域(深度轮廓加工)

(7)单击"生成"图标按钮,得到图 5-2-29 所示的刀路轨迹。

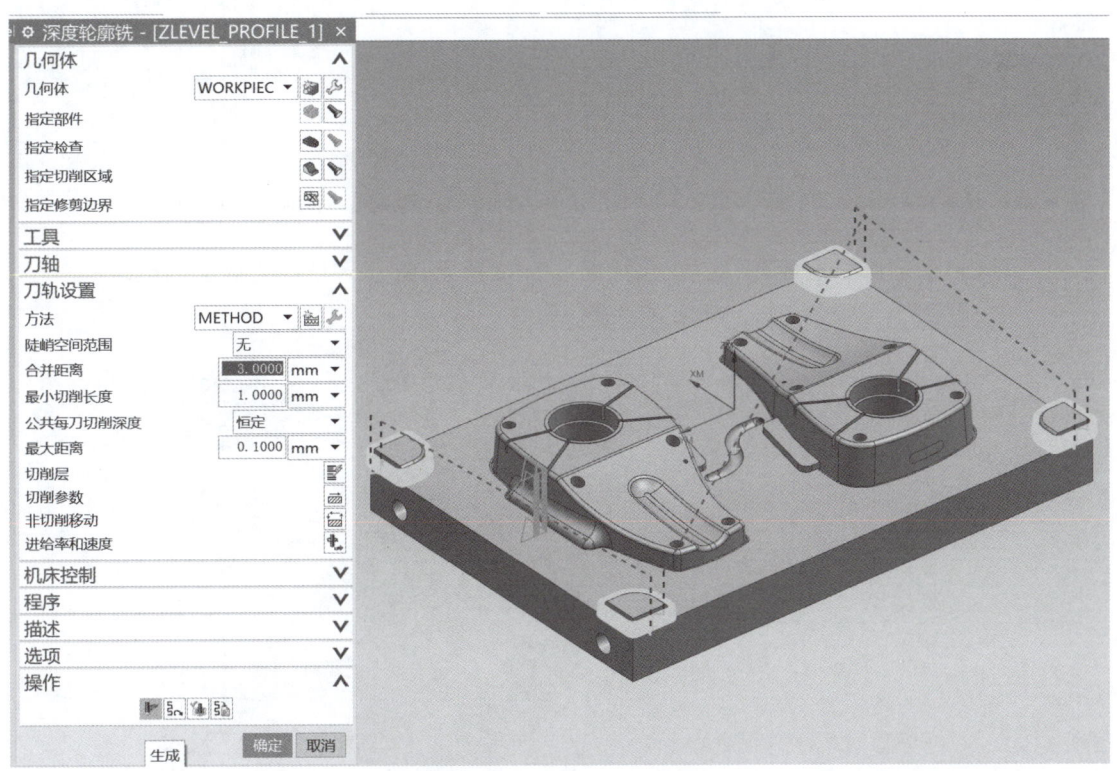

图 5-2-29 生成刀路轨迹(深度轮廓加工)

5. 编写轮廓区域加工程序

轮廓区域加工程序适用于曲面的半精加工或精加工。具体编程步骤如下:

(1)创建"深度轮廓铣"工序,参数设置如图 5-2-30 所示。

(2)单击"指定切削区域"图标按钮设置切削区域,如图 5-2-31 所示。

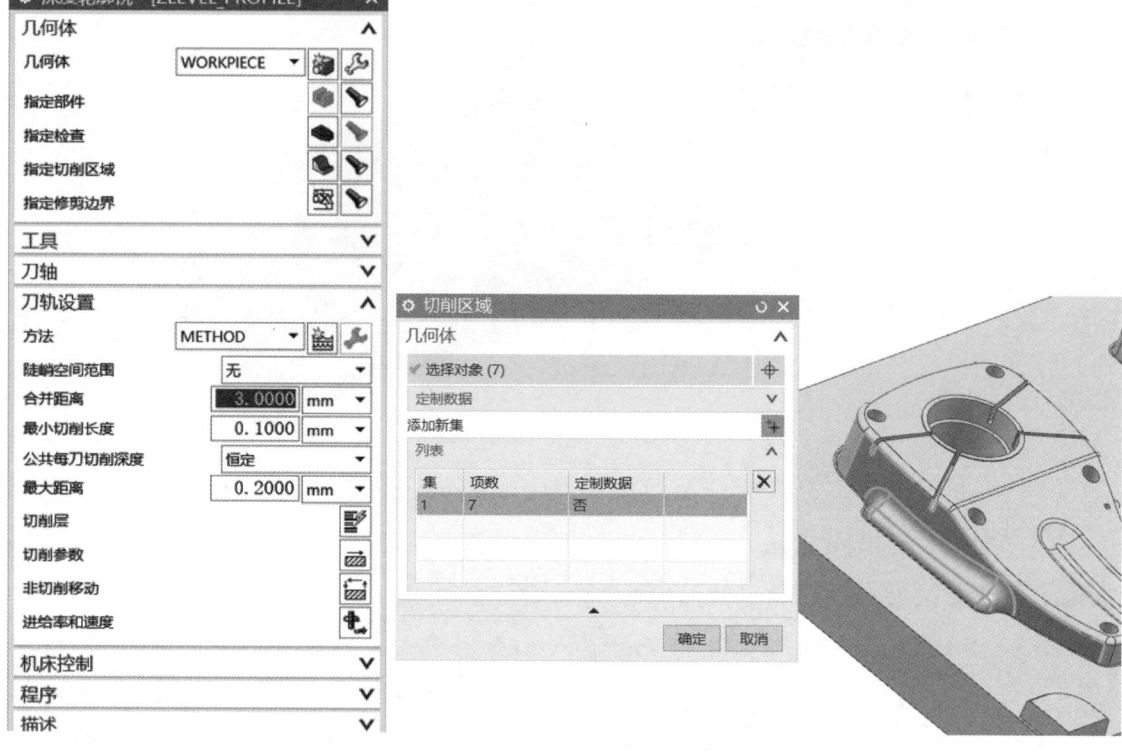

图 5-2-30　设置轮廓区域加工参数　　　　图 5-2-31　设置切削区域（轮廓区域加工）

（3）单击"指定修剪边界"图标按钮，如图 5-2-32 所示，红色区域即要修剪的区域。

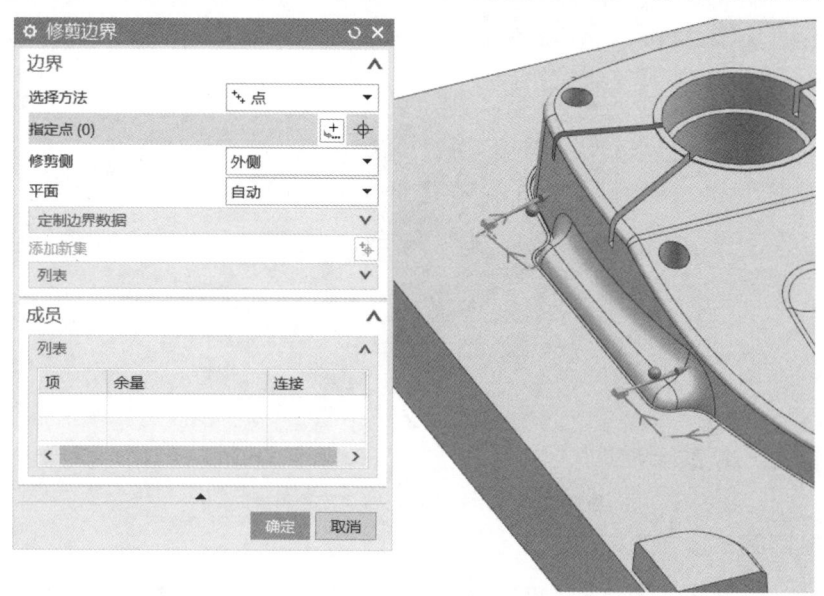

图 5-2-32　指定修剪边界

（4）按照上述步骤修改其他参数。

项目五 模具主要零件的制造 153

(5)单击"生成"图标按钮,得到图 5-2-33 所示的刀路轨迹。

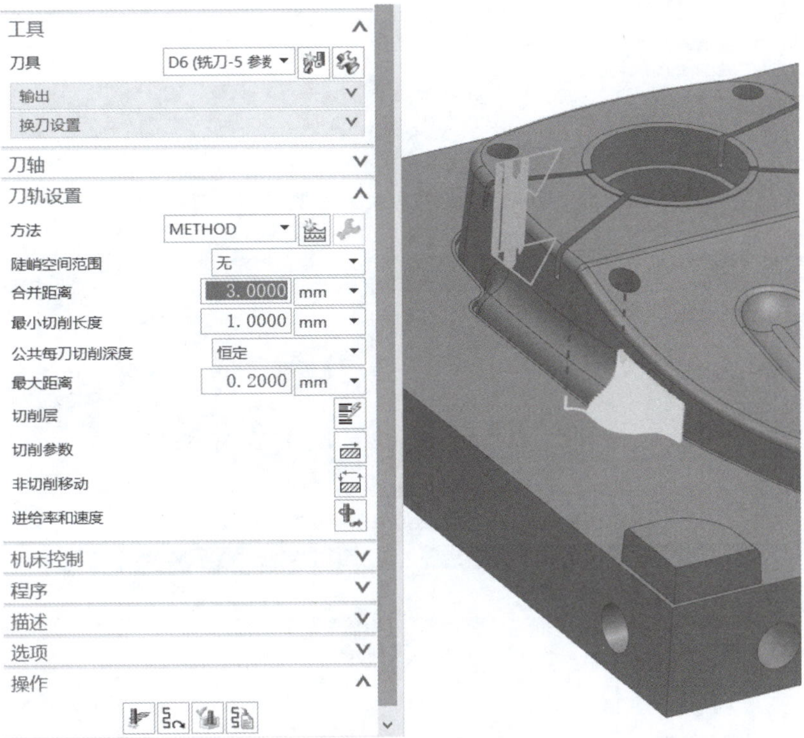

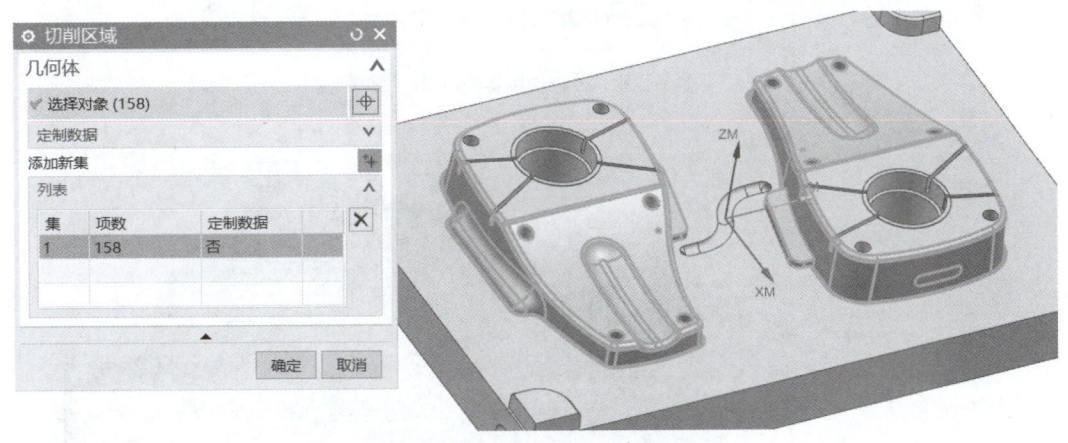

图 5-2-33 生成刀路轨迹(轮廓区域加工)

6. 编写精加工程序

(1)创建"固定轮廓铣"工序,单击"指定切削区域"图标按钮设置切削区域,如图 5-2-34 所示。

图 5-2-34 设置切削区域(精加工)

(2)驱动方法选择"区域铣削",具体参数设置如图 5-2-35 所示。

(3)单击"切削参数"图标按钮修改参数,如图 5-2-36 所示。

(4)单击"进给率和速度"图标按钮设置参数,如图 5-2-37 所示。

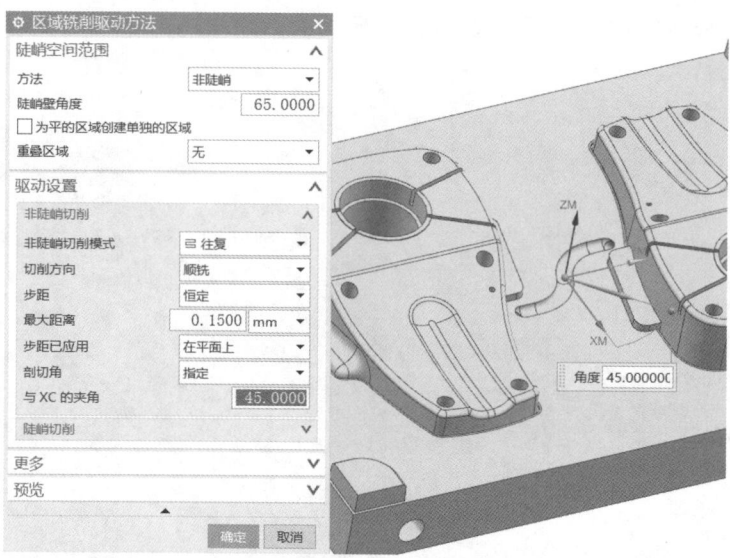

图 5-2-35 设置区域铣削驱动方法参数

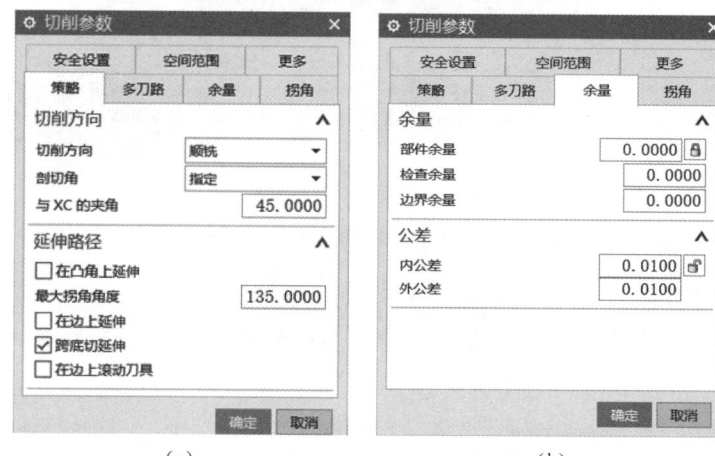

(a)　　　　　　　　　　(b)

图 5-2-36 设置切削参数(精加工)

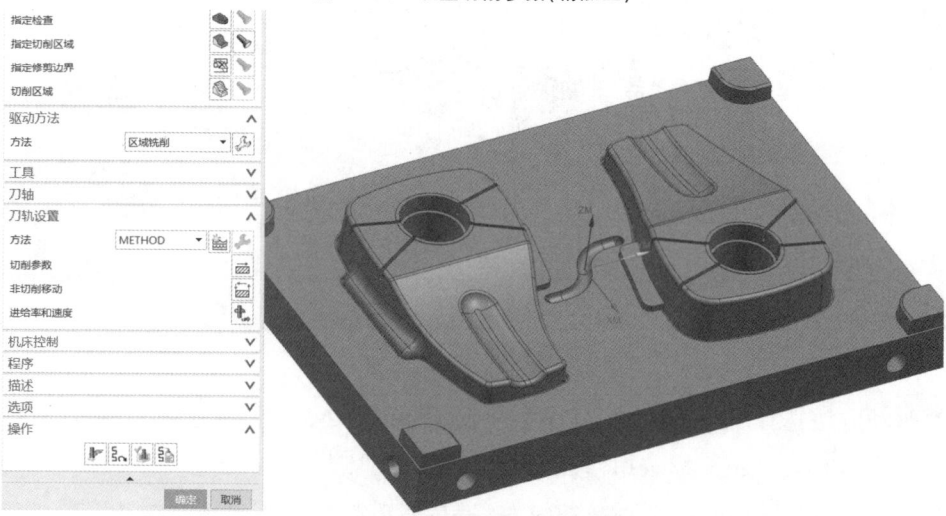

图 5-2-37 设置进给率和速度(精加工)

(5)单击"生成"图标按钮,得到图 5-2-38 所示的刀路轨迹。

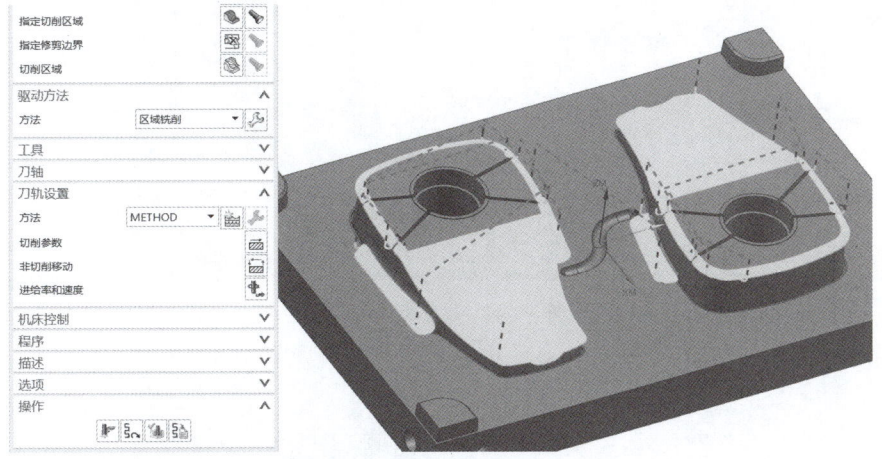

图 5-2-38　生成刀路轨迹(精加工)

7. 编写流道加工程序

(1)创建"固定轮廓铣"工序,单击"指定切削区域"图标按钮设置切削区域,如图 5-2-39 所示。

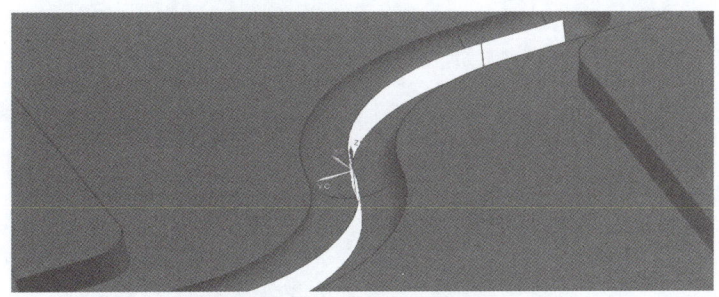

图 5-2-39　设置切削区域(流道加工)

(2)驱动方法选择"曲面",如图 5-2-40 所示。单击"指定驱动几何体"图标按钮,如图 5-2-41 所示。刀具位置选择"对中",切削方向如图 5-42 中箭头所示。

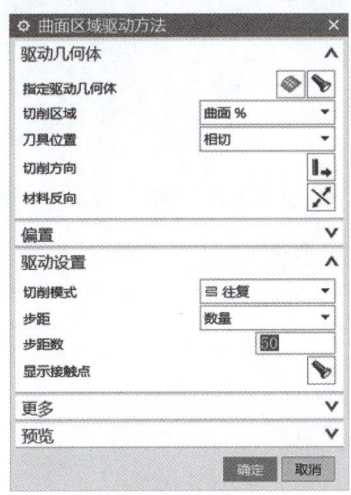

图 5-2-40　设置曲面区域驱动方法参数

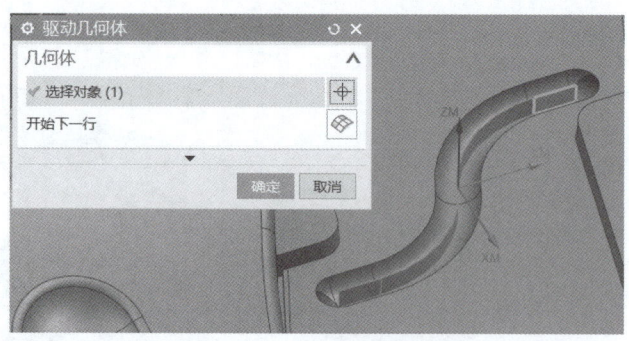

图 5-2-41 指定驱动几何体

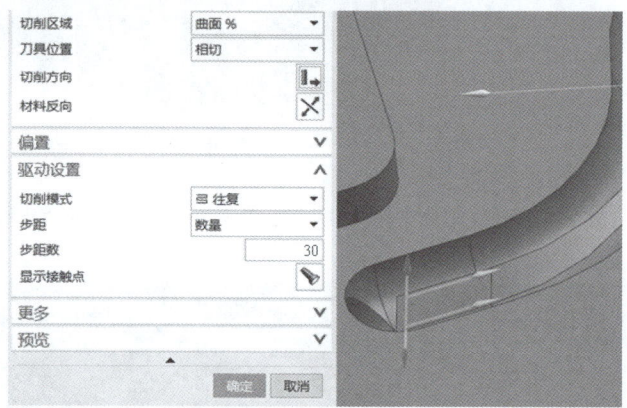

图 5-2-42 切削方向示意

(3)单击"生成"图标按钮,得到图 5-2-43 所示的刀路轨迹。

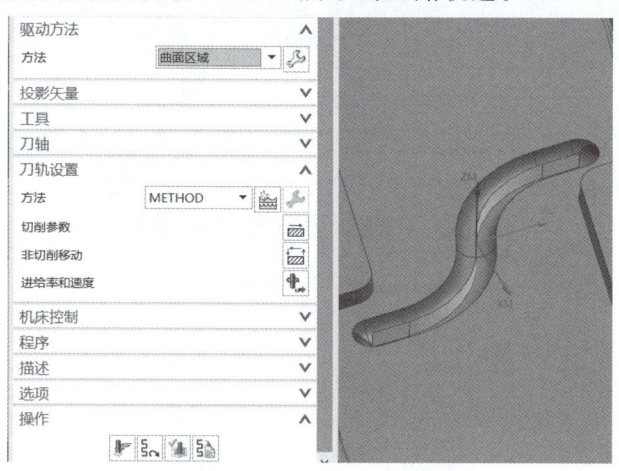

图 5-2-43 生成刀路轨迹(流道加工)

8. 程序模拟仿真

具体操作步骤如下:

(1)选择所有程序后单击鼠标右键,在弹出的快捷菜单中单击"刀轨"→"确认"命令,如图 5-2-44 所示。

(2)在弹出的"刀轨可视化"对话框(图 5-2-45)中切换到"3D 动态"选项卡,选中"抑制动画"复选框,单击"前进到下一工序"按钮,得到仿真后的结果,然后单击"确定"按钮退出该对话框。

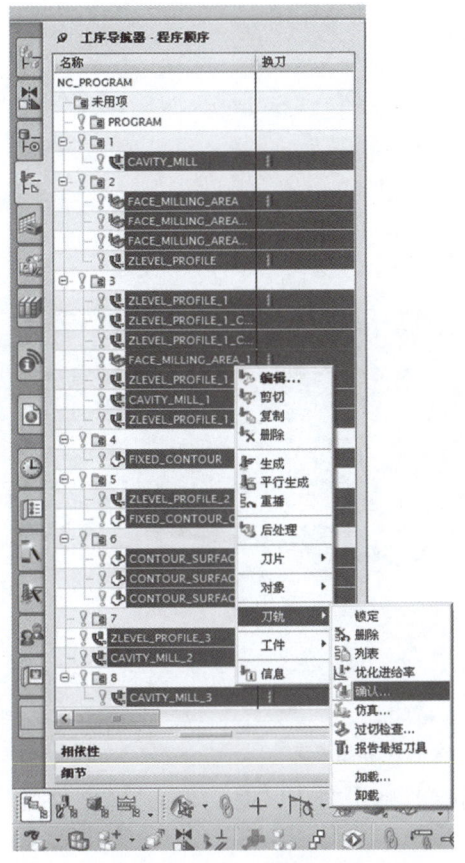

图 5-2-44 单击"确认"命令

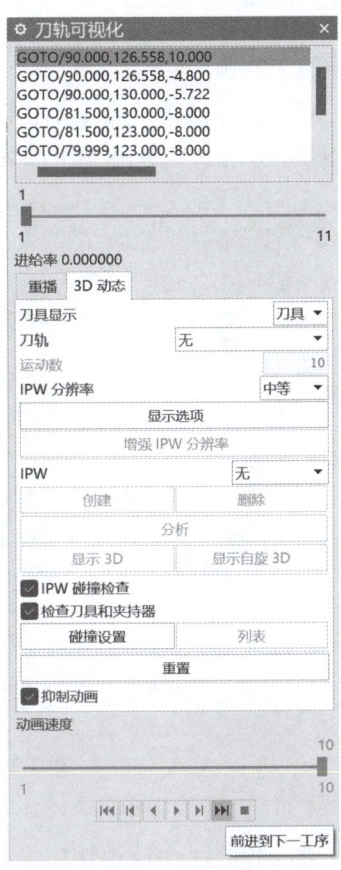

图 5-2-45 模拟仿真

任务三　模具滑块的编程加工

滑块加工工艺见表 5-3-1。

表 5-3-1　　　　　　　　　　　滑块加工工艺

序号	加工方式（轨迹名称）	加工部位	刀具名称	刀具直径/mm	刀角半径/mm	刀具长度/mm	刀刃长度/mm	主轴转速/(r·min^{-1})	进给速度/(mm·min^{-1})	切削深度/mm	加工余量/mm	程序名称
1	型腔铣	滑块	D6	6	0	70	35	5 000	3 000	0.3	0.2	6-1
2	固定轮廓铣	滑块	D4R2	4	2	70	35	5 000	3 000	0.1	0.1	04-1
3	固定轮廓铣	滑块	D4R2	4	2	70	35	5 000	3 000	0.1	0	04-2

一、滑块加工程序编制

1. 编程加工准备

(1) 在 Windows 操作系统中单击"开始"→"程序"→"Siemens NX 12.0"→"NX 12.0"命令,进入 UG NX 12.0 初始界面,如图 5-3-1 所示。

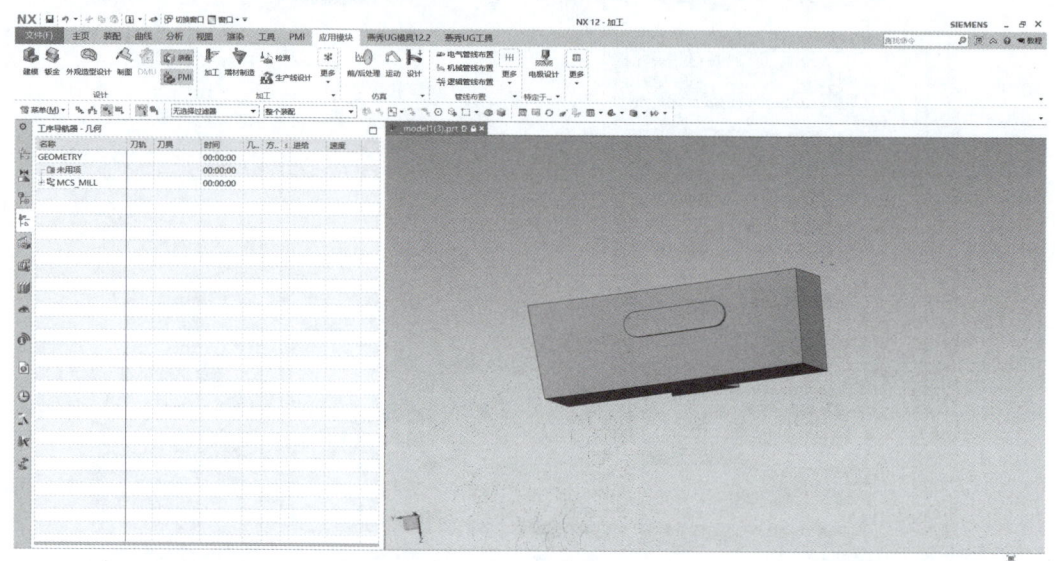

图 5-3-1　UG NX 12.0 初始界面

(2) 在"主页"选项卡中单击"打开"图标按钮,弹出"打开"对话框,选择文件"hk.prt",单击"打开"按钮打开文件,结果如图 5-3-2 所示。

(3) 单击"开始"→"所有应用模块"→"注塑模向导"→"注塑模工具"→"包容体"命令,结果如图 5-3-3 所示。

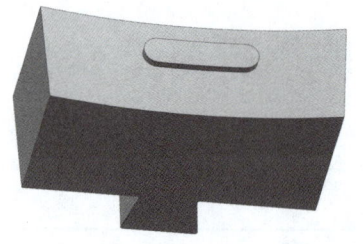
图 5-3-2　滑块模型

图 5-3-3　包容体

(4) 在"编辑"工具栏中单击"移动对象"命令,将滑块上表面的中心点移至绝对坐标处,并使工件的长方向为 X 方向,短方向为 Y 方向,如图 5-3-4 所示。

(5) 在"分析"选项卡中单击"测量",得到待加工区的集合特征信息,零件顶平面和底面的最大距离为 38.99 mm,外形尺寸为 53.18 mm×18.68 mm×38.99 mm,测量滑块的最小曲率和最小尺寸。

项目五 模具主要零件的制造 159

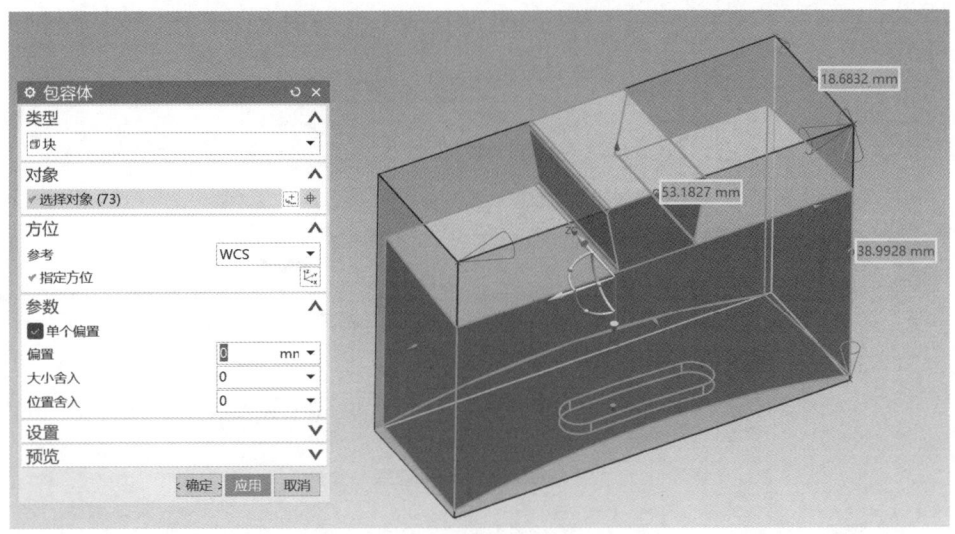

图 5-3-4 移动对象

（6）在"应用模块"选项卡中单击"加工"图标按钮，弹出图 5-3-5 所示的"加工环境"对话框，选择合适的加工配置模板，单击"确定"按钮。

（7）在"工序导航器"工具栏中单击"几何视图"图标按钮，双击"MCS_MILL"，弹出图 5-3-6 所示的"MCS 铣削"对话框，指定 MCS 为"绝对-显示部件"，设定安全距离为"30"。

图 5-3-5 "加工环境"对话框

图 5-3-6 "MCS 铣削"对话框

（8）在"工序导航器-几何"列表框中双击"WORKPIECE"，弹出"工件"对话框，如图 5-3-7 所示。

（9）指定部件单击"选择或编辑部件几何体"图标按钮，弹出图 5-3-8 所示的"部件几何体"对话框，选择长方体，然后单击"确定"按钮退出该对话框，创建的包容块如图 5-3-9 所示。

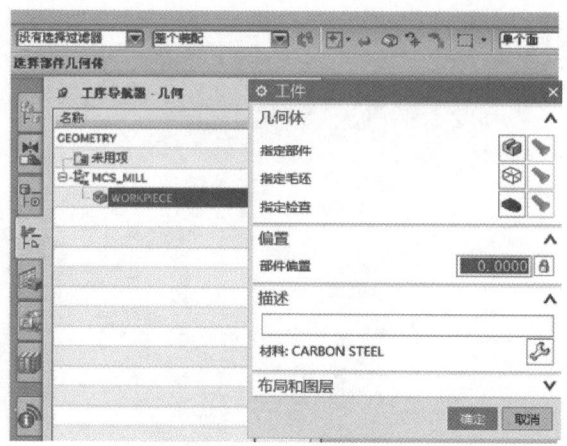

图 5-3-7 "工件"对话框

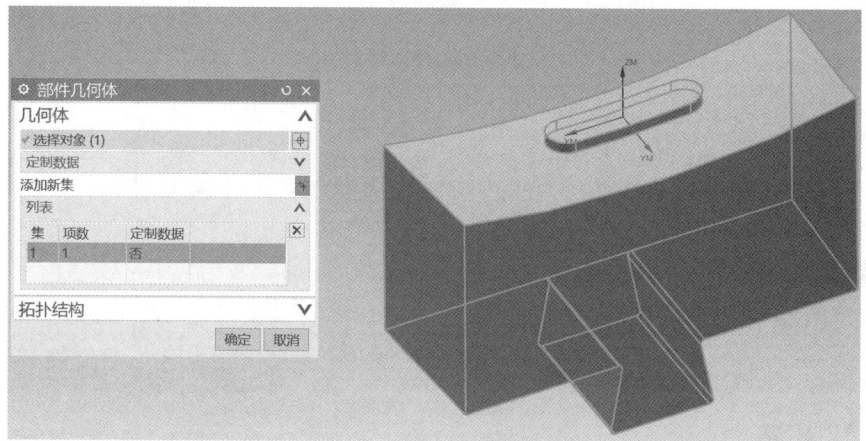

图 5-3-8 铣削几何体

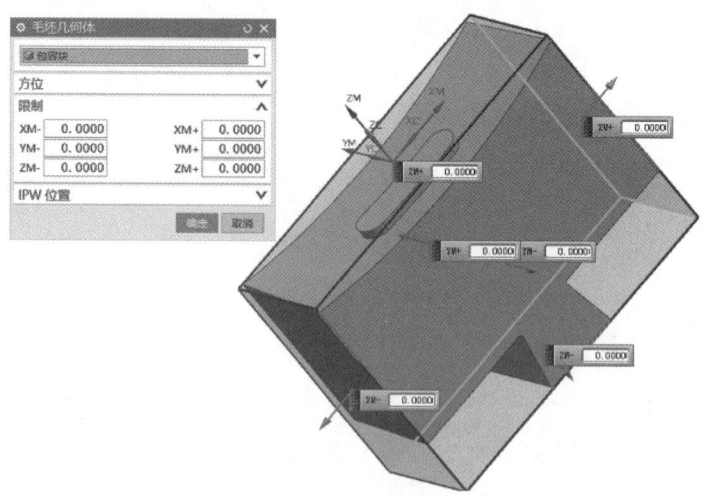

图 5-3-9 创建包容块

(10)在"主页"选项卡中单击"创建程序"图标按钮,创建八个程序文件夹,如图 5-3-10 所示。

(11)在"主页"选项卡中单击"创建刀具"图标按钮,弹出图 5-3-11 所示的"创建刀具"对话框,设置刀具的创建类型和名称,单击"确定"按钮,弹出"铣刀-5 参数"对话框,设置刀具几何参数,然后单击"确定"按钮退出该对话框。

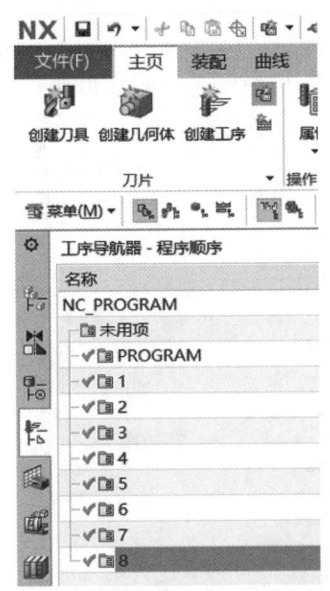

图 5-3-10　创建程序文件夹　　　图 5-3-11　创建刀具并设置参数

(12)参考上一步操作创建 D6、D4R2 刀具,刀具几何参数设置如图 5-3-12 所示。

(a)

(b)

图 5-3-12　设置刀具几何参数

2. 编写滑块加工程序

(1)在"主页"选项卡中单击"创建工序"图标按钮,弹出图 5-3-13 所示的"创建工序"对话框,将类型设置为"mill_contour",程序选文件夹"1",刀具选"D6",几何体选"WORKPIECE",方法选"METHOD"。

(2)在图 5-3-14 所示的"型腔铣"对话框中,将切削模式设置为"跟随周边",步距设置为"恒定",最大距离设置为"4 mm",公共每刀切削深度设置为"恒定",最大距离设置为"0.3 mm"。

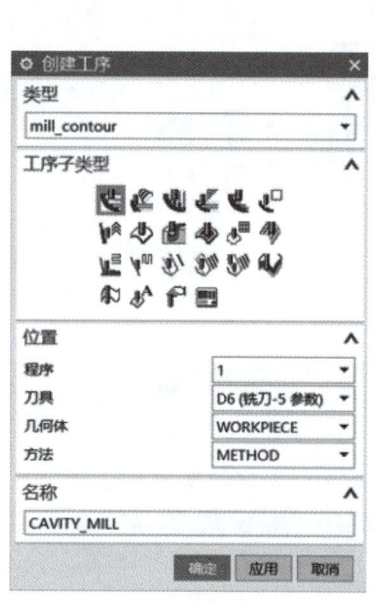

图 5-3-13 创建工序

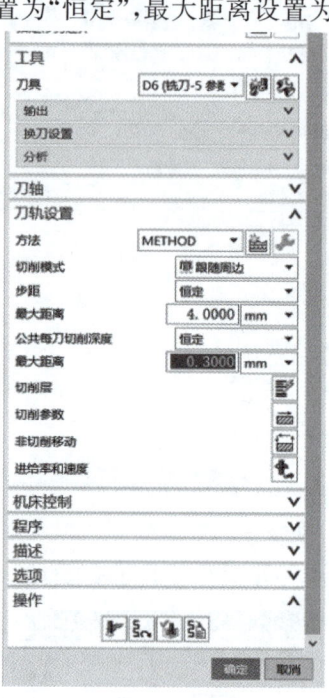

图 5-3-14 设置型腔铣参数

(3)单击"切削参数"图标按钮设置参数,如图 5-3-15 所示。

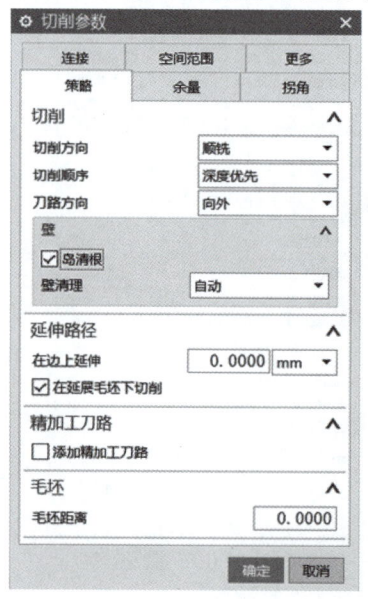

(a)

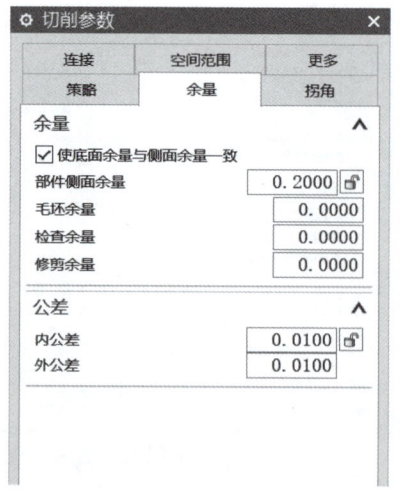

(b)

图 5-3-15 设置切削参数(滑块加工)

项目五 模具主要零件的制造

(4)单击"非切削移动"图标按钮设置参数,接受默认设置。

(5)单击"进给率和速度"图标按钮设置参数,如图 5-3-16 所示。

(6)单击"指定切削区域"图标按钮设置切削区域,如图 5-3-17 所示。

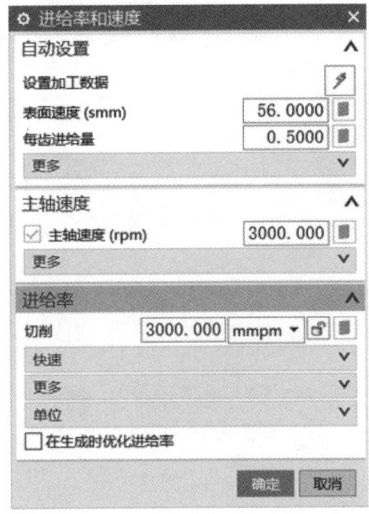

图 5-3-16 设置进给率和速度(滑块加工)　　图 5-3-17 设置切削区域(滑块加工)

(7)单击"生成"图标按钮,得到图 5-3-18 所示的刀路轨迹。

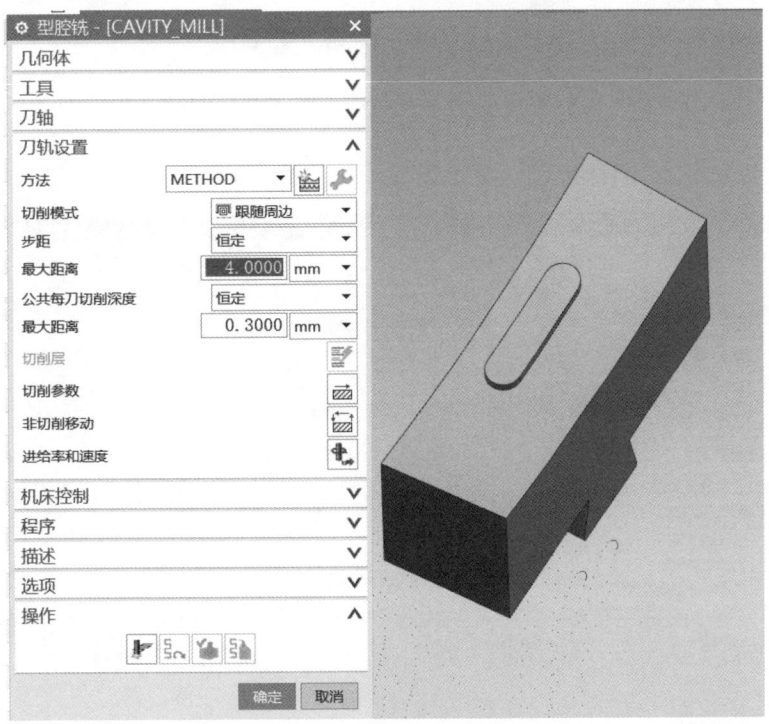

图 5-3-18 生成刀路轨迹(滑块加工)

二、曲面铣半精加工程序编制

（1）创建"固定轮廓铣"工序，如图 5-3-19 所示，将驱动方法设置为"区域铣削"，步距设置为"恒定"，最大距离设置为"0.3 mm"，切削角设置为与 XC 轴的夹角 $45°$。

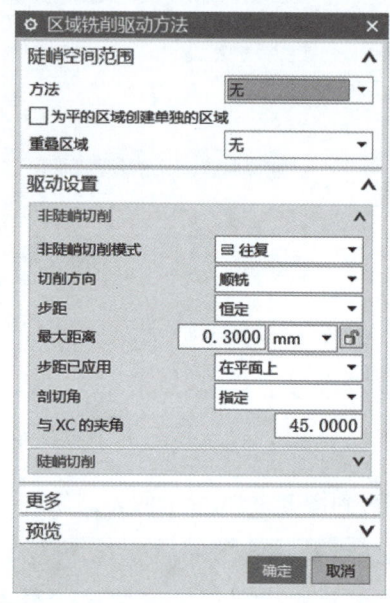

图 5-3-19　设置区域铣削驱动方法参数（曲面铣半精加工）

（2）单击"切削参数"图标按钮设置参数，如图 5-3-20 所示。

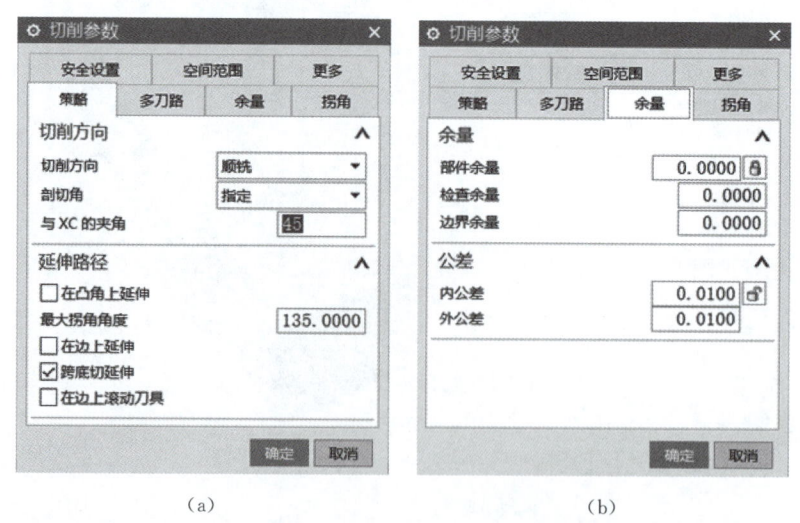

(a)　　　　　　　　　　　(b)

图 5-3-20　设置切削参数（曲面铣半精加工）

(3) 单击"非切削移动"图标按钮设置参数,接受默认设置。

(4) 单击"进给率和速度"图标按钮设置参数,如图 5-3-21 所示。

(5) 单击"指定切削区域"图标按钮设置切削区域,如图 5-3-22 所示。

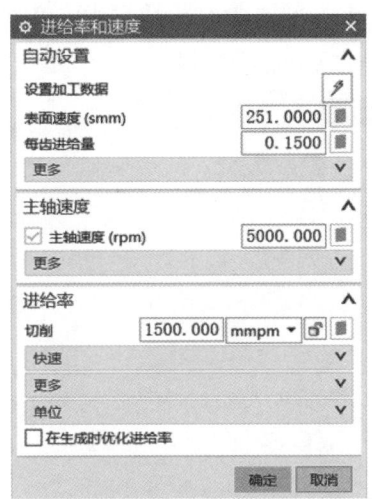

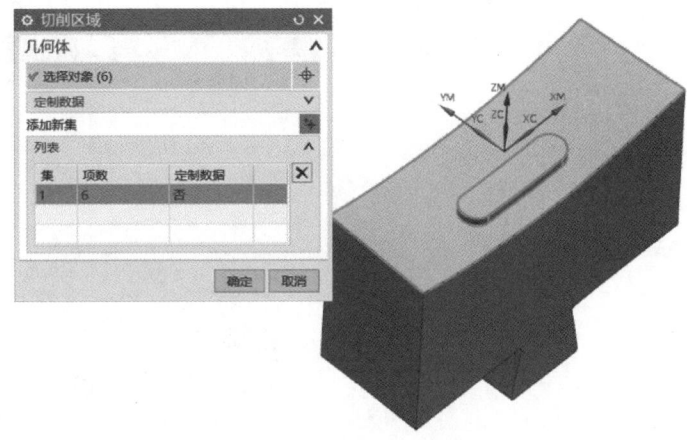

图 5-3-21　设置进给率和速度(曲面铣半精加工)　　　图 5-3-22　设置切削区域(曲面铣半精加工)

(6) 单击"生成"图标按钮,得到图 5-3-23 所示的刀路轨迹。

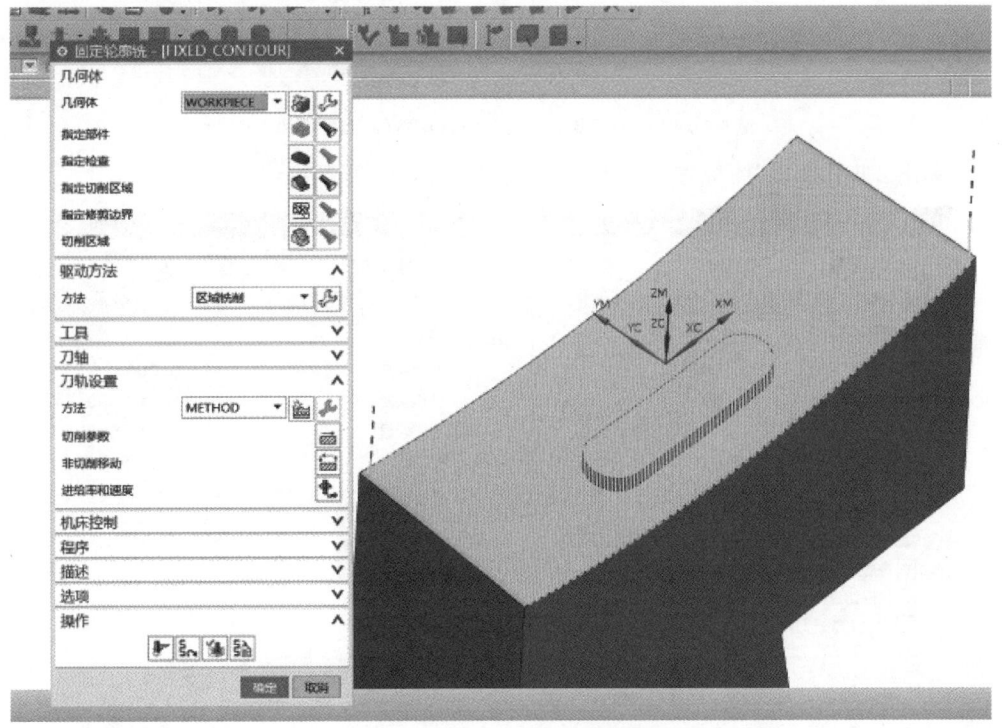

图 5-3-23　生成刀路轨迹(曲面铣半精加工)

三、曲面铣精加工程序编制

(1)创建"固定轮廓铣"工序,如图 5-3-24 所示,将驱动方法设置为"区域铣削",步距设置为"恒定",最大距离设置为"0.1 mm",切削角设置为与 XC 轴的夹角 45°。

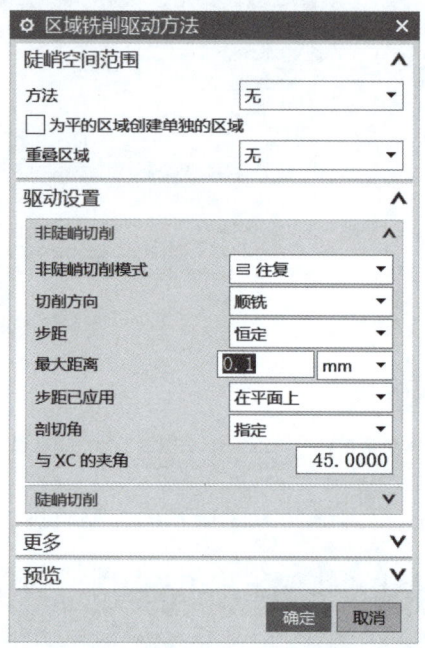

图 5-3-24　设置区域铣削驱动方法参数(曲面铣精加工)

(2)单击"切削参数"图标按钮设置参数,如图 5-3-25 所示。

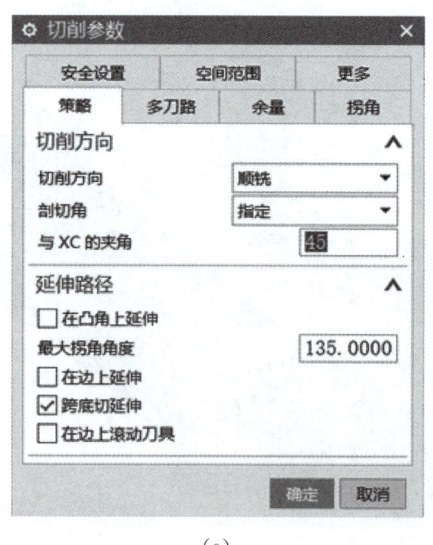
(a)

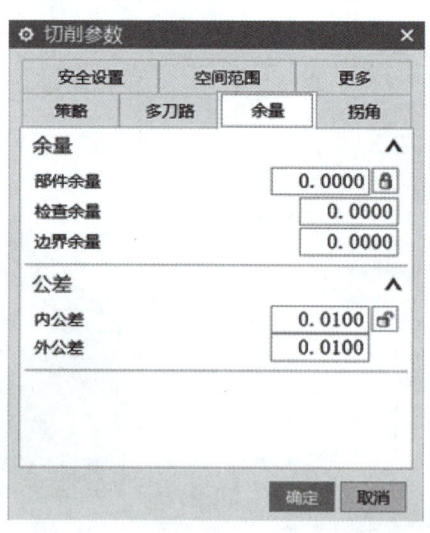
(b)

图 5-3-25　设置切削参数(曲面铣精加工)

(3)单击"非切削移动"图标按钮设置参数,接受默认设置。

(4)单击"进给率和速度"图标按钮设置参数,如图 5-3-26 所示。

(5)单击"指定切削区域"图标按钮设置切削区域,如图 5-3-27 所示。

(6)单击"生成"图标按钮,得到图 5-3-28 所示的刀路轨迹。

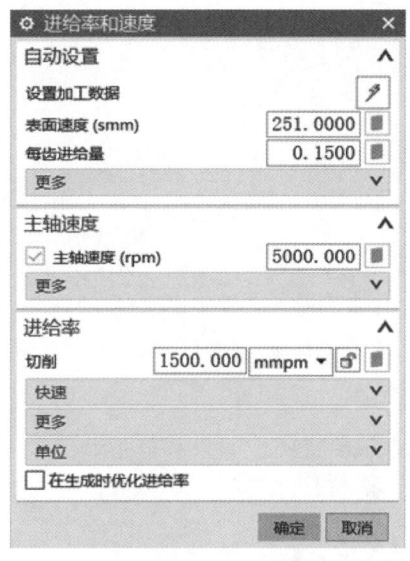
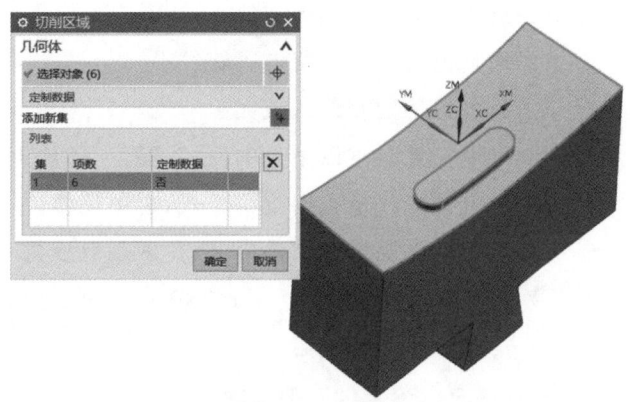

图 5-3-26　设置进给率和速度(曲面铣精加工)　　　　图 5-3-27　设置切削区域(曲面铣精加工)

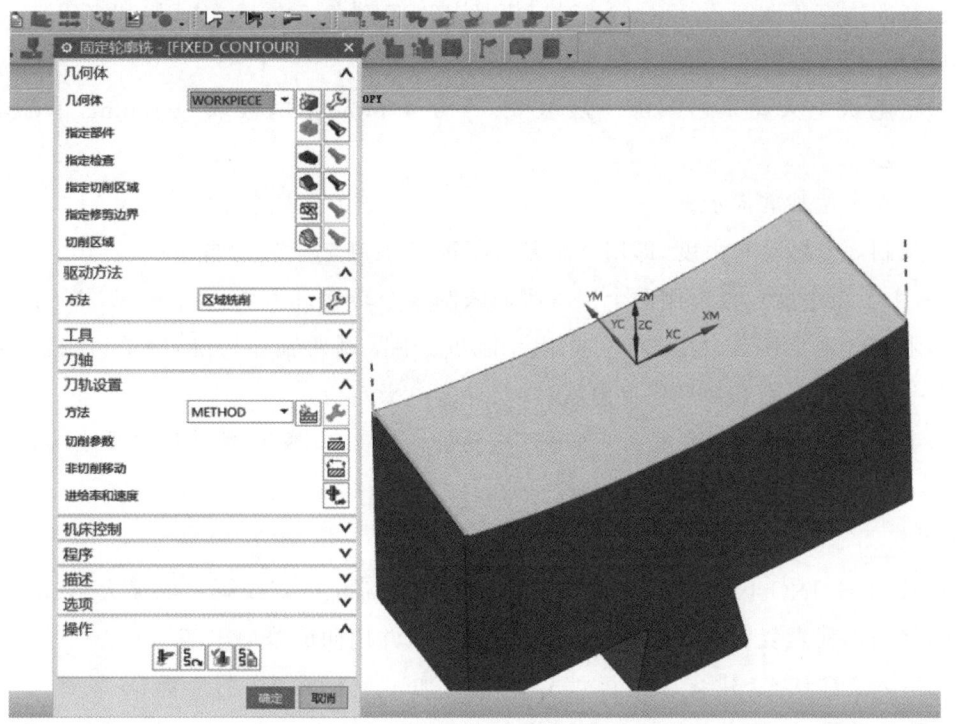

图 5-3-28　生成刀路轨迹(曲面铣精加工)

任务四　电极的编程加工

一、电极制作的一般要求

1. 电极制作的注意事项

(1) 透明件为模具电极。

(2) 模具电极需要保留电火花纹。

(3) 精电极的型腔体积较大。

(4) 电极主要对难以抛光的深腔、筋位、柱位进行放电加工。

(5) 大电极要尽量采用镶拼方式，避免用整体电极，以节约成本。

(6) 电极设计要依据工件形状，合理截取或拼凑图形。

(7) 当电极规格超过 70 mm×40 mm 时要用收螺钉方式装夹。如果具体形状不便采用收螺钉方式，则可用台虎钳装夹。

2. 电极尺寸设定的一般要求

(1) 电极基准边单边宽 5 mm，台虎钳装夹位高度为 5～8 mm，预留避空位 2 mm。

(2) 基准边直角倒圆角 0.5 mm，对应模架基准角倒角 C2 mm 或用"0"字码打记号，以方便电火花碰数对基准。

(3) 粗电极电火花单边间隙一般取 0.3～0.4 mm，精电极取 0.1 mm，单个电极取 0.15 mm。

(4) 电极定位基准提示。

(5) 限制 3 个转动自由度，即用一个基准平面可限制 2 个转动自由度，再用一个基准边限制最后 1 个自由度。也可用两个铅垂侧面限制 3 个转动自由度，以省略基准台阶。

(6) 限制 3 个平移自由度，即一般用基准边分中限制两轴，Z 方向碰单边限制第三轴。也可用定位孔、销限制 2 个平移自由度，方便异形电极定位。

(7) 电极材料紫铜较软易粘刀，多用高速钢进行加工，尽量避免选用硬质合金涂层刀粒刀具。

3. 电极图形的生成

(1) MODELING 状态下，母图需要在电火花加工部位用直线画出电极大小、基准台阶、中心线，将图形元素复制到以电极编号命名的层内，并用曲面修剪出四周。

(2) 进入 NC 状态，建立以电极编号命名的加工坐标系，将图形沿 X 轴或 Y 轴旋转 180°，再移动图形，使其中心与加工坐标原点一致，即可得到电极图形，开展编程工作。

(3) 返回 MODELING 状态下，原图形不变，可记录放电加工时的碰数基准与具体尺寸。

二、电极加工程序编制

(1)打开电极设计文档,单击"文件"→"导出"→"部件"命令(图5-4-1),弹出图5-4-2所示的对话框。在该对话框中指定一个新的部件并命名,在"类选择"处选择要导出的电极,然后单击"确定"按钮。

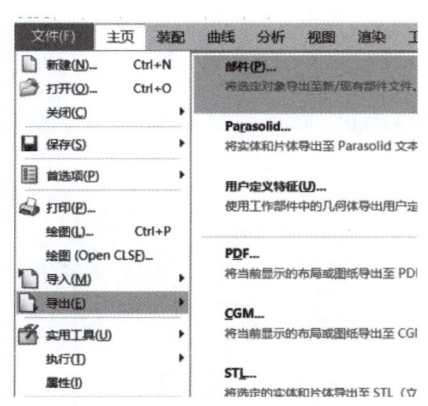

图 5-4-1 单击"部件"命令

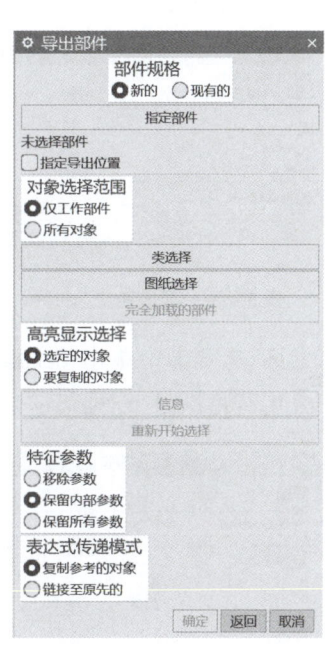

图 5-4-2 指定导出的部件

(2)打开导出的电极,单击"包容体"命令,将电极创建成包容块,如图5-4-3所示。

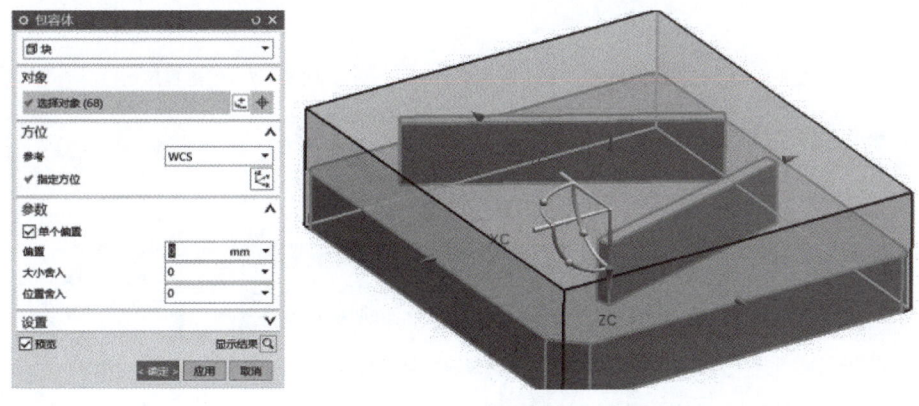

图 5-4-3 创建包容块

(3)在"应用模块"选项卡中单击"加工"图标按钮,弹出图5-4-4所示的对话框,选择合适的加工配置模板,单击"确定"按钮,进入图5-4-5所示的加工界面。

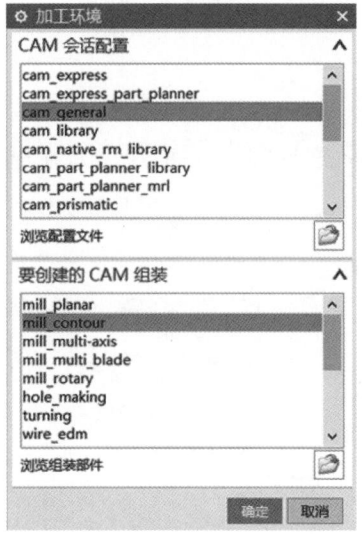
图 5-4-4 "加工环境"对话框

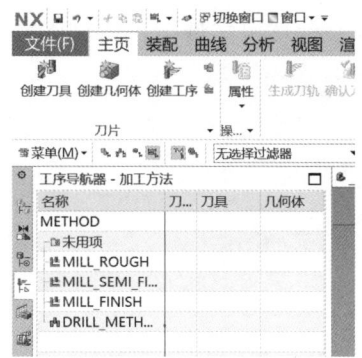
图 5-4-5 加工界面

(4)在"主页"选项卡中单击"创建程序"图标按钮,设置程序参数如图 5-4-6 所示,然后分别创建其他几个程序组,如图 5-4-7 所示。

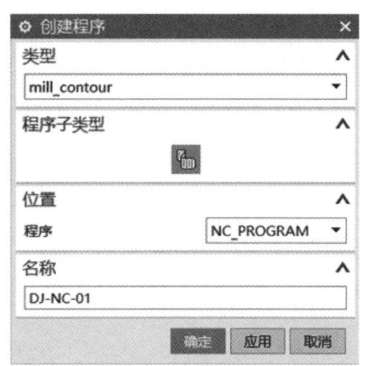
图 5-4-6 设置程序参数

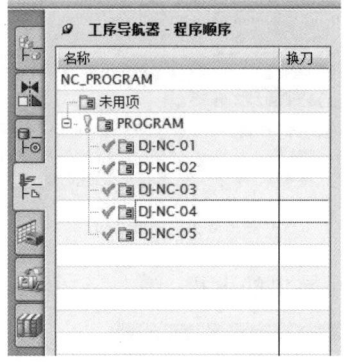
图 5-4-7 创建程序组

(5)调整"工序导航器"面板为"机床"选项,如图 5-4-8 所示。

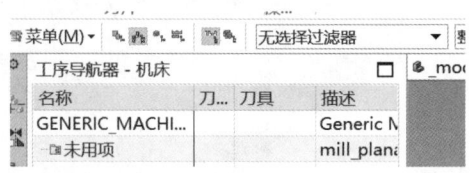
图 5-4-8 调整为"机床"选项

(6)选择合适的刀具规格,利用创建刀具命令创建 $\phi 6$ mm 刀具,如图 5-4-9 所示。

(7)调整"工序导航器"面板为"几何"选项,如图 5-4-10 所示。

项目五 模具主要零件的制造 171

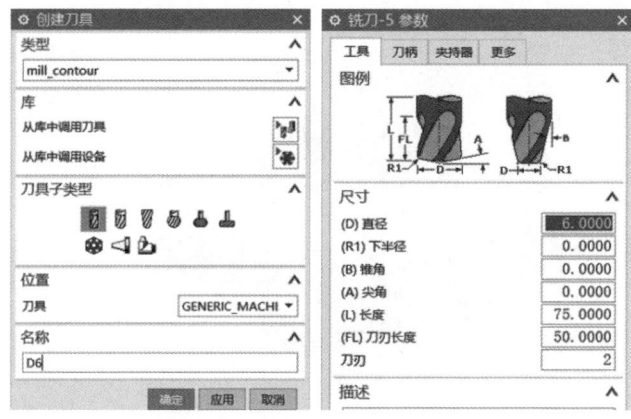

图 5-4-9 创建刀具并设置参数

图 5-4-10 调整为"几何"选项

(8)双击激活工序导航器中的"MCS_MILL"命令,如图 5-4-11 所示,得到图 5-4-12 所示的对话框,单击"指定 MCS"图标按钮指定加工坐标。

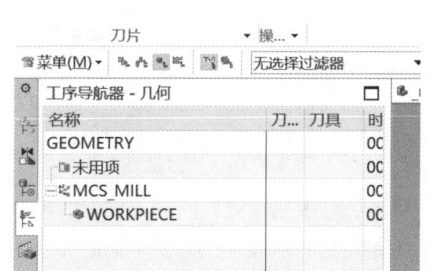

图 5-4-11 激活"MCS_MILL"命令

图 5-4-12 "MCS 铣削"对话框

在弹出的图 5-4-13 所示的对话框中,从下拉列表中选择"对象的坐标系",然后选择之前创建的包容块的最高平面,将加工坐标设置到这个平面上。

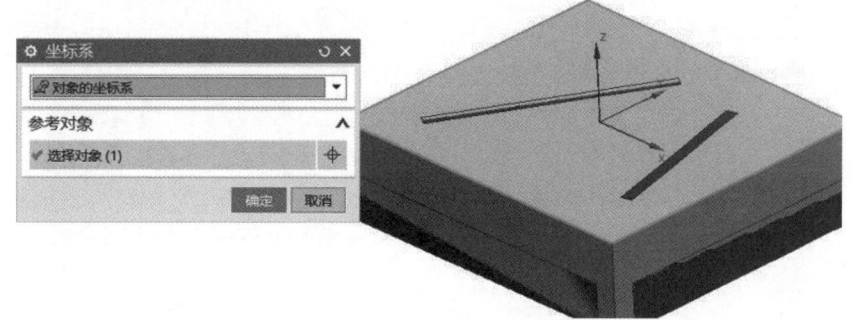

图 5-4-13 设定加工平面

(9)在"安全设置"选项组的"安全设置选项"下拉列表中选择"平面",然后指定最高平面,设置距离为 15 mm,如图 5-4-14 所示。

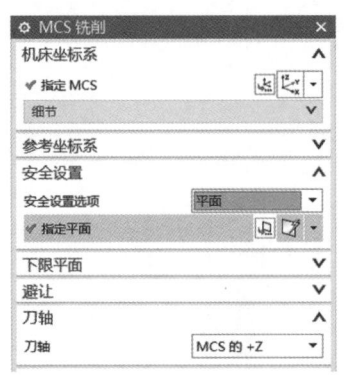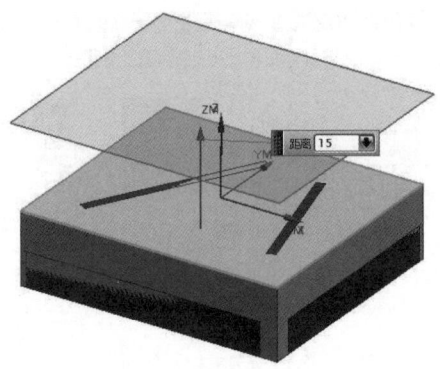

图 5-4-14 指定最高平面

（10）双击"工序导航器-几何"列表框中的"WORKPIECE"，弹出图 5-4-15 所示的对话框，指定部件为电极，指定毛坯为包容体，设置 XZ 和 YZ 方向各扩大 5 mm，如图 5-4-16 所示。

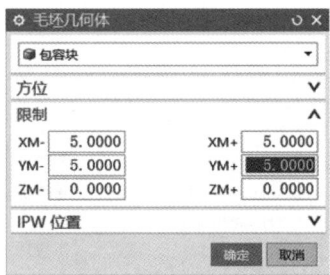

图 5-4-15　设置铣削几何体　　　　图 5-4-16　设置毛坯几何体

（11）创建粗加工工序。单击"创建工序"图标按钮，如图 5-4-17 所示设置类型为"mill_contour"，工序子类型选择"型腔铣"，程序选文件夹"1"，刀具选"D6"，几何体选"WORKPIECE"，方法选"METHOD"。

如图 5-4-18 所示设置型腔铣参数，切削模式选择"跟随周边"，最大距离设置为"0.5 mm"。

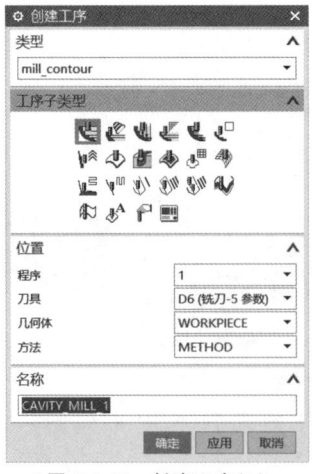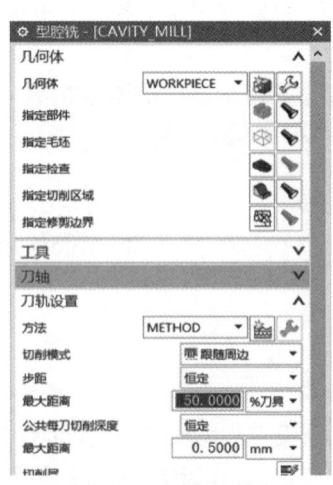

图 5-4-17　创建工序(1)　　　　图 5-4-18　设置型腔铣参数

(12)单击"切削参数"图标按钮,弹出图 5-4-19 所示的对话框,在"策略"选项卡中设置切削方向为"顺铣",切削顺序为"深度优先",刀路方向为"向内",在"壁"选项组中勾选"岛清根"。

(13)在"余量"选项卡中设置加工余量为 0.2 mm,如图 5-4-20 所示。

(14)单击"非切削移动"图标按钮,弹出图 5-4-21 所示的对话框,在"封闭区域"选项组中设置进刀类型为"螺旋",直径为"50％刀具",斜坡角度为 5°,高度为"1 mm",最小安全距离为"60％刀具",最小斜坡长度为"15％刀具"。在"开放区域"选项组中设置进刀类型为"圆弧",半径为"50％刀具",高度为"1 mm",最小安全距离为"50％刀具"。

图 5-4-19 设置切削参数(策略)(1)　　图 5-4-20 设置切削参数(余量)(1)　　图 5-4-21 设置进刀参数(1)

(15)切换到"起点/钻点"选项卡,设置重叠距离为"0.2 mm",设置默认区域起点为"中点",单击选择图中电极边的中点,如图 5-4-22 所示。

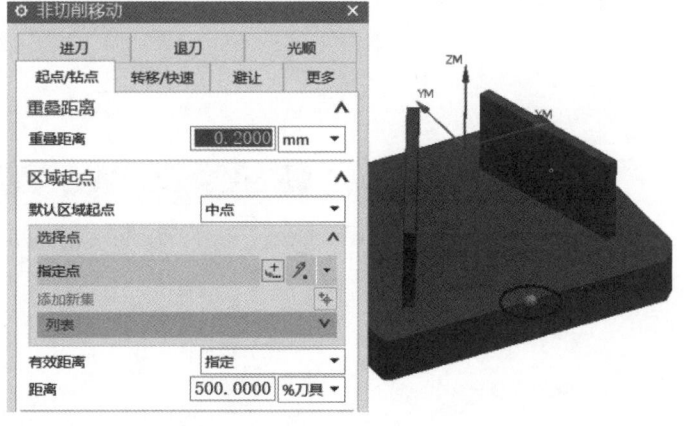

图 5-4-22 设置起点/钻点参数(1)

(16)如图5-4-23所示,设置主轴转速为 2 500 r/min,切削进给率为 1 500 mm/min,进刀速度为切削速度的30%。

(17)单击"生成"图标按钮,得到图5-4-24所示的刀路轨迹。

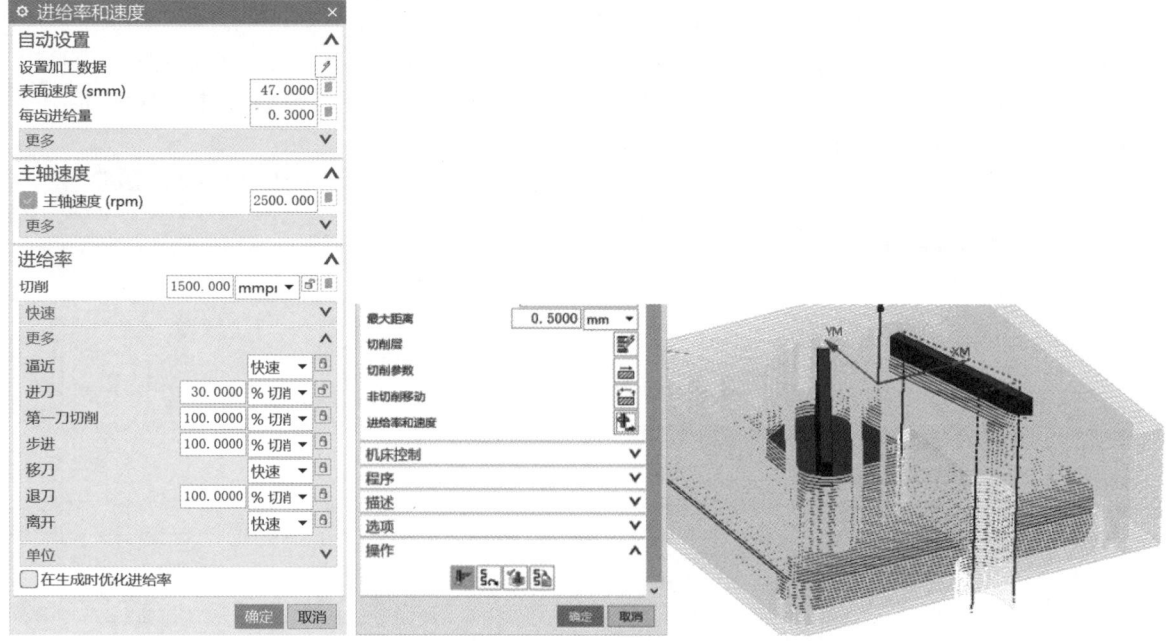

图 5-4-23　设置切削率和速度　　　　　图 5-4-24　生成刀路轨迹(1)

(18)单击"创建工序"图标按钮,如图5-4-25所示设置类型为"mill_planar",工序子类型选择"底壁铣",程序选"DJ-NC-02",刀具选"D6",几何体选"WORKPIECE",方法选"METHOD"。

(19)如图5-4-26所示,单击"指定切削区底面"图标按钮,在弹出的"切削区域"对话框中选择图5-4-27所示的面。

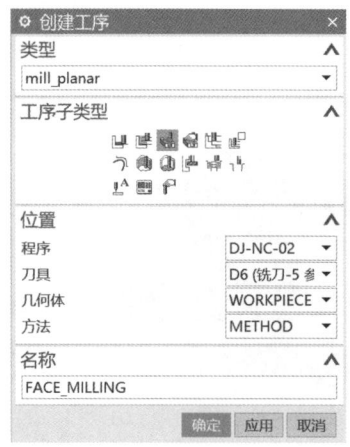

图 5-4-25　创建工序(2)　　　　　图 5-4-26　指定切削区底面

(20) 设置切削模式为"跟随周边",如图 5-4-28 所示。

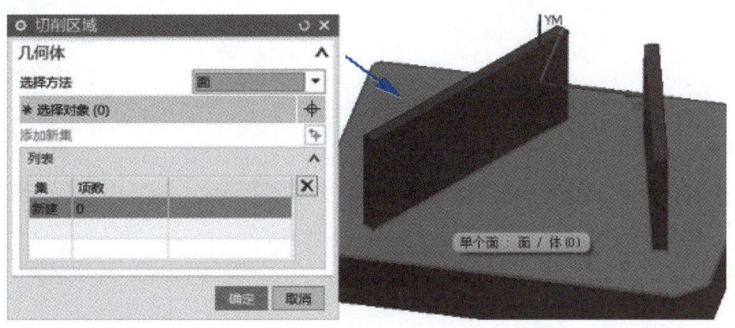

图 5-4-27　选择切削区域(1)

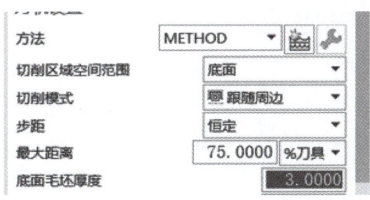

图 5-4-28　设置切削模式

(21) 如图 5-4-29 所示,在"策略"选项卡中设置切削方向为"顺铣",刀路方向为"向内",在"壁"选项组中勾选"岛清根"。

(22) 在"余量"选项卡中设置部件余量为 1 mm,如图 5-4-30 所示。

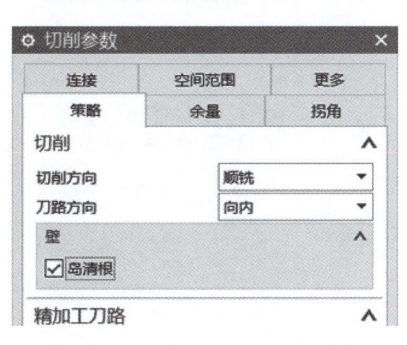

图 5-4-29　设置切削参数(策略)(2)

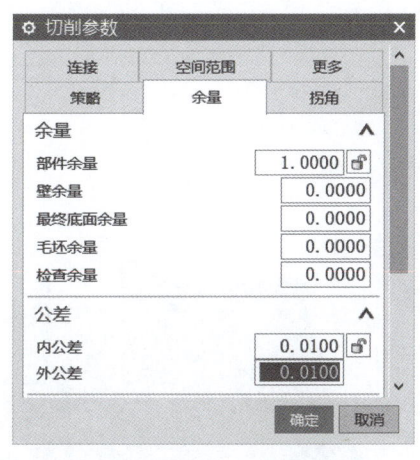

图 5-4-30　设置切削参数(余量)(2)

(23) 如图 5-4-31 所示,在"封闭区域"选项组中设置进刀类型为"与开放区域相同",在"封闭区域"选项组中设置进刀类型为"螺旋",直径为"50%刀具",斜坡角度为 5°,高度为"1 mm",最小安全距离为"60%刀具",最小斜坡长度为"15%刀具"。在"开放区域"选项组中设置进刀类型为"圆弧",半径为"50%刀具",高度为"1 mm",最小安全距离为"60%刀具"。

(24) 设置起点/钻点参数,如图 5-4-32 所示。

图 5-4-31　设置进刀参数(2)

图 5-4-32　设置起点/钻点参数(2)

(25)切削率和速度的设置与上一刀路轨迹相同。

(26)单击"生成"图标按钮,得到图 5-4-33 所示的刀路轨迹。

(27)单击"创建工序"图标按钮,如图 5-4-34 所示设置类型为"mill_planar",工序子类型选择"底壁铣",程序选"DJ-NC-02",刀具选"D6",几何体选"WORKPIECE",方法选"METHOD"。

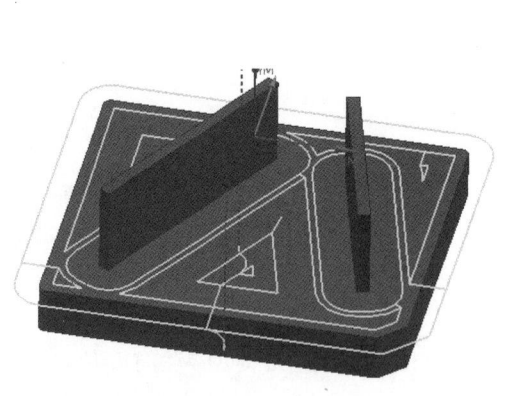

图 5-4-33　生成刀路轨迹(2)

图 5-4-34　创建工序(3)

(28)设置切削区域为电极的底面,如图 5-4-35 所示。

(29)设置刀轴为"+ZM 轴",如图 5-4-36 所示。

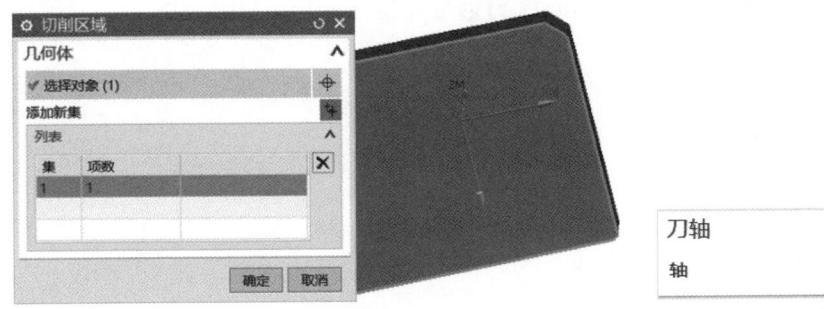

图 5-4-35　设置切削区域　　　　　图 5-4-36　设置刀轴

(30) 如图 5-4-37 所示，设置切削模式为"轮廓"，步距为"多重变量"，刀路数为"4"，距离为"0.05 mm"。

(31) 如图 5-4-38 所示，设置切削参数中的毛坯余量为 5 mm。

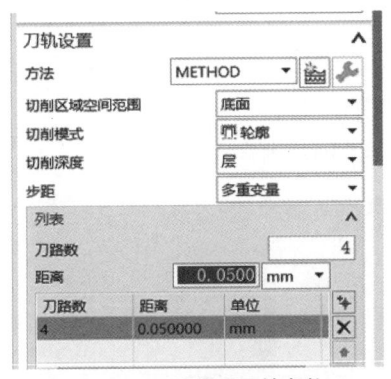

图 5-4-37　设置平面铣参数　　　　图 5-4-38　设置切削参数(余量)(3)

(32) 非切削移动参数的设置与上一刀路轨迹相同，如图 5-4-39 所示。

(33) 切削率和速度的设置与上一刀路轨迹相同。

(34) 生成刀路轨迹，如图 5-4-40 所示。

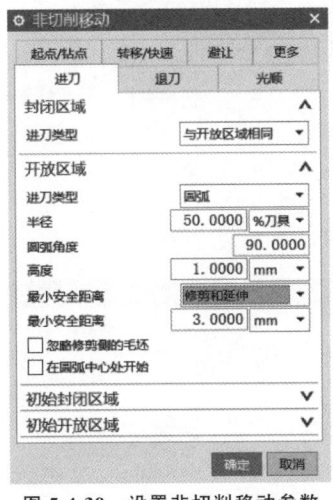

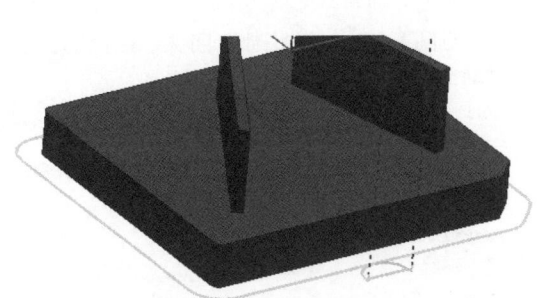

图 5-4-39　设置非切削移动参数　　　图 5-4-40　生成刀路轨迹(3)

(35) 单击"创建工序"图标按钮，如图 5-4-41 所示设置类型为"mill_contour"，工序子类型选择"深度轮廓铣",程序选"DJ-NC-02",刀具选"D6",几何体选"WORKPIECE",方法选"METHOD"。

(36)如图 5-4-42 所示指定切削区域,如图 5-4-43 所示选择薄壁的侧面。

图 5-4-41　创建工序(2)

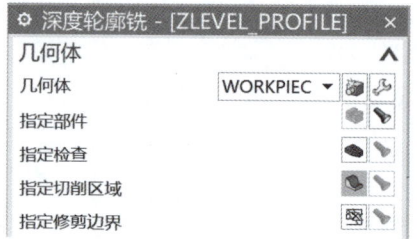

图 5-4-42　指定切削区域

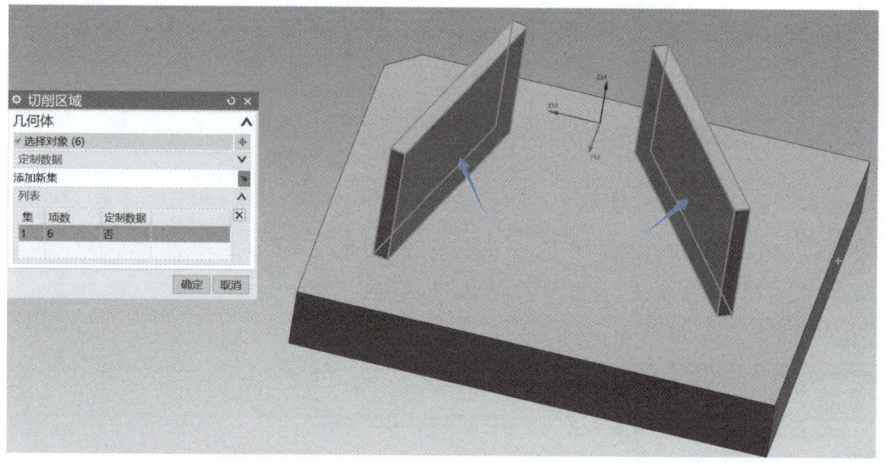

图 5-4-43　选择切削区域(2)

(37)设置最大加工距离为"0.2 mm",如图 5-4-44 所示。

(38)设置切削参数中的切削方向为"混合",如图 5-4-45 所示。

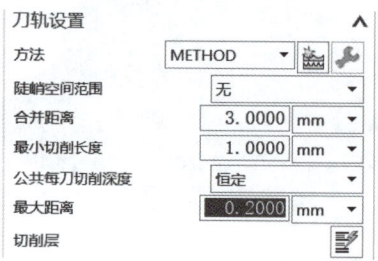

图 5-4-44　设置最大加工距离

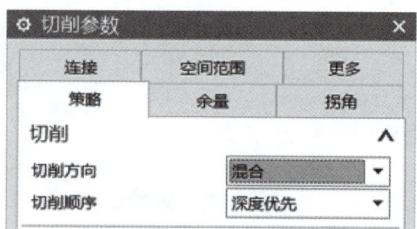

图 5-4-45　设置切削方向

项目五 模具主要零件的制造 179

（39）切换到"连接"选项卡，在"层之间"选项组的"层到层"下拉列表中选择"直接对部件进刀"，如图 5-4-46 所示。

（40）如图 5-4-47 所示，进刀方式的设置与前面几个刀路相同，设置默认区域起点为图中两个边的中点。

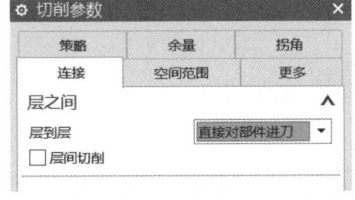

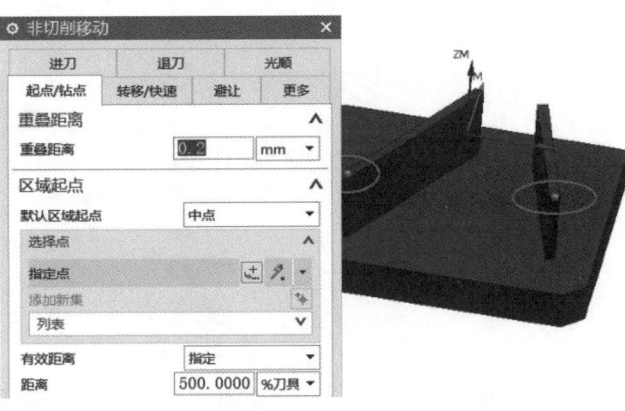

图 5-4-46 设置连接方式　　　　　　　　　　图 5-4-47 设置起点

（41）设置与前面相同的进给率和速度。

（42）单击"生成"图标按钮，得到图 5-4-48 所示的刀路轨迹。

（43）如图 5-4-49 所示，在"PROGRAM"上单击鼠标右键，在弹出的快捷菜单中单击"刀轨"→"过切检查"命令，弹出图 5-4-50 所示的对话框，设置后得到图 5-4-51 所示的结果。

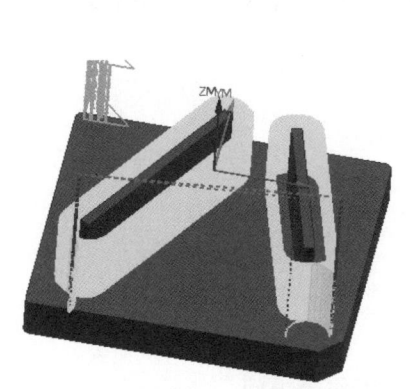

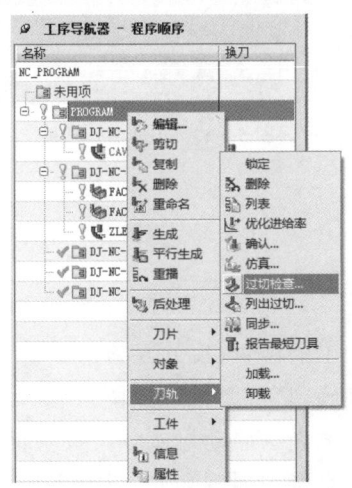

图 5-4-48 生成刀路轨迹（4）　　图 5-4-49 单击"过切检查"命令　　图 5-4-50 设置过切检查参数

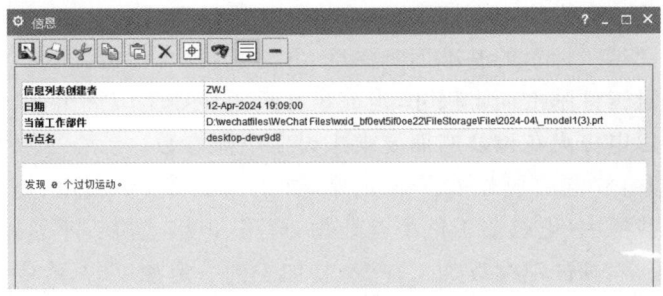

图 5-4-51 过切检查结果

(44)如图 5-4-52 所示,在"PROGRAM"上单击鼠标右键,在弹出的快捷菜单中单击"刀轨"→"确认"命令,使用 2D 动态模拟刀路,得到图 5-4-53 所示的结果。

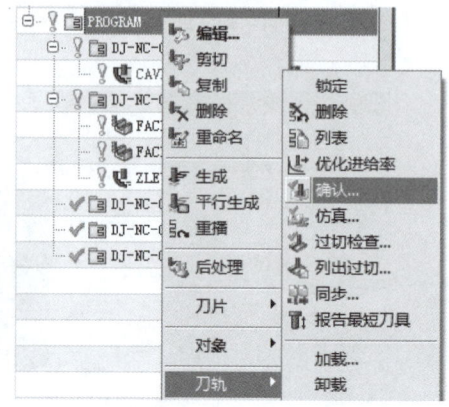

图 5-4-52　单击"确认"命令

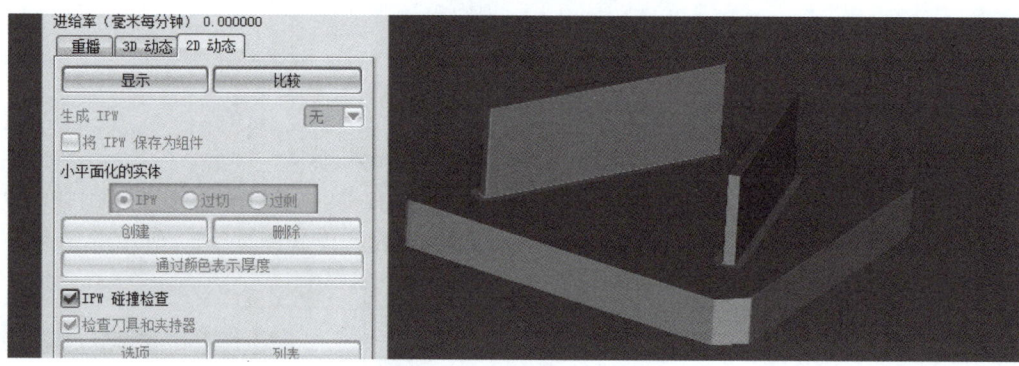

图 5-4-53　刀轨确认结果

(45)后处理。

三、电火花加工作业指导

(1)看图纸:看清楚所要加工的位置,尺寸是否清晰。

(2)检查电极:电极是否正确,是否要抬刀让位。

(3)开机:打开总电源启动电表→启动机头→关掉液面检测→打开油位键。

(4)校工件:工件需先用油石修平周围和底部,然后校正在工作台中间。

(5)校电极:看清楚电极方向后再校正。

(6)分中:分中前应先设定小电流参数,碰火花才会准确。

(7)定深度:以图纸所标示的基准面定深度,并注意正、负深度。

(8)走尺寸:注意工件基准面走尺寸,走完尺寸后手轮插销应拔出,以免碰到错位。

(9)设定参数:以电极火花位及麻面要求来设定电流参数。

(10)放电时观察:放电后应先看是否正常,如有不正常(不放电、电极摆动、电极撞坏等),应立刻停机查找原因(电极与工件中有杂物、短路、电极或机头不紧固或机台出故障等)并解决问题;如果正常,则冲油继续加工并观察,加工到一定深度时,应停下来量一下型腔和周边的尺寸是否准确。

(11)加工完毕:加工完毕后,检查尺寸是否到位,麻面是否均匀。若尺寸未到位,则应平动到位。

(12)拆下工件:确定无误后拆下工件,然后移送品检部门进行检验。

(13)品检部门检验:检验完毕后,若合格则送至下一道工序,若不合格则退回返工。

任务五　三坐标检测

三坐标即三坐标测量仪(Coordinate Measuring Machine,CMM),它是指在三维可测的空间范围内,能够根据测头系统返回的点数据,通过三坐标的软件系统计算各类几何形状、尺寸等的仪器,又称为三次元、三坐标测量机。

一、三坐标简介

三坐标可定义为一种可做三个方向移动的探测器,它可在三个相互垂直的导轨上移动,以接触或非接触等方式传送信号,三个轴的位移测量系统(如光学尺)经数据处理器或计算机等计算出工件的各点坐标(X,Y,Z)并进行各项功能测量。三坐标的测量功能包括尺寸精度测量、定位精度测量、几何精度测量及轮廓精度测量等。任何形状都是由三维空间点组成的,所有几何量的测量都可以归结为三维空间点的测量,因此精确地进行空间点坐标的采集是评定几何形状的基础。

三坐标的基本原理是将被测零件放入它允许的测量空间范围内,精确地测出被测零件表面的点在空间三个坐标位置的数值,将这些点的坐标值经过计算机处理,拟合形成测量元素,如圆、球、圆柱、圆锥、曲面等,经过数学计算的方法得出其形状、位置公差及其他几何量数据。

三坐标检测也叫三坐标测量,它是一种检验工件的精密测量方法,广泛应用于机械制造业、汽车工业等现代工业中。它运用三坐标对工件进行几何公差的检验和测量,判断工件的误差是否在公差范围内。随着现代汽车工业、航空航天业以及机械加工业的快速发展,三坐标检测已经成为常规的检测手段。特别是一些外资和跨国企业,强调第三方认证,所有出厂产品必须提供有检测资格方的检测报告,所以三坐标检测对于加工制造业来说非常重要。

二、零件精度检测

1. 三坐标开机步骤

打开三坐标后面的气路开关,通过三坐标操纵盒给三坐标上电。打开测量软件PC-DMIS Premium 2022.2 在线模式,弹出"选择测头文件"对话框,如图5-5-1所示,选择测头文件。接着弹出三坐标回零对话框,如图5-5-2所示,单击"确定"按钮,使三坐标回零。

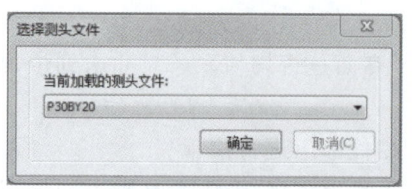

图 5-5-1 "选择测头文件"对话框

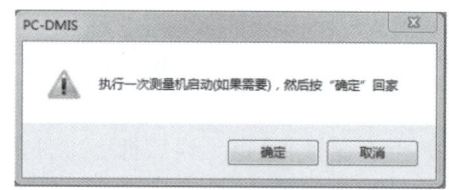

图 5-5-2 三坐标回零对话框

三坐标开机后的操作面板如图 5-5-3 所示。

图 5-5-3 三坐标操作面板

①—软件工作环境设置栏;②—功能菜单区;③—软件版本及当前测量程序路径显示区;
④—软件工作环境选择区;⑤—坐标系选择区;⑥—测头文件选择区;⑦—测头位置选择区;
⑧—坐标轴及坐标平面选择区;⑨—工作平面选择区;⑩—快捷键集合区;⑪—编辑窗口

2. 三坐标操作界面及系统软件介绍

(1) 软件版本及当前测量程序路径显示区

如图 5-5-3 所示,具体略。

(2) 功能菜单区

如图 5-5-3 所示,具体略。

(3) 软件工作环境设置栏

从左至右分别为软件工作环境选择区、坐标系选择区、测头文件选择区、测头位置选择区、坐标轴及坐标平面选择区和工作平面选择区。当使用非坐标平面作为当前投影平面时,需选择相应的平面,此时优先级高于坐标轴选项。

(4) 快捷键集合区

使用快捷键可以提高效率。在该区域单击鼠标右键,可以选择相应的快捷键,用鼠标拖动可以改变位置。可以把自己习惯的快捷键布局设置好,按下保存键,输入文件名,即可保存快捷键布局。需要时只要按下相应的布局选择键,即可恢复到自己熟悉的快捷键布局。

(5)编辑窗口

编辑窗口可以在"视图"菜单中打开或关闭。编辑窗口可以浮动,也可以停靠在的任何位置。编辑窗口有三种工作模式,可以通过"视图"菜单选择概要模式、命令模式或 DMIS 模式,进行模式转换。

单击"视图"→"概要模式"命令,进入概要模式,在该模式下可以查看零件测量程序的整个过程,也可以直观地查看各语句、变量、参数的设置。可以通过直观的界面对程序过程进行编排或编辑。

(6)图形或报告窗口

单击"视图"→"图形显示窗口"命令,显示导入的 CAD 图形或测量元素的图形轮廓,以及元素的标识、评价的各项误差和公差符号及数值等。

(7)测头位置显示区

测头位置显示区显示的是当前坐标系下测针中心的坐标及测量基本元素时的形状误差。当有温度实时补偿功能时,显示各传感器的实时温度。(加入温度补偿语句:"插入"→"参数更改"→"温度补偿")

3. 三坐标检测的基本操作

一般情况下,用三坐标测量工件大致分为四步,如图 5-5-4 所示。
- 根据工件和要测量的尺寸要求,选择合适的测针和角度进行校验。
- 测量需要参与计算和辅助计算的元素。
- 通过公差求出需要的结果。
- 整理并保存检测报告。

图 5-5-4 三坐标检测的步骤

(1)测头校验

测头主要分为测头座、传感器和测针三部分,如图 5-5-5 所示。根据工件要求选择合适的测针,且软件要和实物定义一致。

测头角度分为 A 角和 B 角,A 角的范围是 0°~105°,B 角的范围是 0°~±180°。

在测量新零件时,进入测量软件后,系统自动弹出测头功能对话框。也可以通过单击"插入"→"硬件定义"→"测头"命令进入测头功能对话框,如图 5-5-6 所示。在"测头说明"选项组中可进行测头参数的修改。

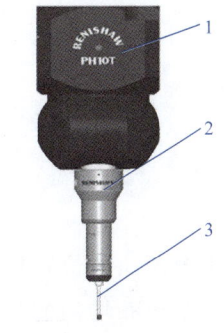

图 5-5-5 测头

1—测头座;2—传感器;3—测针

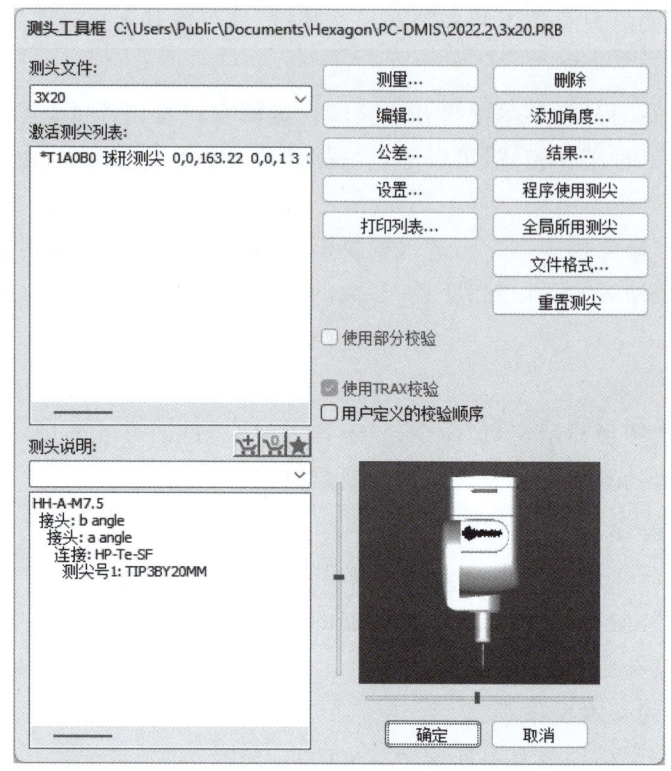

图 5-5-6　定义测头

在测头功能对话框中单击"添加角度"按钮,弹出图 5-5-7 所示的对话框。PC-DMIS 提供三种添加角度的方法:

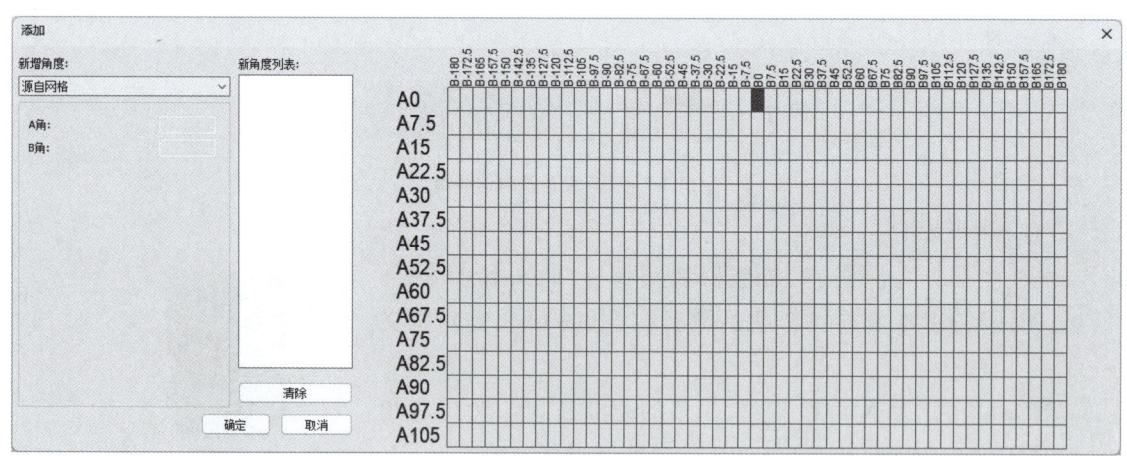

图 5-5-7　选择角度

● 单个测头的位置角度:在 A 区各个角的数据文本框中直接输入 A、B 角度。

● 多个分布均匀的测头角度:在 B 区均匀间隔角的数据文本框中分别输入 A、B 方向的起始角、终止角、角度增量的数值,软件会生成均匀角度。

● 在 C 区的矩阵表中,纵坐标是 A 角,横坐标是 B 角,其间隔是当前定义测座可以旋转的最小角度,使用者可以按需要选择。

这些角度的测头位置定义后,使用其 A、B 角的数值来命名。在使用这些测头位置时,只要按照其角度值选择调用即可,如图 5-5-7 所示。

测头定义后,要在标准球上进行直径和位置的校验。单击"测头功能"→"测量"命令,弹出"校验测头"对话框,如图 5-5-8 所示,设置完成后单击"测量"按钮开始校验。

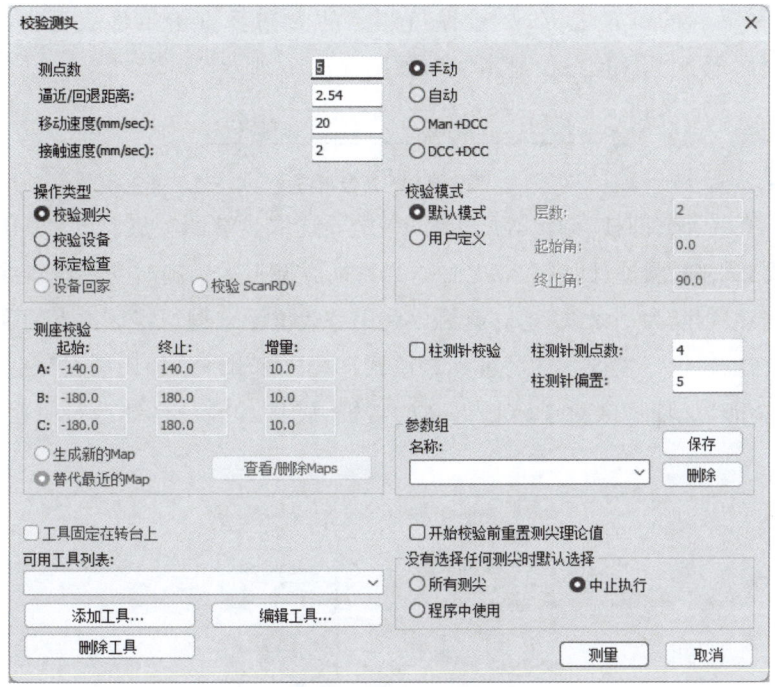

图 5-5-8 "校验测头"对话框

(2) 测量

三坐标检测主要有手动测量、编程测量和 CAD 导入测量三种操作方法,如图 5-5-9 所示。

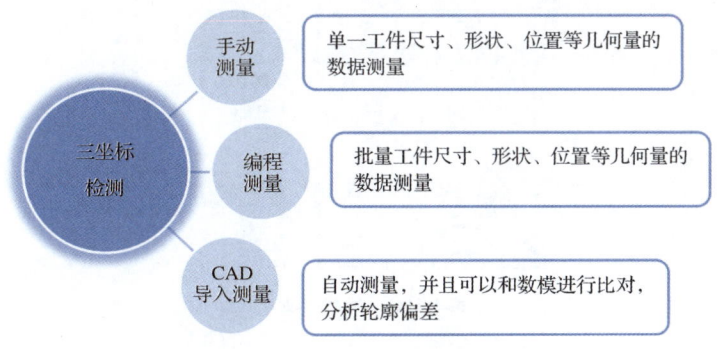

图 5-5-9 三坐标检测的操作方法

① 手动测量

采用手动方式(或操纵杆方式)测量零件时,要注意以下几个方面的问题:

- 要尽量测量零件的最大范围,合理分布测点位置并测量适当的点数。

- 测点时要尽量沿着测点的法向,避免测头打滑。
- 测点的速度要控制好,测量时各点的速度要一致。
- 测量时要选择好相应的工作(投影)平面或坐标平面。

要做到以上几点,需要操作人员具有良好的手感和一定的经验。使用手操盒驱动测头缓慢移动到要采集点的位置上方,尽量保持测点的方向垂直于工件表面。测点数量将在 PC-DMIS 界面右下方工具状态栏显示"0",如图 5-5-10 所示。

图 5-5-10　测量窗口

测量平面、直线、圆、圆柱、圆锥等元素时,一定要选取足够的测点。PC-DMIS 能自动判断的元素有点、线、面、圆、圆柱、圆锥和球七种。当特征类型不太明确时会出现误判断,如一个比较窄的面可能会被判断为一条线,这时就可以利用替代推测来进行特征类型的强制转换。

将光标放在编辑窗口被误判的特征元素位置,单击"编辑"→"替代推测"命令,从推测类型中选择期望的特征类型即可(对于转换得到的特征,应将其重新自动运行一次),如图 5-5-11 所示。

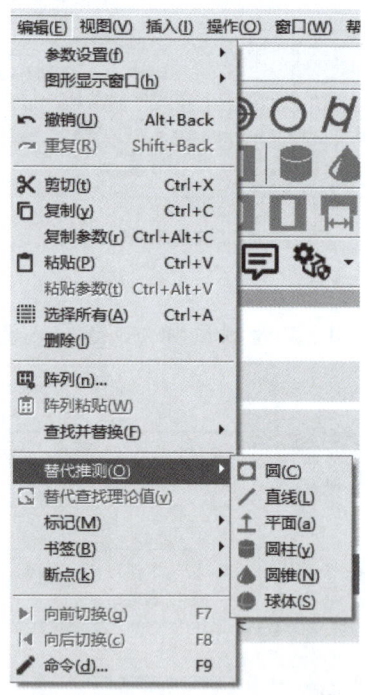

图 5-5-11　替代推测

② 编程测量

每一个特征测量的精确性可以通过触测点触测精度的提高而提高。从这一方面来讲,自动功能的使用尤为重要(关于自动功能,可参见坐标系和矢量的相关知识)。

根据图纸将相关理论数据按照自动特征的需要填写到自动特征界面中,如图 5-5-12 所示。

项目五 模具主要零件的制造 187

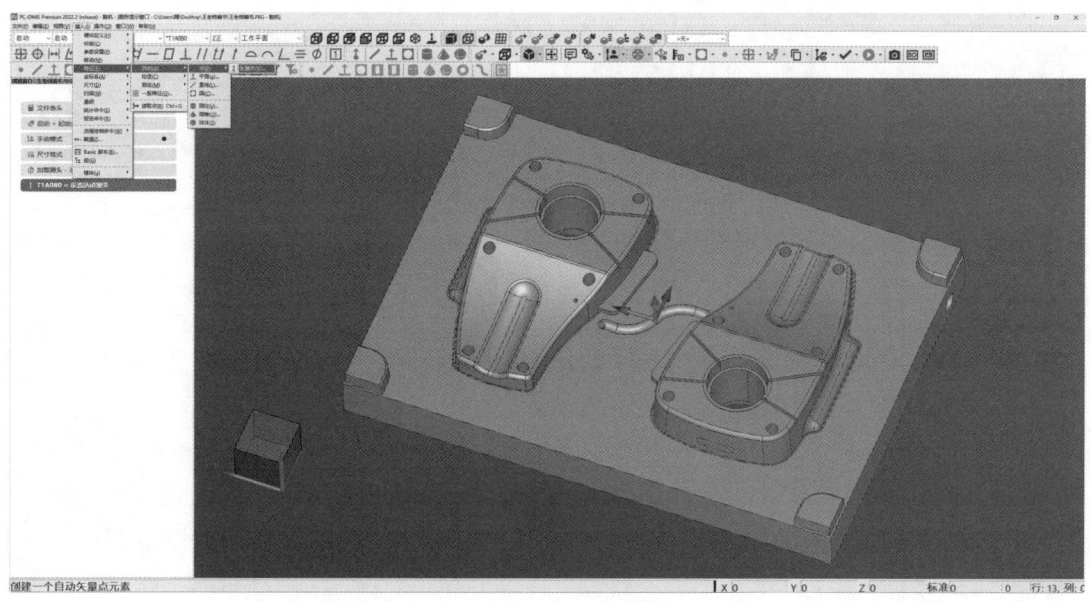

图 5-5-12 编程界面

矢量点是按照指定的矢量方向在指定的位置上测量的一个点。设置测量参数如图 5-5-13 所示,根据测量出来的点元素构造所需要的元素如图 5-5-14 所示。

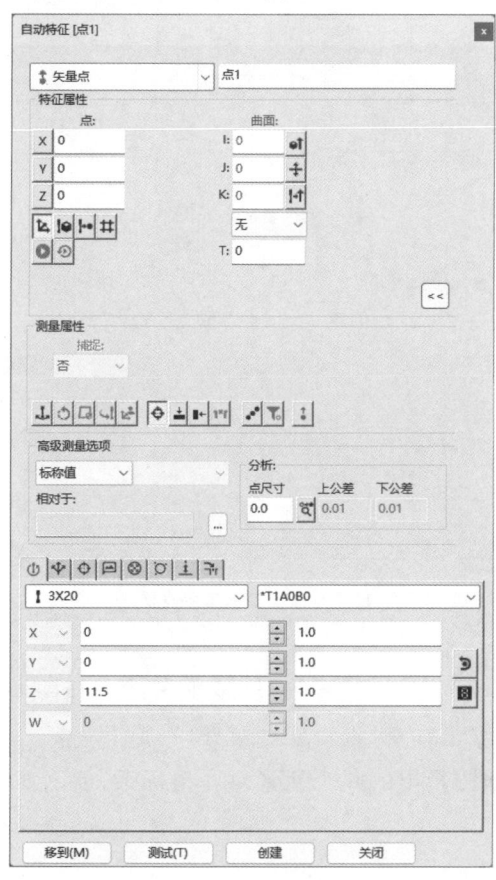

图 5-5-13 设置测量参数

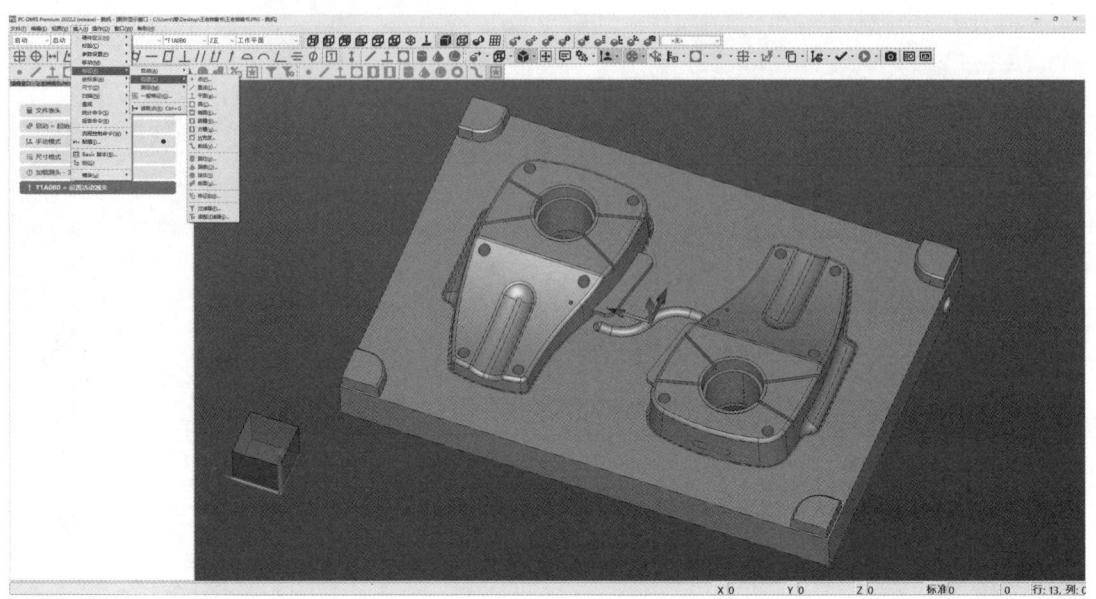

图 5-5-14 构造元素

在语言程序执行过程中,机器走的是最短路径,元素与元素之间需要插入安全平面,以免碰撞,如图 5-5-15 所示。

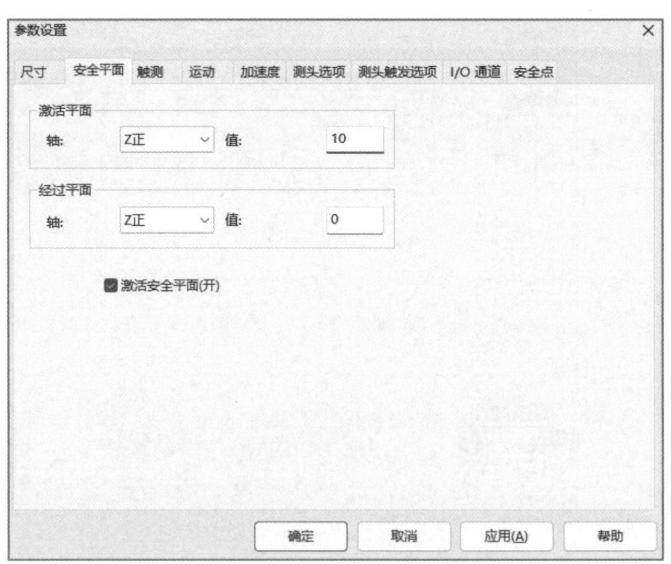

图 5-5-15 插入安全平面

③CAD 导入测量

通过主菜单的"导入 CAD"导入数模文件,数模文件会在图形区显示出来,然后根据零件坐标系在工件上实际建立坐标系,进行模型对齐。

坐标系功能:根据手动测量出的几个元素对齐坐标系,如图 5-5-16 所示。

项目五 模具主要零件的制造

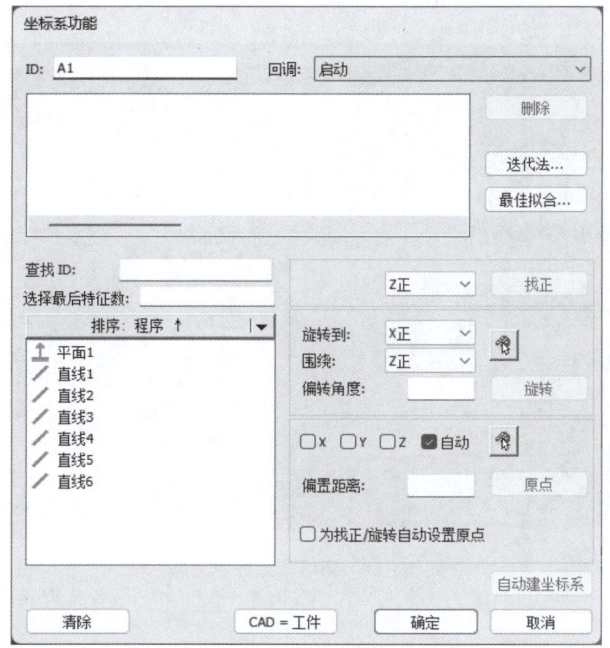

图 5-5-16 对齐坐标系

模型对齐后,通过自动特征在模型上选取元素,如图 5-5-17 所示。

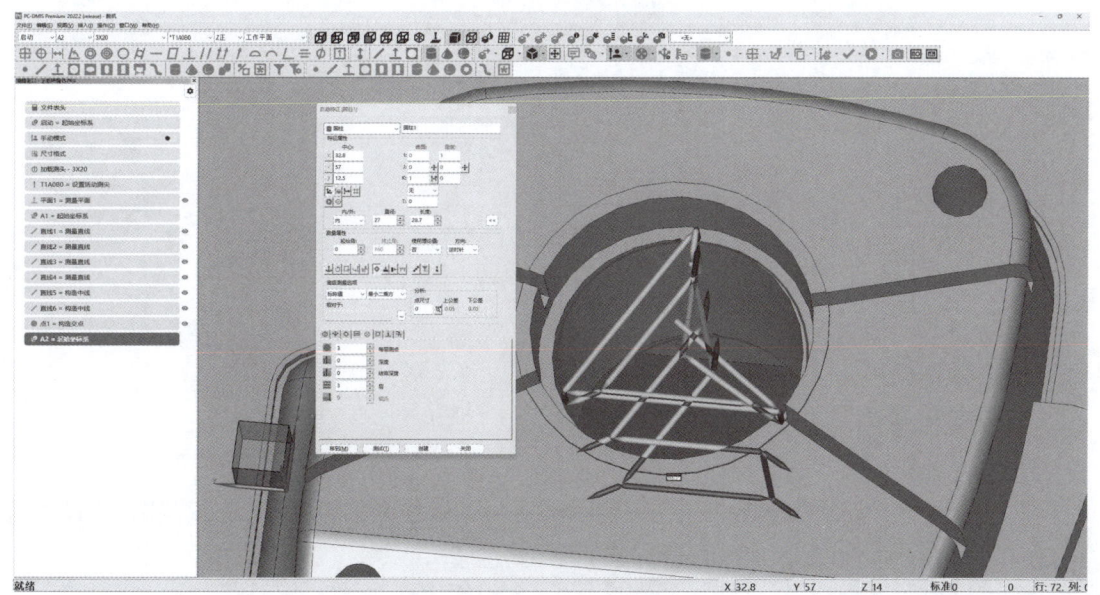

图 5-5-17 在模型上选取元素

当同时测量多个元素时,需要把安全平面打开,然后把元素全部选中,之后再执行程序,如图 5-5-18 所示。

(3)通过公差求结果

选择要测量的公差,从特征中选取元素,选择基准,单击"创建"按钮,如图 5-5-19 所示。

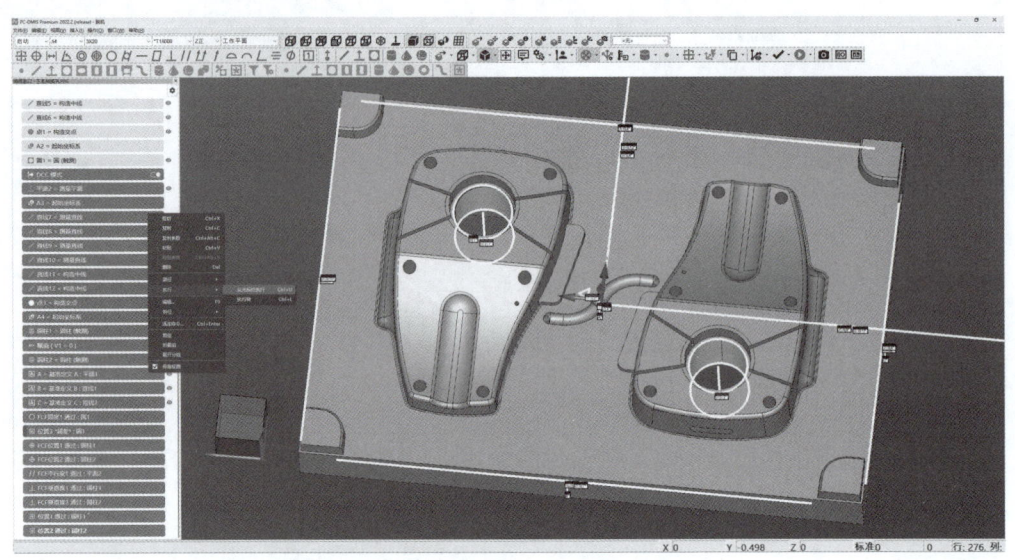

图 5-5-18　同时测量多个元素

该软件具有创建各种公差的功能,单击"插入"→"尺寸"→"垂直度"命令,在特征区选择元素,可创建垂直度公差,如图 5-5-20 所示。

图 5-5-19　创建公差

图 5-5-20　创建垂直度公差

在"几何公差"对话框的"特征控制框"编辑器中可以修改公差类型、公差范围、特征数量等,还可以选择公差的基准。

(4)生成检测报告

软件报告模板工具栏如图 5-5-21 所示。软件报告模板分为十种,如图 5-5-22 所示。

图 5-5-21　软件报告模板工具栏

		零件名:	测试模具			四月 11, 2024	11:28
Pc		修订号:		序列号:		统计计数:	1

FCF位置1尺寸		毫米		Ø 27 +0.01/-0.01 圆形元素		默认值	ASME Y14.5
特征	NOMINAL	+TOL	-TOL	MEAS	DEV	OUTTOL	
圆柱1	27.000	0.010	0.010	27.000	0.000	0.000	
圆柱1 - LS	27.000	0.010	0.010	27.000	0.000	0.000	

FCF位置1		毫米		⌖ Ø0.01 A B C		默认值	ASME Y14.5
特征	AX	NOMINAL	+TOL	-TOL	MEAS	DEV	OUTTOL	BONUS
圆柱1 (起始点)	X Y TP	123.000 187.516 0.000	 0.010	 0.000	123.000 187.516 0.000	0.000 0.000 0.000	 0.000	 0.000

FCF位置2尺寸		毫米		Ø 27 +0.01/-0.01 圆形元素		默认值	ASME Y14.5
特征	NOMINAL	+TOL	-TOL	MEAS	DEV	OUTTOL	
圆柱2	27.000	0.010	0.010	27.000	0.000	0.000	
圆柱2 - LS	27.000	0.010	0.010	27.000	0.000	0.000	

FCF位置2		毫米		⌖ Ø0.01 A B C		默认值	ASME Y14.5
特征	AX	NOMINAL	+TOL	-TOL	MEAS	DEV	OUTTOL	BONUS
圆柱2 (起始点)	X Y TP	57.000 72.484 0.000	 0.010	 0.000	57.000 72.484 0.000	0.000 0.000 0.000	 0.000	 0.000

FCF平行度1		毫米		// 0.01 A		默认值	ASME Y14.5
特征	NOMINAL	+TOL	-TOL	MEAS	DEV	OUTTOL	BONUS
平面2	0.000	0.010	0.000	0.000	0.000	0.000	

FCF垂直度1尺寸		毫米		Ø 27 +0.01/-0.01 圆形元素		默认值	ASME Y14.5
特征	NOMINAL	+TOL	-TOL	MEAS	DEV	OUTTOL	
圆柱1	27.000	0.010	0.010	27.000	0.000	0.000	
圆柱1 - LS	27.000	0.010	0.010	27.000	0.000	0.000	

FCF垂直度1		毫米		⊥ Ø0.01 A B		默认值	ASME Y14.5
特征	NOMINAL	+TOL	-TOL	MEAS	DEV	OUTTOL	BONUS
圆柱1	0.000	0.010	0.000	0.000	0.000	0.000	

FCF垂直度2尺寸		毫米		Ø 27 +0.01/-0.01 圆形元素		默认值	ASME Y14.5
特征	NOMINAL	+TOL	-TOL	MEAS	DEV	OUTTOL	
圆柱2	27.000	0.010	0.010	27.000	0.000	0.000	
圆柱2 - LS	27.000	0.010	0.010	27.000	0.000	0.000	

FCF垂直度2		毫米		⊥ Ø0.01 A B		默认值	ASME Y14.5
特征	NOMINAL	+TOL	-TOL	MEAS	DEV	OUTTOL	BONUS
圆柱2	0.000	0.010	0.000	0.000	0.000	0.000	

⌖	毫米	位置1 - 圆柱1					
AX	NOMINAL	+TOL	-TOL	MEAS	DEV	OUTTOL	
X	33.000	0.050	0.050	33.000	0.000	0.000	
Y	57.516	0.050	0.050	57.516	0.000	0.000	
D	27.000	0.050	0.050	27.000	0.000	0.000	

(a) 仅文本

图 5-5-22 软件报告模板

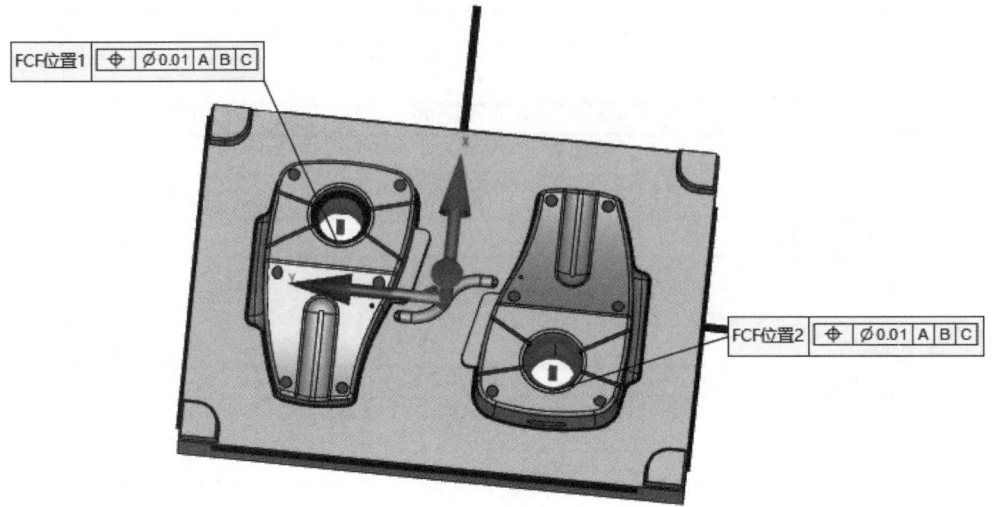

(b) 文本与 CAD

图 5-5-22 软件报告模板（续）

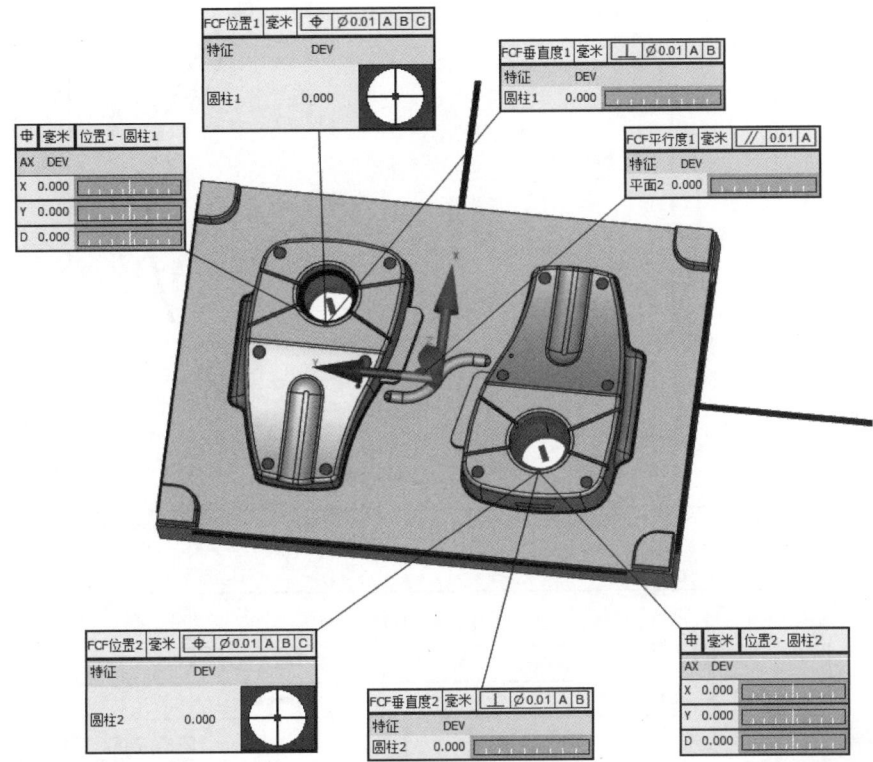

(c) 仅 CAD

图 5-5-22 软件报告模板(续)

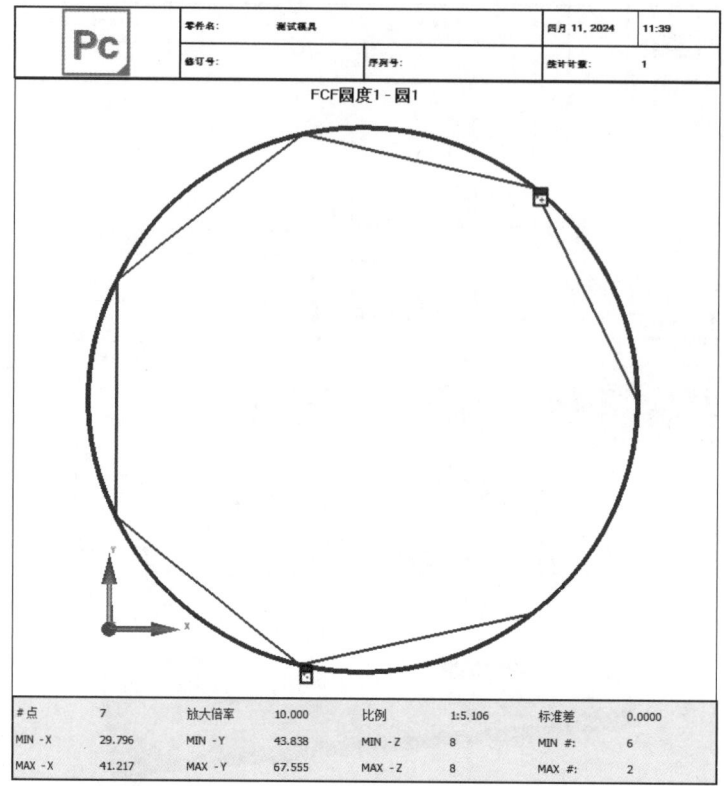

(d)图形分析

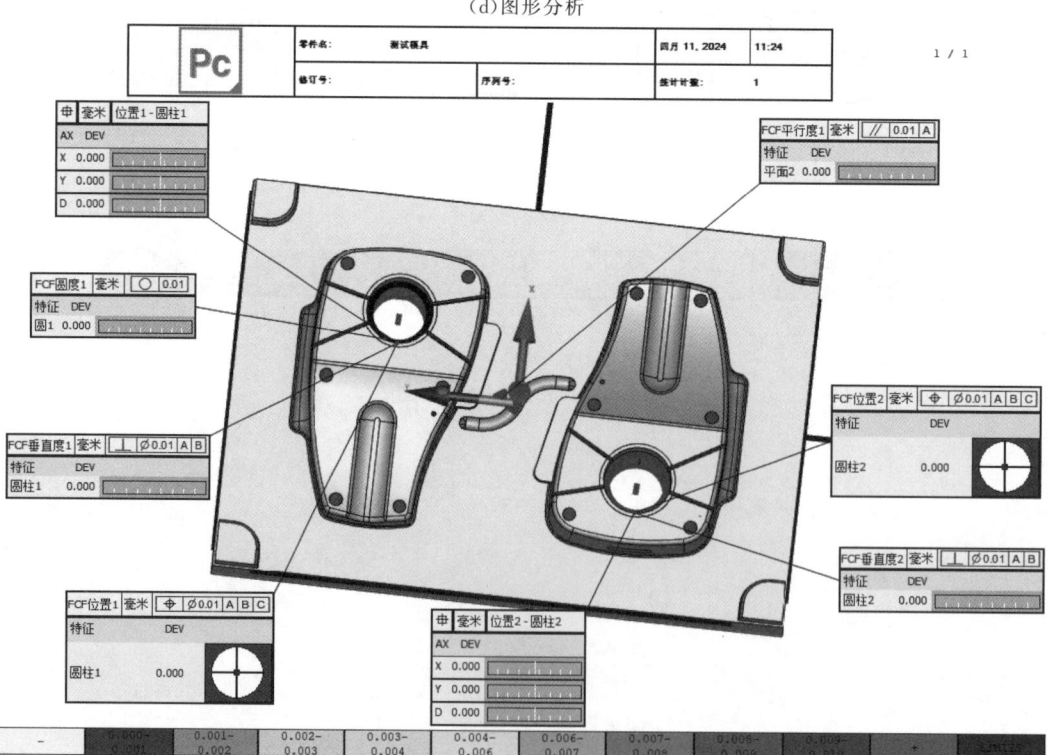

(e)仅 CAD 横向

图 5-5-22　软件报告模板(续)

	Production Part Approval Process Dimensional Results					
Supplier: <Supplier>			Part Number: <Part Number>			
Inspection Facility: <Inspection Facility>			Part Name: 测试模具			
Sample Identification: <Identification>			Revision:			
Item	Specification	+Tol	-Tol	Measurement	OK	Reject
1(1)	Ø 27 +0.01/-0.01 相对点 (FCF圆度1-Size)	0.010	0.010	27.000	✓	
1(2)	Ø 27 +0.01/-0.01 相对点 (FCF圆度1-Size)	0.010	0.010	27.000	✓	
1(3)	○ 0.01 (FCF圆度1)	0.010		0.000	✓	
2(1)	Ø 27 +0.01/-0.01 圆形元素 (FCF位置1-Size)	0.010	0.010	27.000	✓	
2(2)	Ø 27 +0.01/-0.01 圆形元素 (FCF位置1-Size)	0.010	0.010	27.000	✓	
2(3)	⌖ Ø0.01 A B C (FCF位置1)	0.010	0.000	0.000	✓	
2(4)	123.000 (FCF位置1-X)圆柱1			123.000		
2(5)	187.516 (FCF位置1-Y)圆柱1			187.516		
3(1)	Ø 27 +0.01/-0.01 圆形元素 (FCF位置2-Size)	0.010	0.010	27.000	✓	
3(2)	Ø 27 +0.01/-0.01 圆形元素 (FCF位置2-Size)	0.010	0.010	27.000	✓	
3(3)	⌖ Ø0.01 A B C (FCF位置2)	0.010	0.000	0.000	✓	
3(4)	57.000 (FCF位置2-X)圆柱2			57.000		
3(5)	72.484 (FCF位置2-Y)圆柱2			72.484		
4(1)	∥ 0.01 A (FCF平行度1)	0.010	0.000	0.000	✓	
5(1)	Ø 27 +0.01/-0.01 圆形元素 (FCF垂直度1-Size)	0.010	0.010	27.000	✓	
5(2)	Ø 27 +0.01/-0.01 圆形元素 (FCF垂直度1-Size)	0.010	0.010	27.000	✓	
5(3)	⊥ Ø0.01 A B (FCF垂直度1)	0.010	0.000	0.000	✓	
Signature:			Title:		Date:	

(f) PPAP

图 5-5-22　软件报告模板(续)

零件名:	测试模具				修订号:			
四月 11, 2024		11:27 上午	序列号:		统计计数:	1		
特征	标识	AX	MEAS	NOMINAL	+TOL	-TOL	DEV	BONUS	确定
圆1	FCF圆度1 尺寸		27.000	27.000	0.010	0.010	0.000	0.000	
圆1 - LS			27.000	27.000	0.010	0.010	0.000	0.000	
圆1	FCF圆度1		0.000	0.000	0.010		0.000		
圆柱1	FCF位置1 尺寸		27.000	27.000	0.010	0.010	0.000	0.000	
圆柱1 - LS			27.000	27.000	0.010	0.010	0.000	0.000	
圆柱1	FCF位置1		0.000	0.000	0.010	0.000	0.000	0.000	
圆柱2	FCF位置2 尺寸		27.000	27.000	0.010	0.010	0.000	0.000	
圆柱2 - LS			27.000	27.000	0.010	0.010	0.000	0.000	
圆柱2	FCF位置2		0.000	0.000	0.010	0.000	0.000	0.000	
平面2	FCF平行度1		0.000	0.000	0.010	0.000	0.000	0.000	
圆柱1	FCF垂直度1 尺寸		27.000	27.000	0.010	0.010	0.000	0.000	
圆柱1 - LS			27.000	27.000	0.010	0.010	0.000	0.000	
圆柱1	FCF垂直度1		0.000	0.000	0.010	0.000	0.000	0.000	
圆柱2	FCF垂直度2 尺寸		27.000	27.000	0.010	0.010	0.000	0.000	
圆柱2 - LS			27.000	27.000	0.010	0.010	0.000	0.000	
圆柱2	FCF垂直度2		0.000	0.000	0.010	0.000	0.000	0.000	
圆柱1	位置1	X	33.000	33.000	0.050	0.050	0.000		
		Y	57.516	57.516	0.050	0.050	0.000		
		D	27.000	27.000	0.050	0.050	0.000		
圆柱2	位置2	X	-33.000	-33.000	0.050	0.050	0.000		
		Y	-57.516	-57.516	0.050	0.050	0.000		
		D	27.000	27.000	0.050	0.050	0.000		

(g)无格式文本

图 5-5-22 软件报告模板(续)

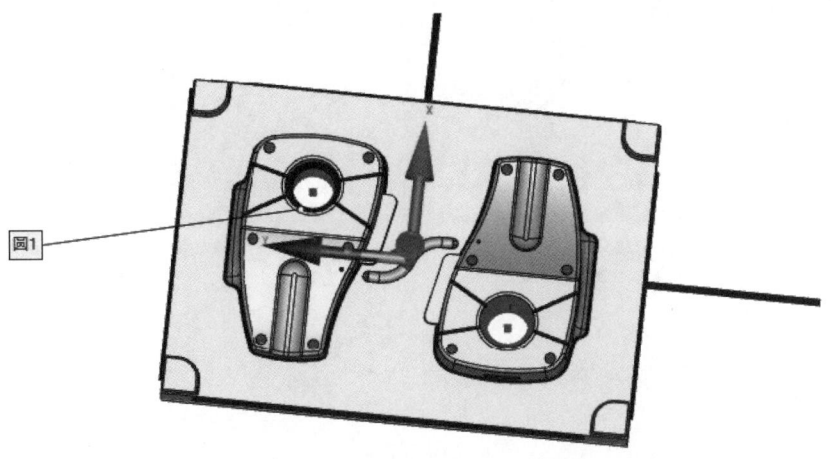

	毫米	位置3-圆1						
AX		NOMINAL	+TOL	-TOL	MEAS	DEV	OUTTOL	
X		33.000	0.050	0.050	32.800	-0.200	0.150	
Y		57.223	0.050	0.050	57.000	-0.223	0.173	

(h)文本与CAD超差

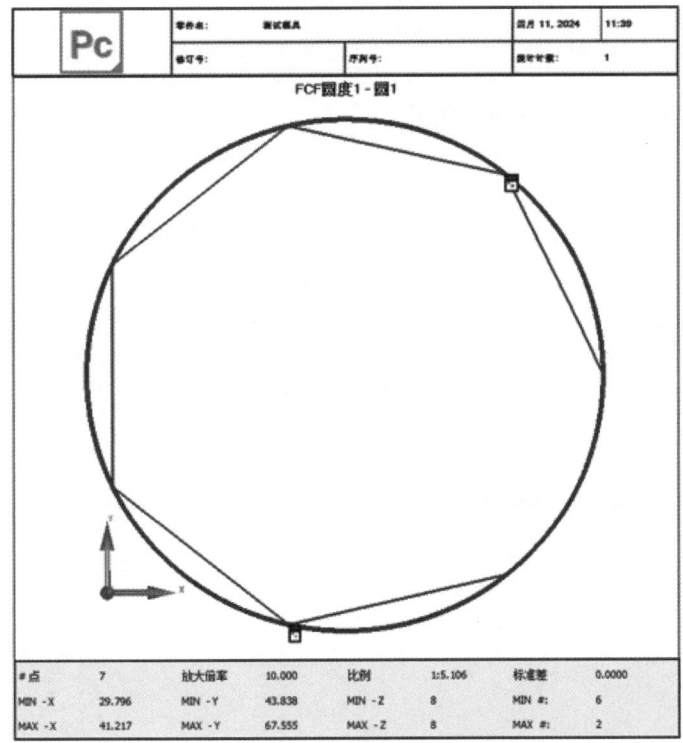

#点	7	放大倍率	10.000	比例	1:5.106	标准差	0.0000
MIN -X	29.796	MIN -Y	43.838	MIN -Z	8	MIN #:	6
MAX -X	41.217	MAX -Y	67.555	MAX -Z	8	MAX #:	2

(i)形状图

图 5-5-22 软件报告模板(续)

```
零件名：测试模具
修订号：
序列号：
统计计数：1

活动坐标系更改为 启动

平面1=平面由4个测点测量得到
活动坐标系更改为 A1

直线1=直线由2个测点测量得到
直线2=直线由2个测点测量得到
直线3=直线由2个测点测量得到
直线4=直线由2个测点测量得到
直线5 = 从特征 直线 建立 2 直线1,直线3
直线6 = 从特征 直线 建立 2 直线2,直线4
点1 = 从特征 点 建立 2 直线5,直线6
活动坐标系更改为 A2

圆1=圆由7个测点测量得到
平面2=平面由4个测点测量得到
活动坐标系更改为 A3

直线7=直线由2个测点测量得到
直线8=直线由2个测点测量得到
直线9=直线由2个测点测量得到
直线10=直线由2个测点测量得到
直线11 = 从特征 直线 建立 2 直线7,直线9
直线12 = 从特征 直线 建立 2 直线8,直线10
点3 = 从特征 点 建立 2 直线11,直线12
活动坐标系更改为 A4

圆柱1=圆柱由15个测点测量得到
圆柱2=圆柱由15个测点测量得到
FCF圆度1=几何公差/STANDARD=ASME Y14.5
   SEGMENT_1,圆度
   测定值：
      圆1:0.000,

DIM 位置3= 圆 的位置 圆1  单位=毫米
AX   NOMINAL    +TOL      -TOL     MEAS      DEV     CUTTOL
X     33.000    0.050     0.050    32.800   -0.200    0.150 <--------
Y     57.223    0.050     0.050    57.000   -0.223    0.173 <--------

FCF位置1=几何公差/STANDARD=ASME Y14.5
   SEGMENT_1,位置度
   测定值：
      圆柱1:0.000,

FCF位置2=几何公差/STANDARD=ASME Y14.5
   SEGMENT_1,位置度
   测定值：
      圆柱2:0.000,

FCF平行度1=几何公差/STANDARD=ASME Y14.5
   SEGMENT_1,平行度
   测定值：
      平面2:0.000,

FCF垂直度1=几何公差/STANDARD=ASME Y14.5
   SEGMENT_1,垂直度
   测定值：
      圆柱1:0.000,
```

(j) 默认

图 5-5-22 软件报告模板（续）

后续具体操作可参考模具精密检测相关教材。

项目六

模具的装配

知识目标

1. 了解注塑模具的基本结构和各零件的作用,掌握识读模具装配图的方法。
2. 了解模具装配设备和工具的使用方法,掌握模具各零件之间的组装方法。

能力目标

1. 会手动装配模具、修模,并进行各零件之间的互配。
2. 能编排注塑模具结构中典型零件的装配顺序及工艺要求,会检查模具各零件的精度。

素质目标

1. 通过模具的装配,培养爱岗敬业、争创一流、艰苦奋斗、勇于创新的劳模精神。
2. 通过标准化、规范化的模具装配流程,培养规范、严谨、精益求精的工匠精神。

一、配模机操作维护保养规程

1. 目的

确保配模机能正常使用,延长其寿命;有效地提高加工品质及效率。

2. 适用范围

配模机。

3. 操作步骤

(1)检查配模机油管及油压机是否有渗油,所有限位开关的状态是否正常,清洁配模机旁的操作台面、轨道、油箱及工作台。

(2)打开电源,开动配模机,先将全套机械动作空运行一次,再将模具装上工作台。

(3)操作过程:上平台起升→中子进→移模出→中子退→掀模开→人工修配模具→掀模关→中子进→移模入→上平台下降→加压(观察压力表)→掀模开→再次人工修配模具(重复)。

(4)工作完毕后拆卸模具,停机,断开电源,清洁工作台及整个工作环境。

4. 注意事项

(1)必须严格按照安全操作规程进行操作。

(2)开机前一定要检查油管、油压机、限位开关等,如有问题,则不能开机,要及时汇报主管。
(3)操作人员应站在工作台的侧边进行操作。
(4)头、手、身体要与上、下工作台及各轨道保持距离,以免受伤。
(5)工作完毕后,不能在加压状态下停机。

二、拆模作业指导

1. 操作前的准备
准备内六角扳手、紫铜棒、吊环、铁链等。

2. 操作步骤
(1)拆除定模拉扣。
(2)打开定、动模(前、后模)组件。
(3)从定模组件中拆下定位环、拉杆、定模座板、浇口套、流道拉料杆、流道推板。
(4)拆定模板内的型腔镶件。
(5)拆油缸、滑块。
(6)从动模组件中拆下动模座板。
(7)拆推杆固定板和推板、复位弹簧。
(8)拆斜推杆、方形推杆(直顶)、推杆(顶针)、推管组件(司筒件)。
(9)拆型芯、镶件。

3. 质量要求
(1)型芯、型腔不能擦伤刮花。
(2)模具零件不能碰坏变形。

4. 注意事项
(1)注意操作安全。
(2)检查所有零件有无标记。
(3)注意拆出方向。
(4)不能直接敲打模具表面,要加垫块或使用胶锤、紫铜棒。
(5)拆出来的零件要集中摆放整齐,喷防锈油,以免生锈。
(6)表面粗糙度要求高的零件要采取防护措施。

三、模具装配作业指导

1. 操作前的准备
准备模架、型芯、小镶件、滑块、拉杆、拉杆套、流道拉料杆、密封圈、螺钉、推杆、复位弹簧、镶件、浇口套、定位环、斜推杆、斜导柱、楔紧块、方形推杆、黄油、内六角扳手、铁链、胶锤、吊环、紫铜棒及其他模具配件等。

2. 操作步骤
(1)将模坯及模具的所有零配件清洗干净。

(2)组装定模部分:将密封圈装入定模板→将镶件装入凹模→将凹模、楔紧块、斜导柱装入定模板→将拉杆、流道拉料杆、浇口套、定位环装入流道推板→将定模板、流道推板组装起来→装拉杆及流道推板导柱、导套→装定模座板、定位环。

(3)组装动模部分:将密封圈、导柱装入动模板→将小镶件、镶针装入动模型芯→装复位弹簧→将复位杆、推杆、斜推杆、方形推杆装入推杆固定板→装推板导套→装推板、支承柱、垫块→装动模座板、推板导柱。

(4)检查有无装错或漏装现象。

3. 质量要求

(1)严格按照图纸进行组装。
(2)模坯及模具的所有零配件必须清洗干净。
(3)推杆、斜推杆、方形推杆、滑块及导柱必须涂上黄油。
(4)型芯表面不能有碰伤刮花。

4. 注意事项

(1)组装时不得碰伤刮花模具。
(2)扣针、拉扣不得涂黄油,以免打滑。
(3)组装时注意型芯与定、动模板的基准边。
(4)合模时注意定、动模的方向。
(5)组装完成后,必须试合模以检查装配效果。

四、配镶件作业指导

1. 操作前的准备

(1)根据零件加工图纸检查加工质量,复查配合尺寸。
(2)准备磨床、铣床、锉刀、胶锤、打磨机、塞尺等工具。
(3)清理、修正加工留的余量,对许可的棱角、棱边倒圆角。

2. 操作步骤

(1)对镶件许可的棱角、棱边倒圆角。
(2)将镶件槽孔壁修正,许可部位倒角。
(3)涂红丹,配镶件。
(4)配镶件高度。
(5)自检。

3. 质量要求

(1)镶件与配合槽孔每一单边的间隙为 0.02 mm(大件每一单边为 0.03 mm)。
(2)镶件不能因配合而产生变形。

4. 注意事项

(1)镶件不能碰伤封胶位(分型面)。
(2)镶件倒角及开油槽应在封胶位 10 mm 以下进行。
(3)不准用硬物直接敲打镶件。

五、配滑块作业指导

1. 操作前的准备
(1) 检查滑块的相关尺寸、形状是否与图纸相符。
(2) 对许可的棱角、棱边倒圆角。
(3) 准备铣床、磨床、配模机、打磨机、内六角扳手、锉刀、铲刀、塞尺、卡尺等。

2. 操作步骤
(1) 修配滑块与导滑面的配合。
(2) 修配压板与滑块台阶的配合。
(3) 修配滑块与型芯的配合。
(4) 修配滑块与楔紧块的斜度。

3. 质量要求
(1) 滑块与导滑面的配合间隙为 0.04 mm。
(2) 压板与滑块平面的间隙为 0.05 mm,与滑块侧面的间隙为 0.1 mm。
(3) 滑块的行程要大于脱模胶位 2 mm 以上。
(4) 滑块的动作应顺滑,保证不变形,避免出现卡死、不均匀、松动等不良现象。

4. 注意事项
(1) 配模时注意插穿、碰穿位置的强度。
(2) 胶位的形状与定、动模板的胶位应相接。
(3) 滑块在滑动时应顺畅,斜导柱的行程应到位且定位准确。
(4) 较大的滑块要考虑会因重力作用而滑掉,最好增加特殊定位。

六、分型面修配作业指导

1. 操作前的准备
(1) 准备铣床、磨床、车床、配模机、打磨机、铁链、吊环、红丹、锉刀、铲刀、垫铁、卡尺、塞尺、内六角扳手等。
(2) 按图纸检查相关尺寸。
(3) 对许可的棱角、棱边倒角。

2. 操作步骤
(1) 修顺要修配的部位,根据具体情况将部分分型面铣出避空位,以减少配作量。
(2) 清洗模具,装型芯、型腔和导柱。
(3) 将红丹擦在分型面上,只擦其中一面。

(4)合模(开始要轻轻合模,然后分开检查配合部位)。

(5)修配顺序:大分型面→止口(定位块)→镶件→滑块。

3. 质量要求

(1)分型面配合不大于 0.03 mm。

(2)碰穿、擦穿位的配合间隙不大于 0.02 mm。

(3)型腔、型芯不允许有变形,分型面不能有塌角、碰伤现象。

4. 注意事项

(1)保证安全生产。

(2)合模时压力要由小到大,避免压力太大而撞坏小镶件。

(3)红丹不要擦得太多,以免发生假象(实际配合没有到位)。

(4)避免强烈碰撞使封胶位(分型面)的棱角、棱边产生倒角。

项目七

模具的试模与验收

知识目标

1. 熟悉模具试模的过程。
2. 熟悉注塑机注射参数的设置。
3. 掌握试模塑件的分析结果,以及根据分析结果优化注塑机参数的方法。
4. 熟悉产品和模具的验收流程,对客户的要求进行正确解读。
5. 掌握模具和塑件检验的一般方法。

能力目标

1. 能够熟练地将模具安装到注塑机上。
2. 会计算模具与注塑机的各配合尺寸、推出距离、开模距离等。
3. 能对模具制造出的产品进行检测,并判断产品表面质量、尺寸等是否符合客户要求。
4. 能正确使用模具和塑件检验的工装、量具。

素质目标

1. 通过试模,培养深入实践、不断探索、吃苦耐劳、刻苦钻研的工作作风。
2. 通过检验验收,培养认真细致、实事求是、公平公正的职业品德。

任务一 试 模

对新模具进行生产调试称为试模。试模的目的有两个:一是确定模具的质量;二是取得制件成型工艺基本参数,为正常生产打下基础。

一、试模前的检查

1. 模具外观检查

(1)模具闭合高度要与注塑机的各配合尺寸、顶出形式、开模距离、模具工作要求等相符。

（2）大中型模具为了便于安装与搬运，应有起重孔或吊环。模具外露部分的锐角要倒钝。

（3）各种接头、阀门、附件、备件要备齐，模具要有合模标记。

（4）成型零件、浇注系统的表面应光洁，无塌坑及明显伤痕。

（5）各滑动零件的配合间隙要适当，无卡住或过紧现象，动作要灵活、可靠。起止位置的定位要准确，各镶件、紧固件要牢固，无松动现象。

（6）模具要有足够的强度，工作受力要均匀，稳定性要良好。

（7）计量要适当，料筒与料斗连接处的进料口冷却温度要合适。

（8）工作时互相接触的承压零件（如互相接触的型芯、凹模等）之间应有适当的间隙和合理的承压面积及承压形式，以防止工作时零件直接挤压。

2. 模具空运转检查

（1）合模后各分型面之间不得有间隙，接合要紧密。

（2）活动型芯、顶出与导向部位运动及滑动时要平稳，动作要灵活，定位导向要正确。

（3）锁紧零件要安全、可靠，紧固件不得松动。

（4）开模时，顶出部分应顺利脱模，以方便取出制件及浇注系统废料。

（5）冷却水要通畅，不漏水，阀门控制要正常。

（6）电加热系统无漏电现象，安全、可靠。

（7）各气动、液压控制机构动作要正常。

（8）各附件齐全，使用情况良好。

二、试模前的准备

1. 准备试模原料

试模原料应符合图样规定的技术要求，并应进行预热与烘干。

2. 熟悉图样及工艺

熟悉制件产品图，掌握塑料成型及制件的特点，熟悉模具结构、动作原理及操作方法，掌握试模工艺要求、成型条件及操作方法，熟悉各项成型条件的作用及相互关系。

3. 检查模具结构

按图样对模具进行仔细检查，无误后才能安装模具并开始试模。

4. 熟悉设备使用情况

熟悉设备结构、操作方法及使用和保养知识，检查设备成型条件是否符合模具应用条件及能力。

5. 准备工具及辅助工艺配件

准备好试模用的工具、量具、夹具；准备一个记录本，记录在试模过程中出现的异常现象及成型条件变化状况。

三、试模操作

1. 开机之前

（1）检查电器控制箱内是否有水、油进入。若电器受潮，则切勿开机，应由维修人员将电器零件吹干后再开机。

（2）检查供电电压是否符合规定，一般不应超过额定电压的±15%。

（3）检查急停开关、前后安全门开关是否正常，验证电动机与油泵的转动方向是否一致。

（4）检查各冷却水路是否畅通，并对模温机和料筒端部的冷却水路通入冷却水。

（5）检查各活动部位是否有润滑油，并加足润滑油。

（6）打开电加热开关，对料筒各段进行加热。当各段温度达到要求时，再保温一段时间，以使机器温度趋于稳定。保温时间根据不同设备和塑料原料的要求而有所不同。

（7）在料斗内加上足够的塑料。根据注塑不同塑料的要求，有些原料最好先经过干燥。

（8）要盖好料筒上的隔热罩，这样既安全又节省电能，还可以延长电热圈和电流接触器的寿命。

2. 操作过程中

（1）不要为贪图方便而随意取消安全门的作用。

（2）注意观察液压油的温度，不要超出规定的范围。液压油的理想工作温度应保持为45~50 ℃。

（3）注意调整各行程限位开关，避免机器在动作时产生撞击。

3. 试模结束

（1）停机前应将料筒内的塑料清理干净，预防剩料氧化或长期受热分解。

（2）应将模具打开，使肘杆机构长时间处于闭锁状态。

（3）试模车间必须备有起吊设备。装拆模具等笨重部件时应十分小心，以确保安全生产。

任务二　常见注塑制品的缺陷及其解决方法

在注射成型加工过程中可能由于原料处理不好、制品或模具设计不合理、操作工没有掌握合适的工艺操作条件或者机械方面的问题，常常使制品产生充填不足、凹陷、飞边、气泡、尺寸变化等缺陷。这些制品缺陷的产生原因主要在于模具设计、制造精度和磨损等方面，生产过程中成型工艺调整不当也是影响制品质量和产量的因素之一。由于注射周期很短，如果工艺条件掌握不好，就会产生废品。为了使热塑性塑料在注射成型时获得更好的性能，现对注射成型（包括试模）时常见制品缺陷的产生原因进行分析并提出相应的解决方法，以供参考。

一、充填不足

1. 原因分析
(1) 料筒、喷嘴及模具的温度偏低。
(2) 加料量不足。
(3) 料筒内的剩料太多。
(4) 注射压力太小。
(5) 注射速度太慢。
(6) 流道和浇口尺寸太小,浇口数量不够,浇口位置不当。
(7) 型腔排气不良。
(8) 注射时间太短。
(9) 浇注系统发生堵塞。
(10) 塑料的流动性太差。

2. 解决方法
(1) 加长注射时间,防止因成型周期过短而造成浇口固化前树脂逆流,以致难以充满型腔。
(2) 提高注射速度。
(3) 提高模具温度。
(4) 提高树脂温度。
(5) 提高注射压力。
(6) 扩大浇口尺寸,一般浇口的高度应等于制品壁厚的 1/3～1/2。
(7) 浇口设置在制品壁厚最大处。
(8) 设置排气槽(平均深度为 0.03 mm,宽度为 3～5 mm)或排气块,对于较小工件更为重要。
(9) 在螺杆与注射喷嘴之间留有一定的缓冲距离(约 5 mm)。
(10) 选用低黏度等级的材料或加入润滑剂。

二、溢料

1. 原因分析
溢料又称飞边、溢边、披锋等,大多发生在模具的分合位置上,如模具的分型面、滑块的配合部位、镶件的缝隙、推杆的孔隙等处。溢料不及时处理会进一步扩大化,以致压印模具而形成局部塌陷,造成永久性损害。镶件缝隙和推杆孔隙的溢料还会使制件卡在模具上,影响脱模。产生溢料的主要原因如下:
(1) 料筒、喷嘴及模具温度太高。
(2) 注射压力太大,锁模力太小。
(3) 模具密合不严,有杂物或模板已变形。
(4) 型腔排气不良。

(5)塑料的流动性太好。
(6)加料量过大。

2. 解决方法

溢料的处理应重点放在模具的改善方面。在成型条件上,可从降低流动性方面着手。具体可采用以下几种方法:

(1)减小注射压力。
(2)降低树脂温度。
(3)选用高黏度等级的材料。
(4)降低模具温度。
(5)研磨溢料发生的模具面。
(6)采用较硬的模具钢材。
(7)增大锁模力。
(8)准确调整模具的结合面等部位。
(9)增加模具支承柱,以增加刚性。
(10)根据不同材料确定不同排气槽的尺寸。

三、气泡

1. 原因分析

(1)塑料干燥不够,含有水分。
(2)塑料有分解。
(3)注射速度太快。
(4)注射压力太小。
(5)充模温度太低,造成型腔充填不完全。
(6)模具排气不良。
(7)从加料端带入了空气。

2. 解决方法

若制品壁较厚,则其外表面的冷却速度比中心部位的快,因此随着冷却的进行,中心部位的树脂边收缩边向表面扩张,使中心部位产生充填不足,这种情况下产生的气泡叫真空气泡。根据气泡的产生原因,可从以下几方面考虑解决方法:

(1)根据壁厚确定合理的浇口、浇道尺寸。一般浇口高度应为制品壁厚的 50%~60%。
(2)至浇口封合为止,应留有一定的补充注射料。
(3)注射时间应比浇口封合时间略长。

任务三 模具的验收

1. 模具的检验

由于模具是由许多零件组成的,需要各零件协调而有效地工作,因此必须做如下检验:

(1)检验模具零件的材料、几何形状、尺寸精度、表面粗糙度和热处理等是否符合图纸要求,所有表面都不允许有敲伤、擦痕或细小裂纹。

(2)检验型芯和型腔是否按规定要求进行了热处理,各主要受力零件应有足够的强度和刚度,在工作时不致产生变形。

(3)有斜导柱抽芯机构的模具,型芯滑块应运行平稳,动作起止位置应正确,以保证模具稳定、正常地工作;滑块斜面与斜楔面应压紧,且有一定的预紧力。

(4)镶件安装方便、正确、可靠,在生产时不会对模具产生损害。

(5)模具各运动部件灵活、平稳、动作协调,工作部分的动作稳定、可靠。

2. 塑件的检验

(1)塑件的形状应完好无缺,其表面应平滑、有光泽,不得有成型缺陷。

(2)推杆顶出塑件时残留的凹凸痕不能太深,一般不超过 0.5 mm。

(3)对塑件进行尺寸检验,所有尺寸必须符合图纸要求,关键尺寸应严格要求在图纸标注的公差范围内。

(4)各分型面的溢边不得超过规定要求。

(5)为验证模具是否能稳定地生产出合格的塑件,每次试模的塑件数量不得少于 50。

3. 发样

将塑件样品发给客户,让客户对塑件的表面质量、尺寸等进行检验并试装确认。

4. 反馈

客户通常对塑件样品做三种判定:合格;需局部修整;不合格。

5. 修整

(1)对于合格的塑件样品:将模芯拆除,进行精抛光,表面粗糙度达 $Ra\ 0.8\ \mu m$ 以上,进行去应力热处理,需氮化的零件应另行氮化,组装模具,待发货。

(2)对于需局部修整的塑件样品:将模芯拆除,进行局部修整,合格后按合格模具工序进行装配。

(3)对于不合格的塑件样品:将模芯拆除,进行讨论、分析,找出不合格原因,进行修理,直到满足客户的要求为止。

6. 总检

根据客户提出的要求对整套模具进行检验,内容如下:

(1)目测模具外观整体及附件是否完整、美观、无缺陷。

(2)检查滑块、滑块座与压条、导轨的配合间隙是否合适(含抽芯的配合)。

(3)检查流道、型腔面是否进行了打光清理。

(4)检查推杆的进退移动是否顺畅。

(5)检查模具分型面是否有敲打痕迹,表面粗糙度是否达到要求。

以上各项达到要求后方可合模、待发并出具产品验收合格证。

参 考 文 献

[1] 王正才. 注塑模具数字化设计与智能制造[M]. 北京：高等教育出版社，2023.

[2] 冯伟. 模具 CAD/CAM/CAE[M]. 2 版. 北京：机械工业出版社，2022.

[3] 邬献国. 模具生产管理[M]. 北京：电子工业出版社，2012.

[4] 张维合. 注塑模具设计经验技巧与实例[M]. 北京：化学工业出版社，2015.

[5] 石世铫. 注塑模具设计与制造禁忌[M]. 北京：化学工业出版社，2018.

[6] 贺建群. UG NX 12.0 数控加工典型实例教程[M]. 2 版. 北京：机械工业出版社，2018.

[7] 陈叶娣. Moldflow 模流分析入门与实战[M]. 北京：机械工业出版社，2020.

[8] 彭晓兰. 机械制图与 CAD[M]. 3 版. 北京：高等教育出版社，2023.

[9] 田普建，葛正浩. 模具装配、调试与维护[M]. 北京：化学工业出版社，2017.

[10] 刘江. 机械加工实训[M]. 北京：高等教育出版社，2018.

附 录

模具设计与制造案例

【案例1】

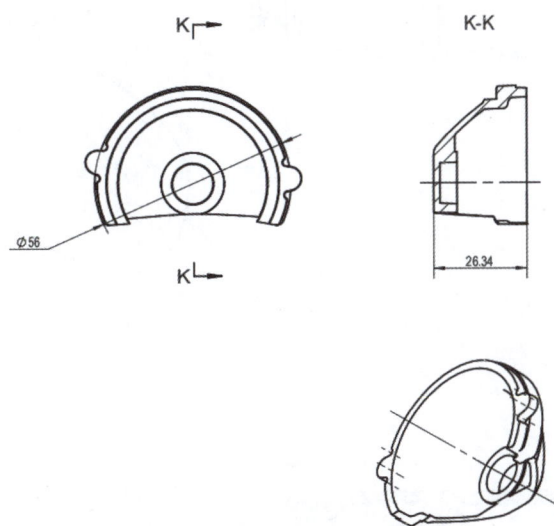

【案例2】

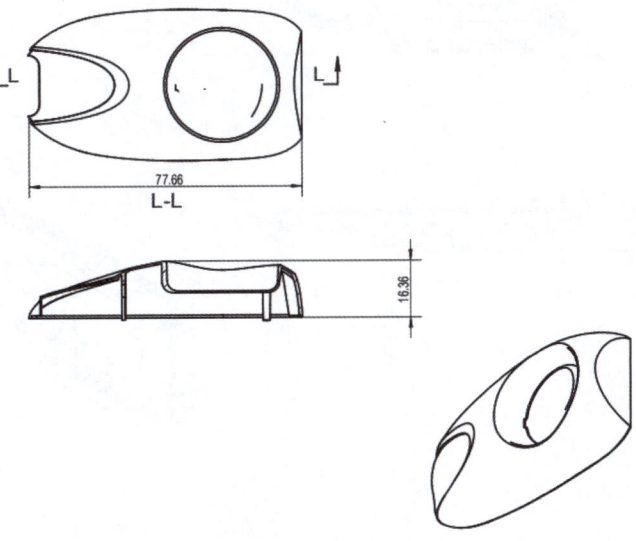

【案例 3】

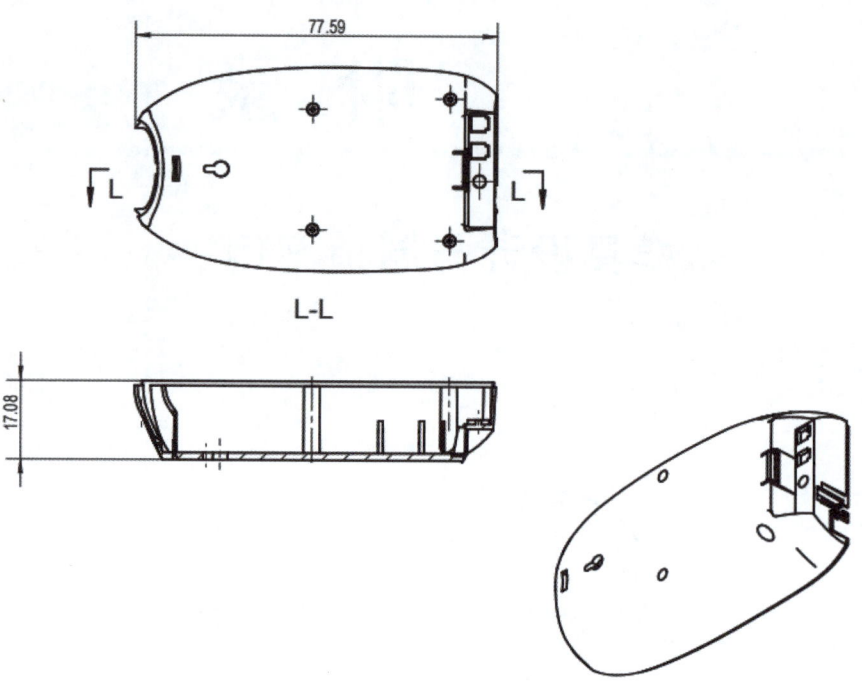

【案例 4】

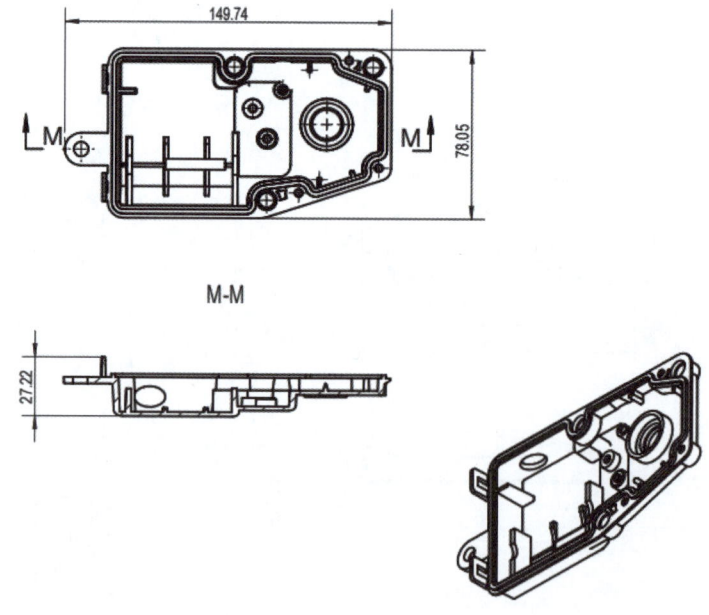

【案例 5】

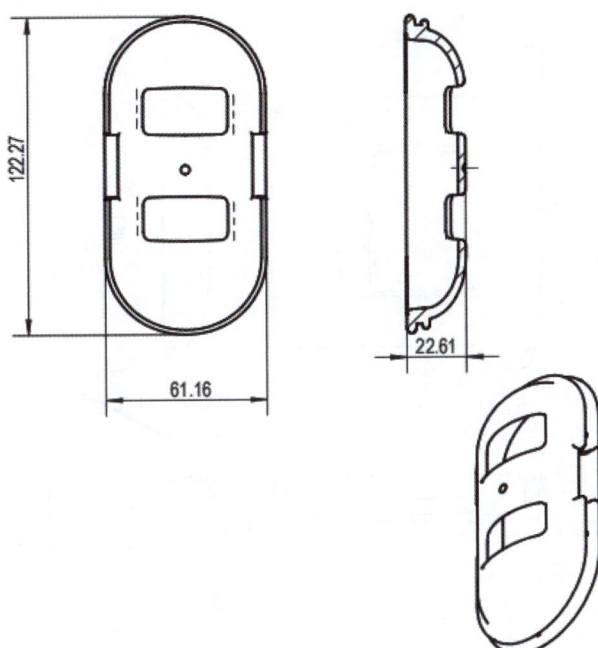

【案例 6】

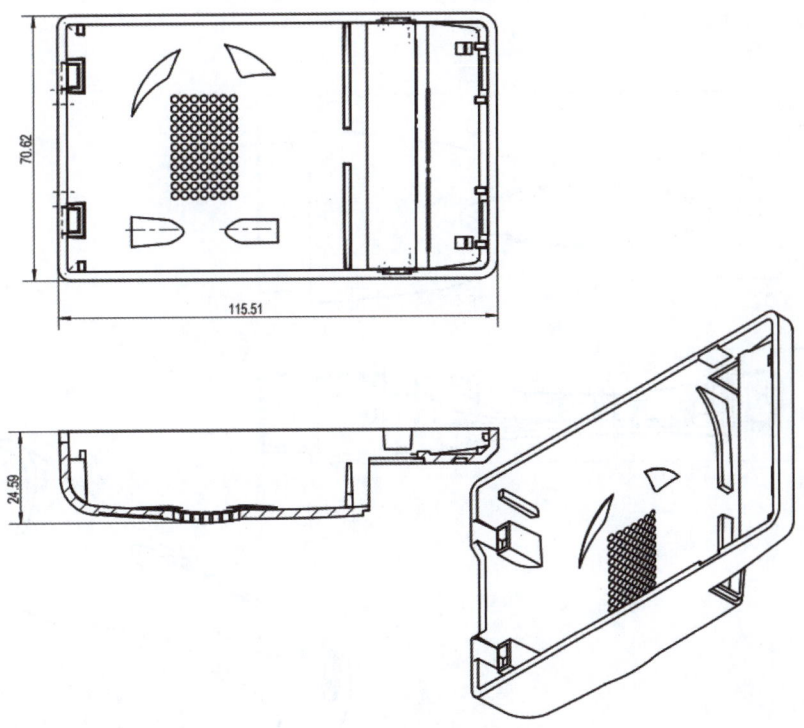

【案例 7】

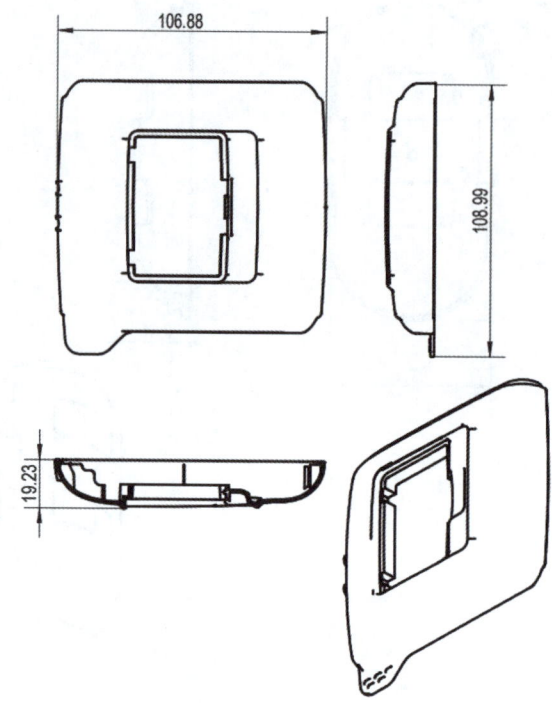

【案例 8】

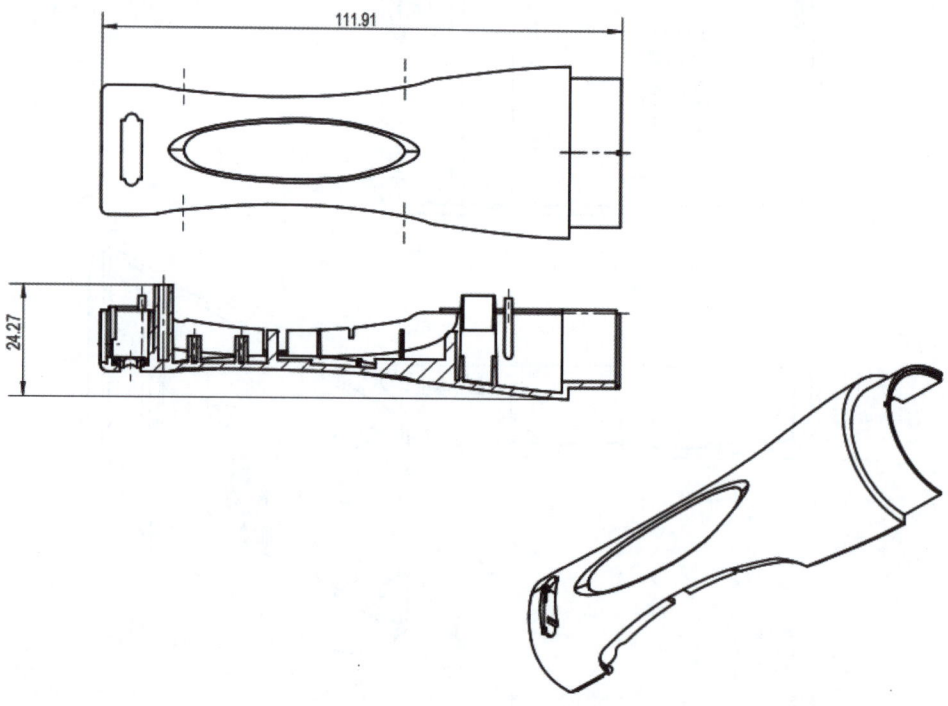

【案例 9】

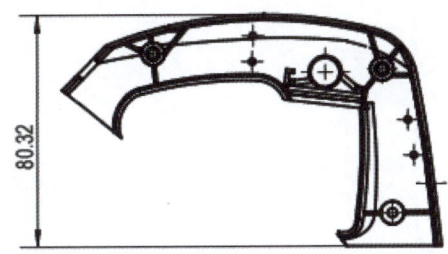

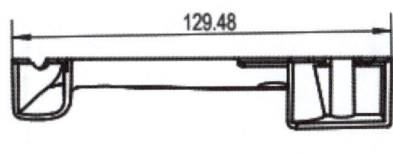
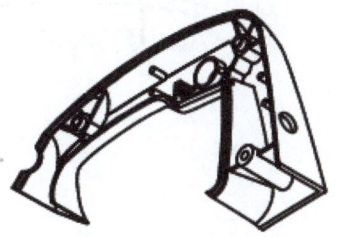

【案例 10】

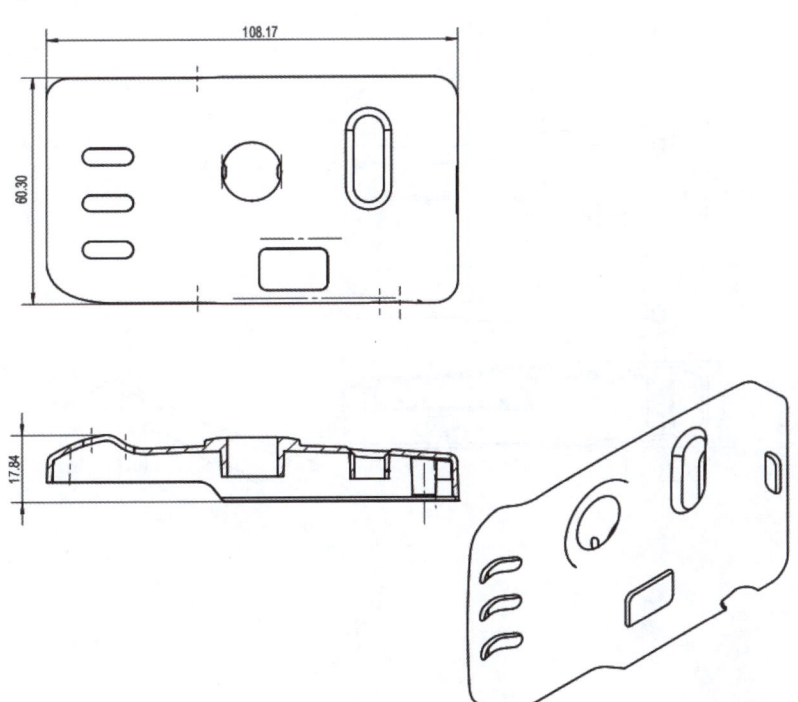

【案例 11】

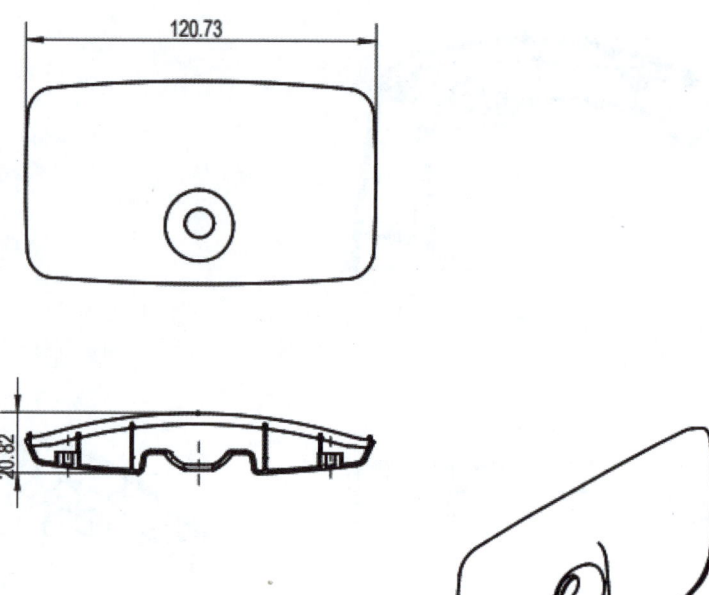

【案例 12】

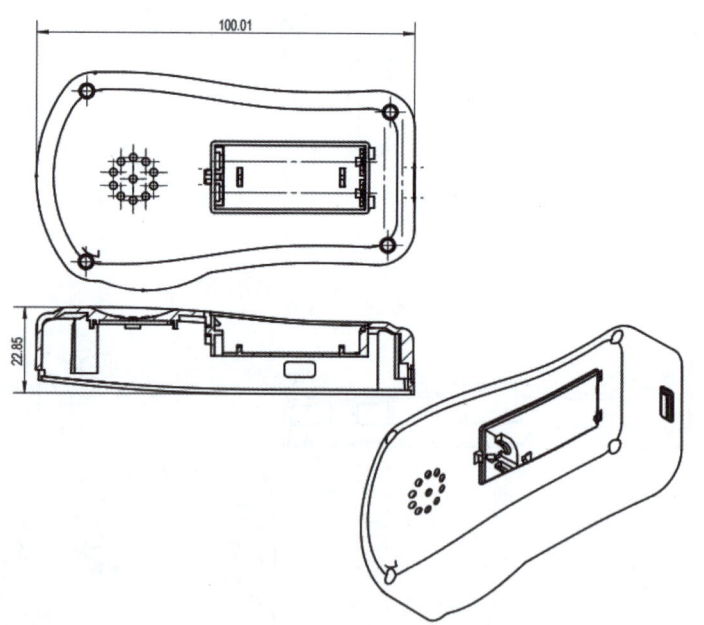

附　录　模具设计与制造案例　217

【案例 13】

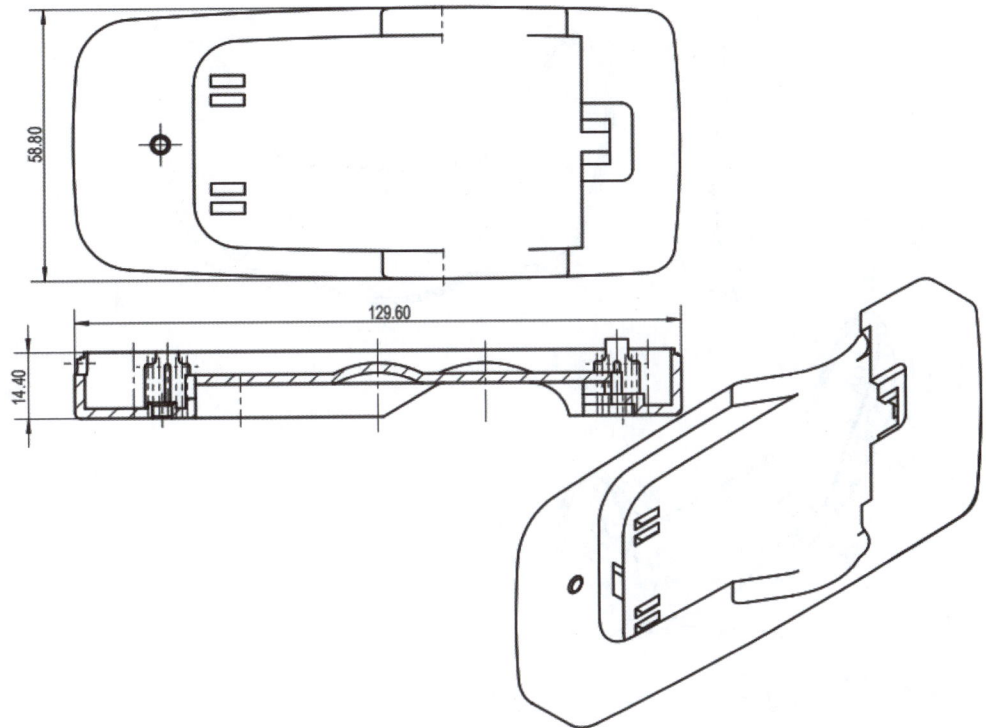

【案例 14】

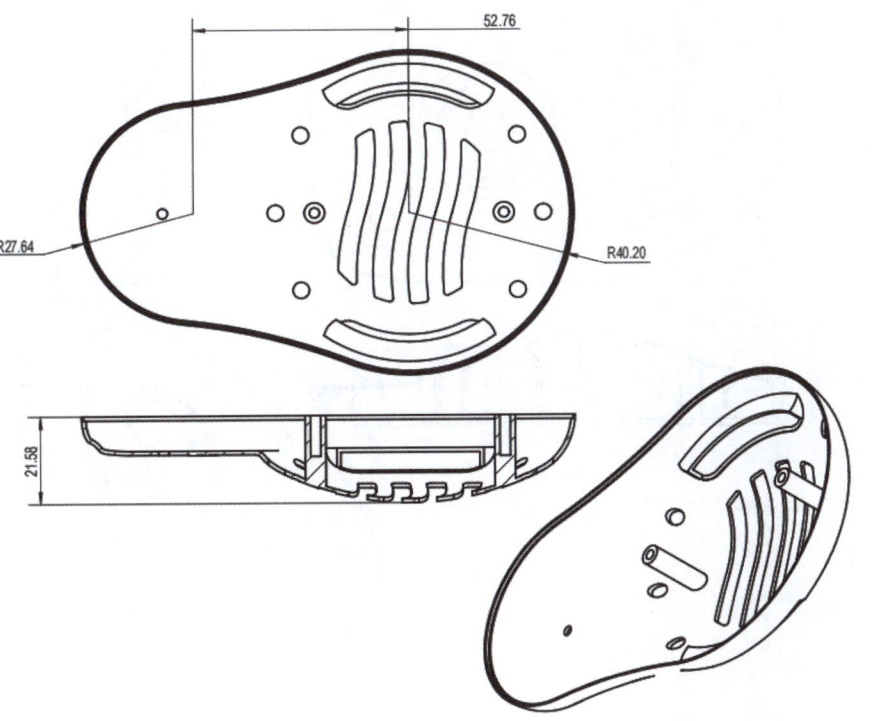

【案例 15】

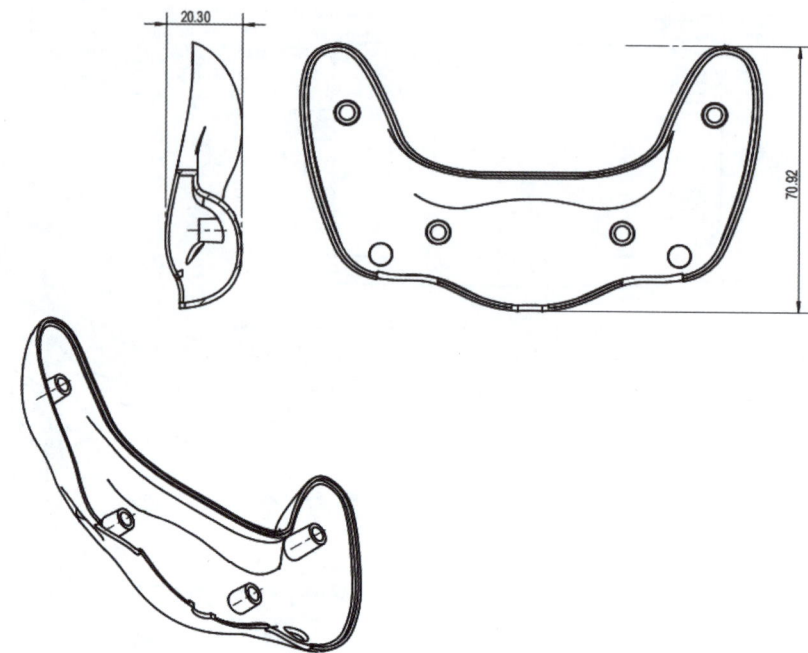

【案例 16】

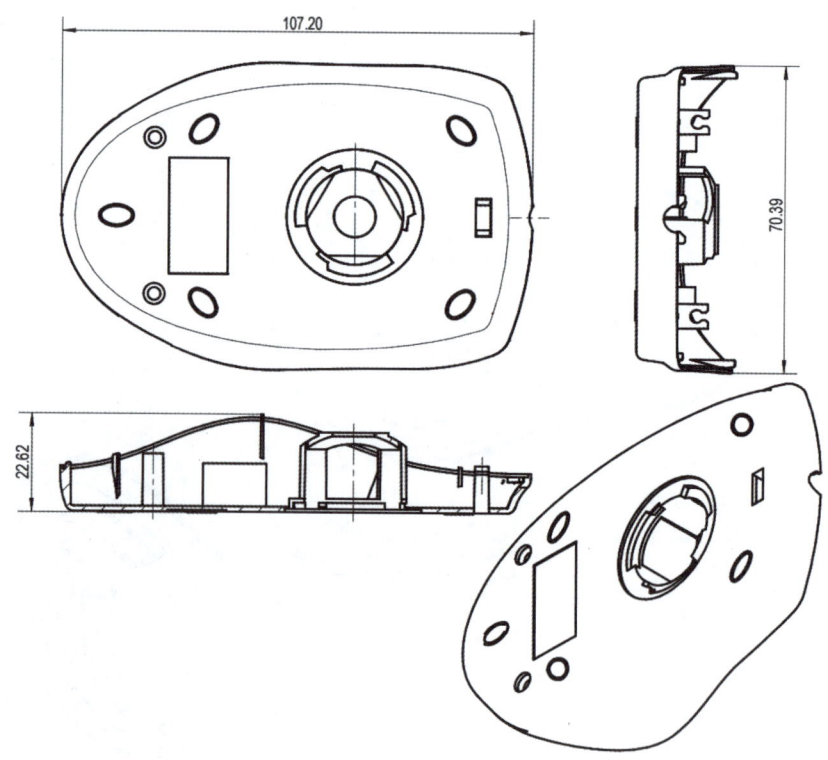

【案例 17】

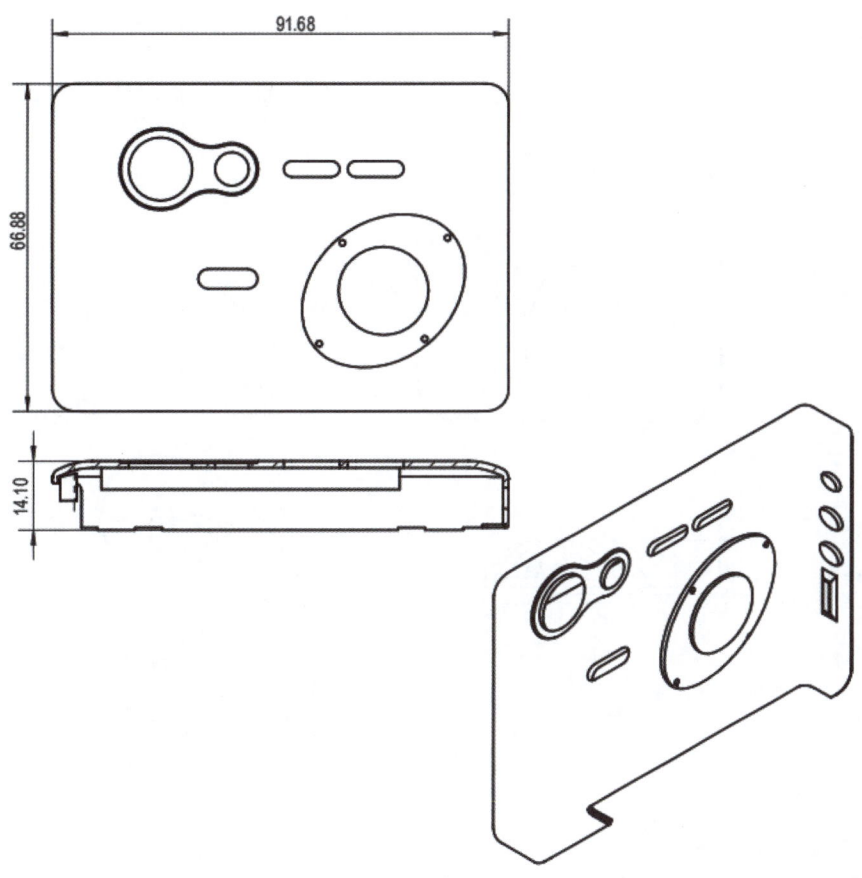

【案例 18】

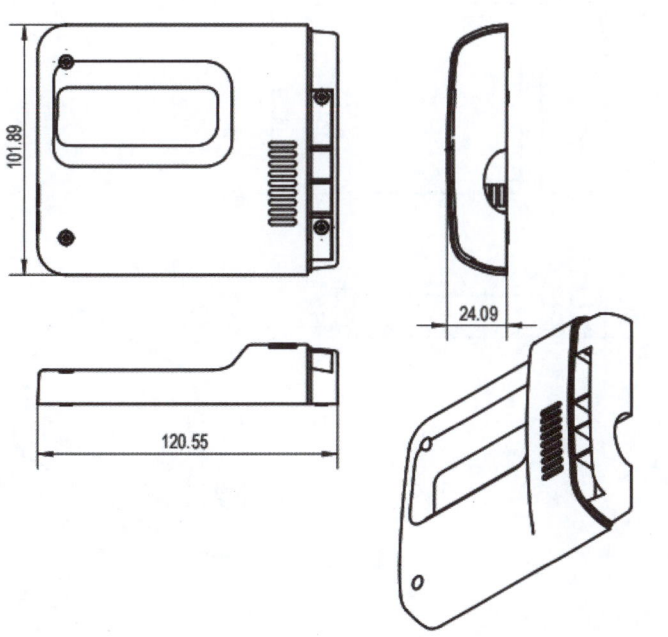

【案例 19】

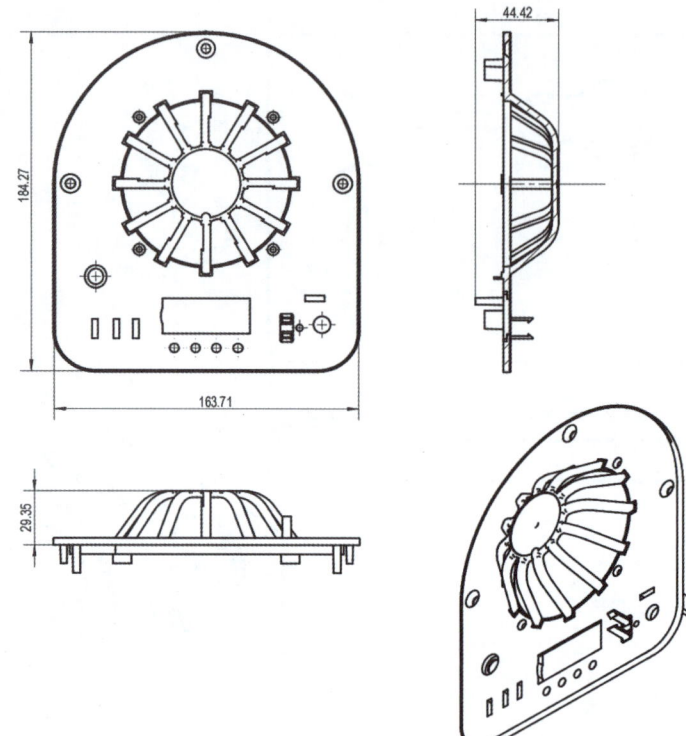

【案例 20】

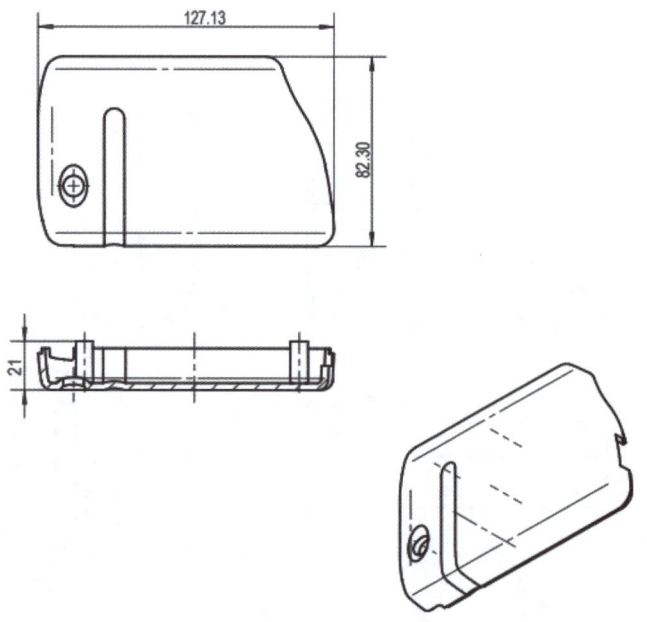

【案例 21】

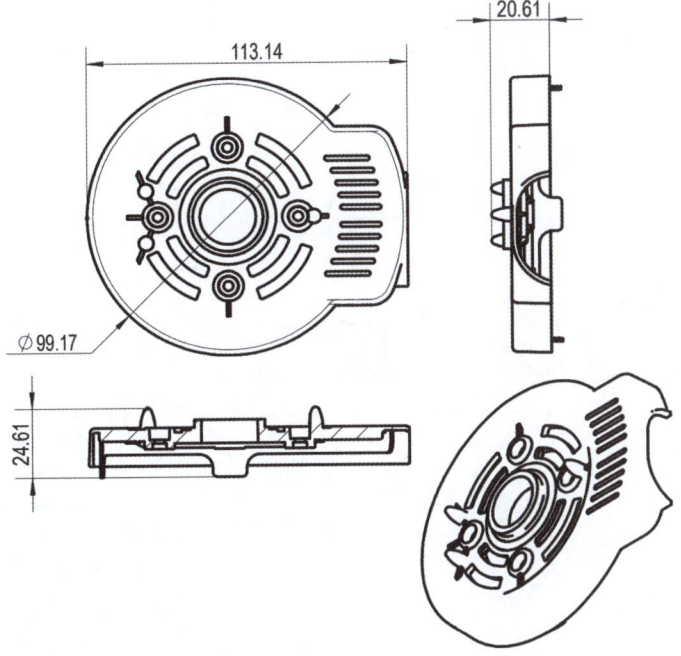

【案例 22】

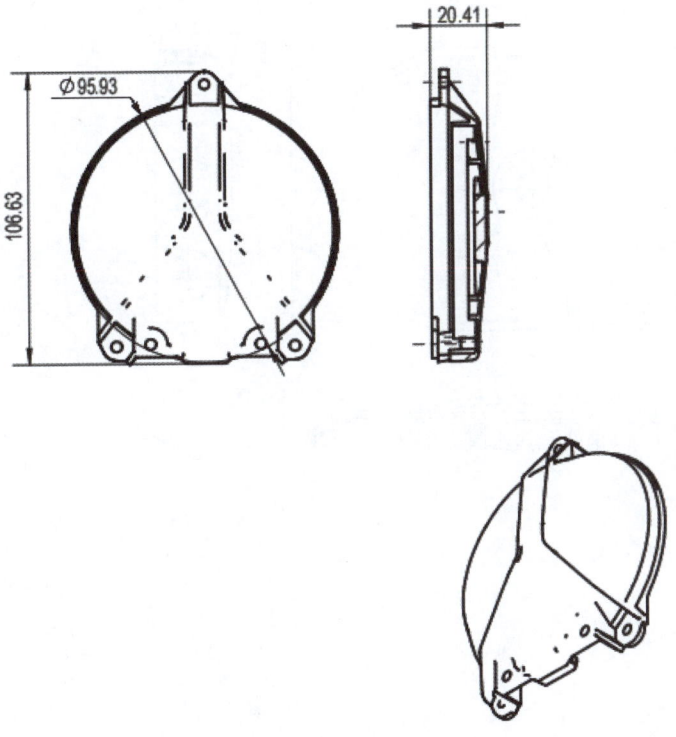

【案例 23】

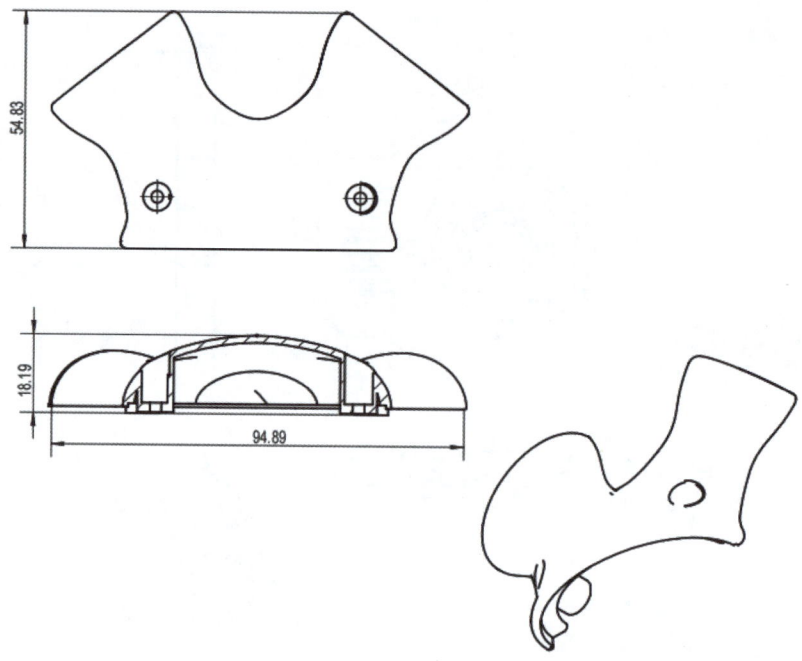

【案例 24】

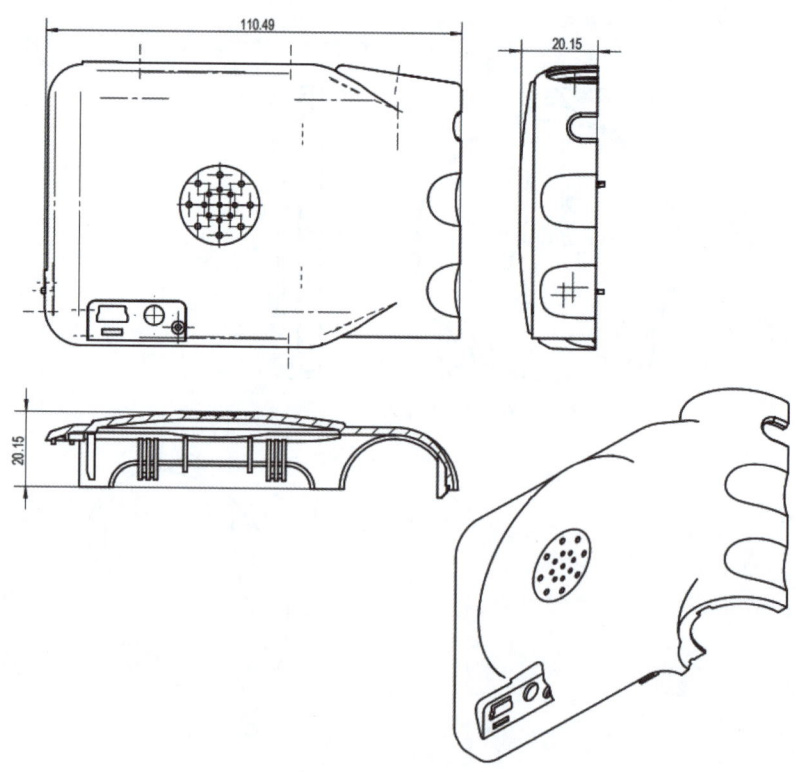

【案例 25】

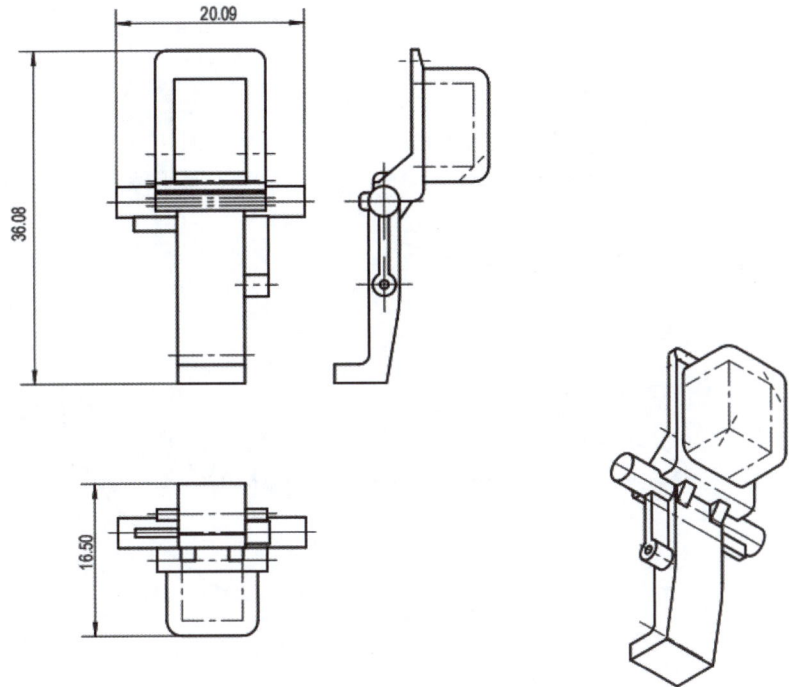

【案例 26】

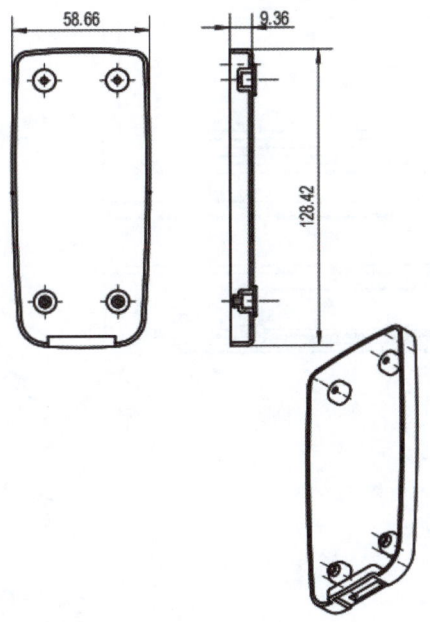

【案例 27】

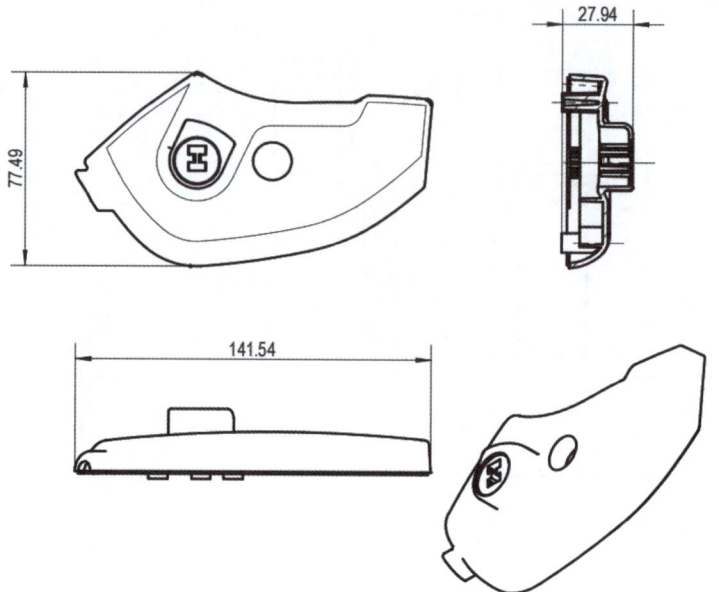

【案例 28】

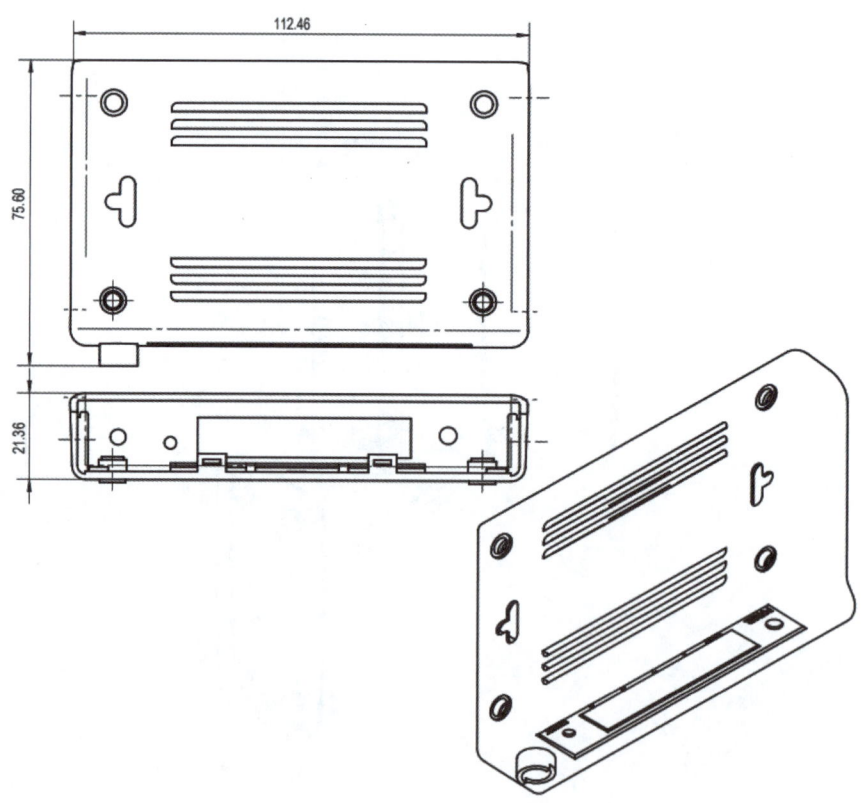

【案例 29】

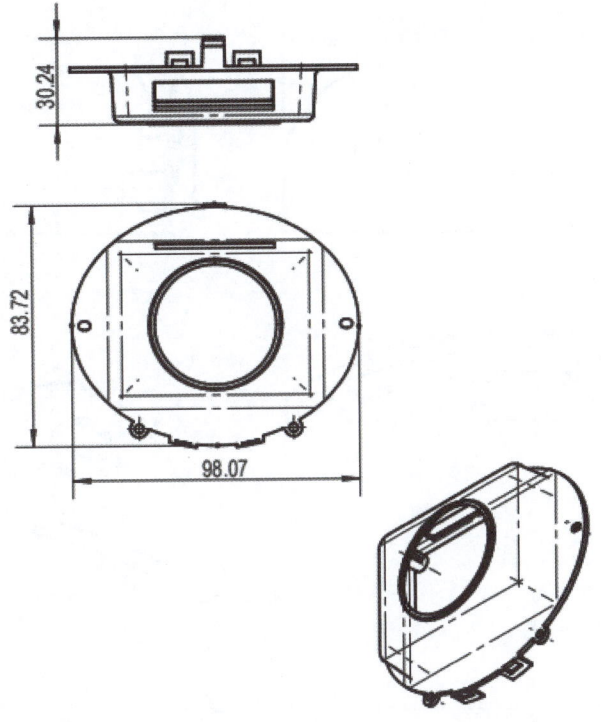

【案例 30】

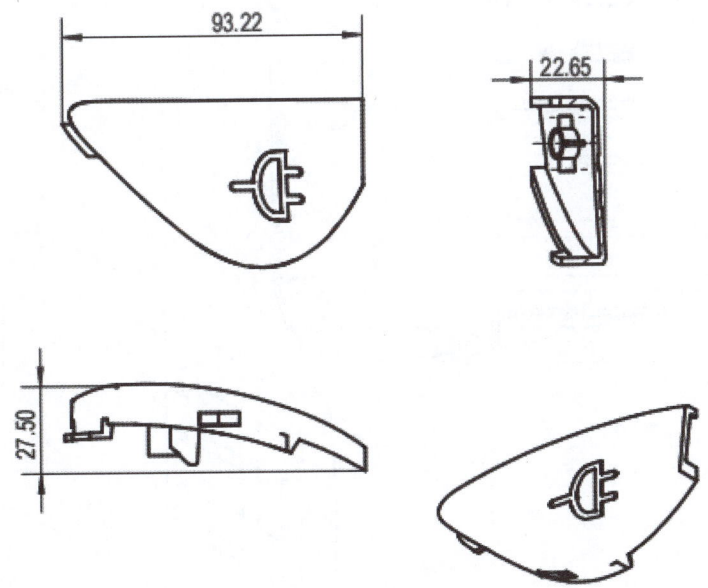

【案例 31】

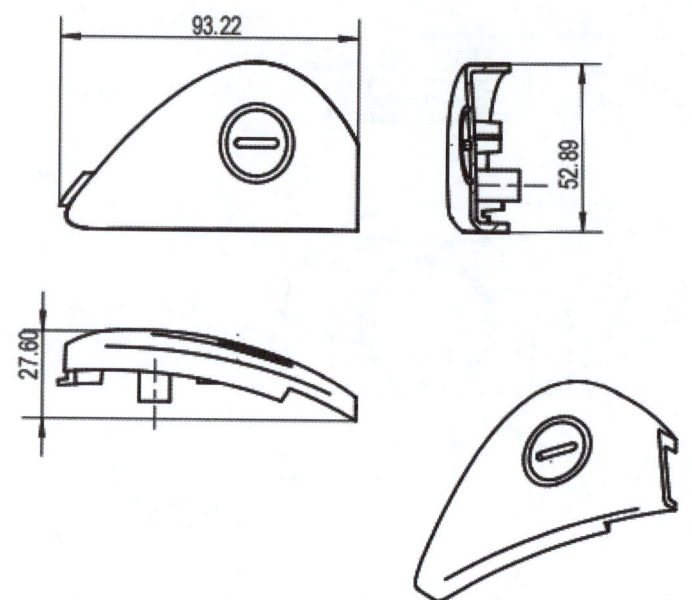

【案例 32】

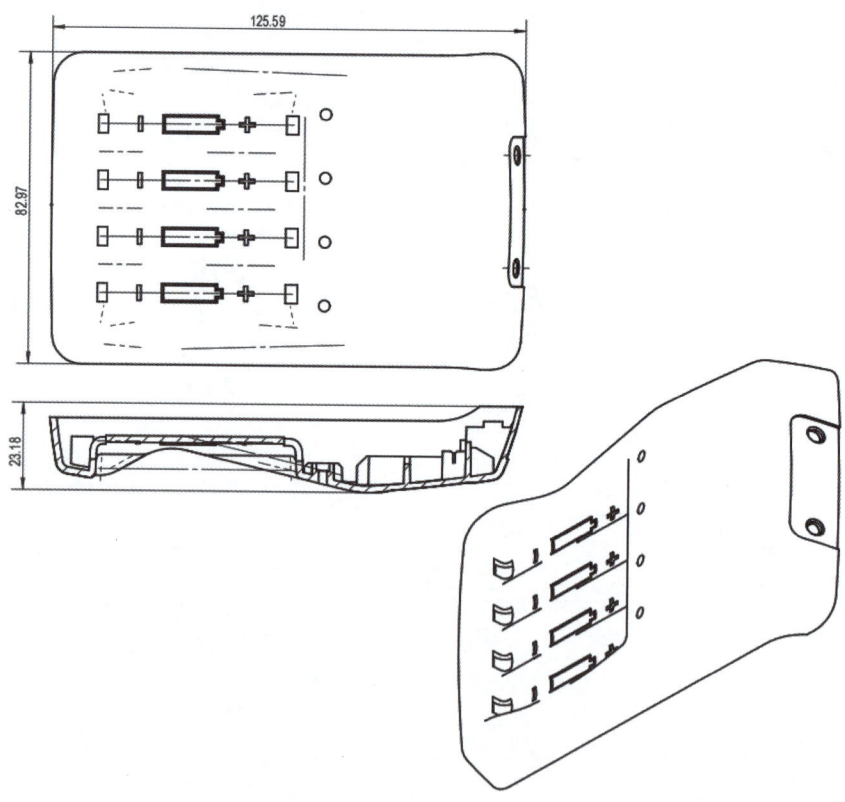

【案例 33】

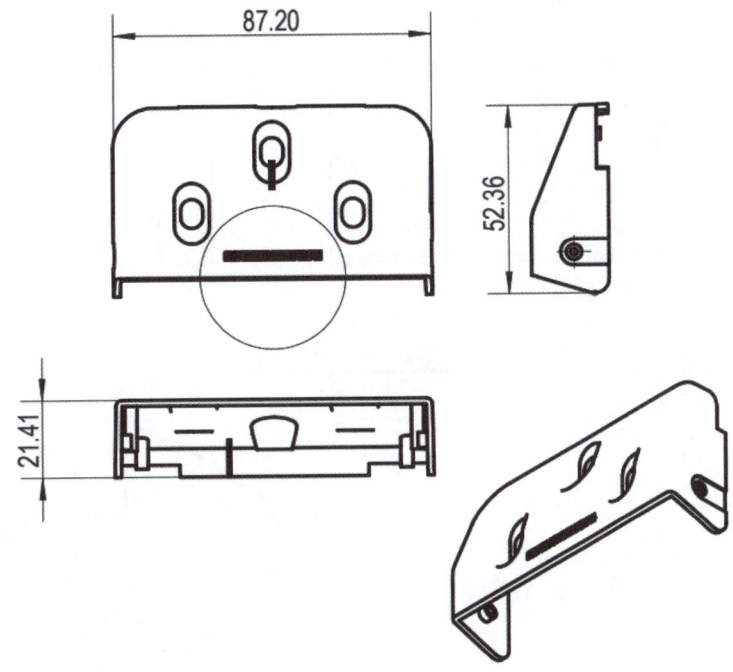

【案例 34】

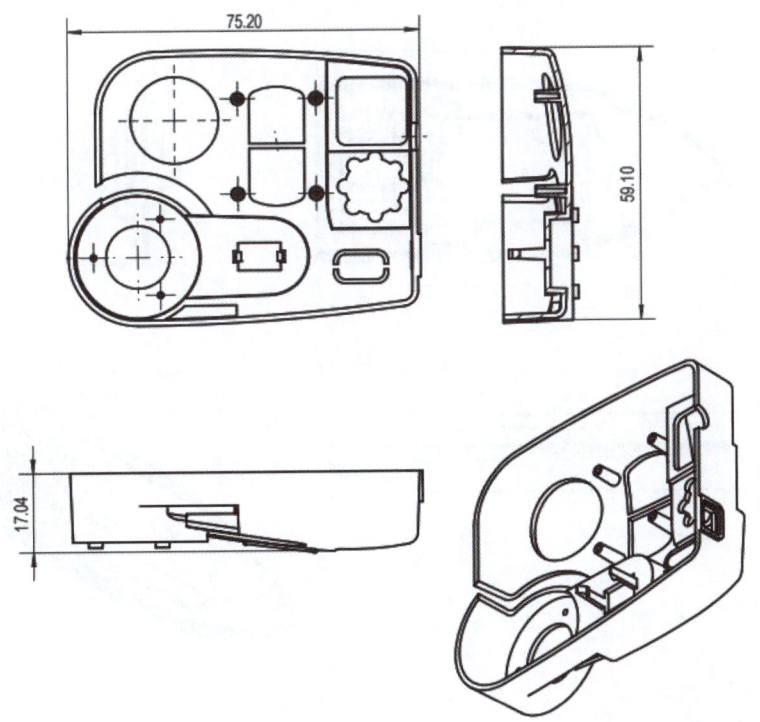

【案例 35】

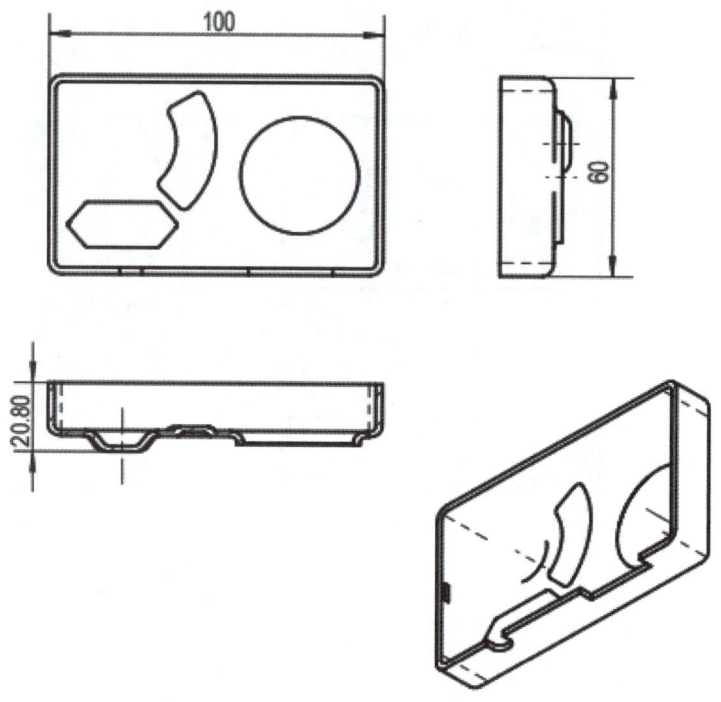

【案例 36】

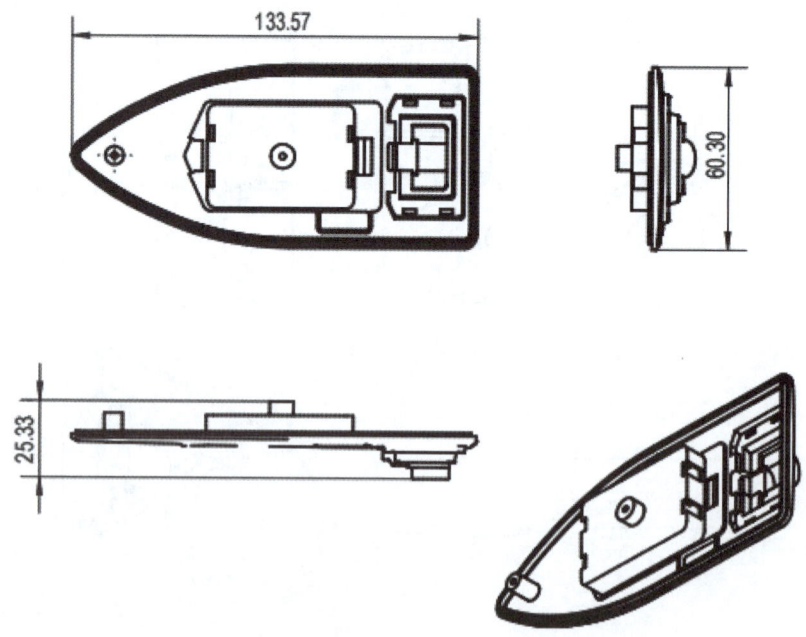

【案例 37】

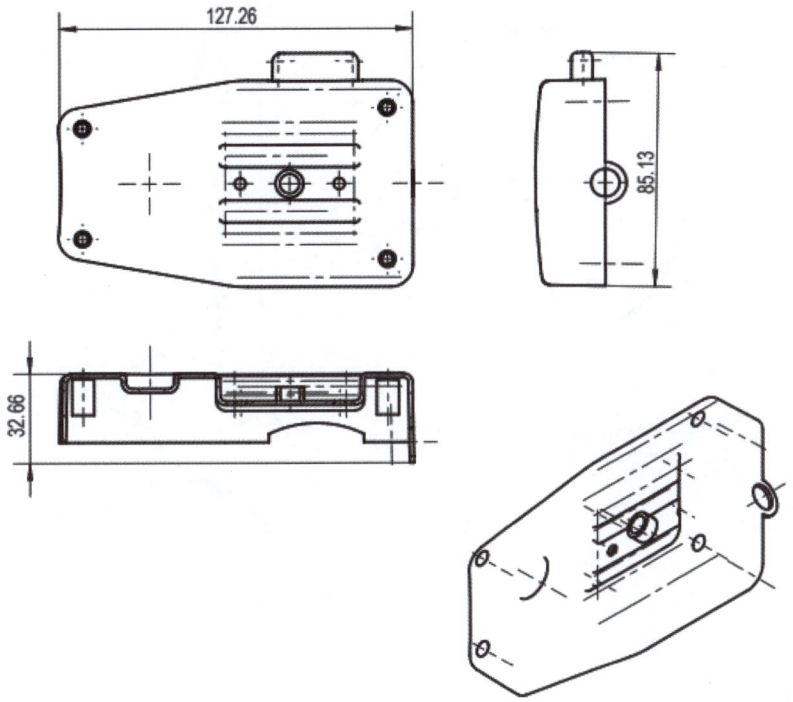

【案例 38】

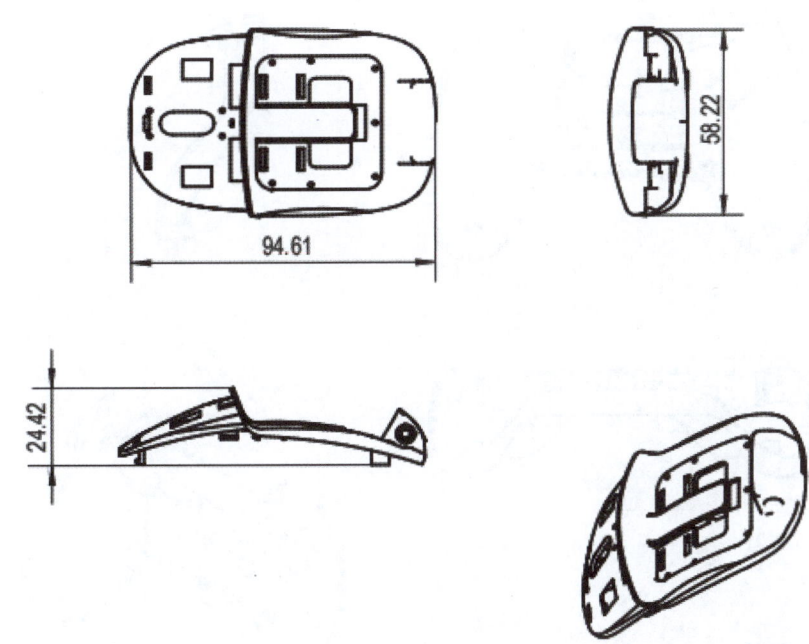

【案例 39】

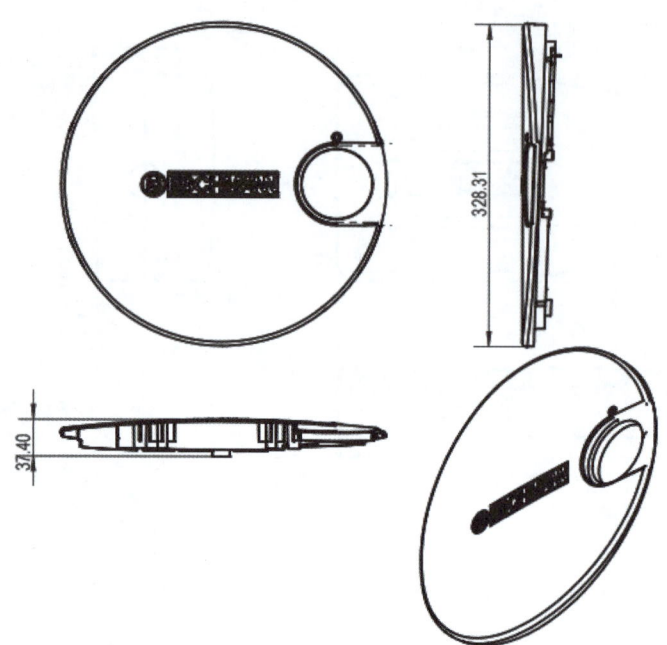

【案例 40】

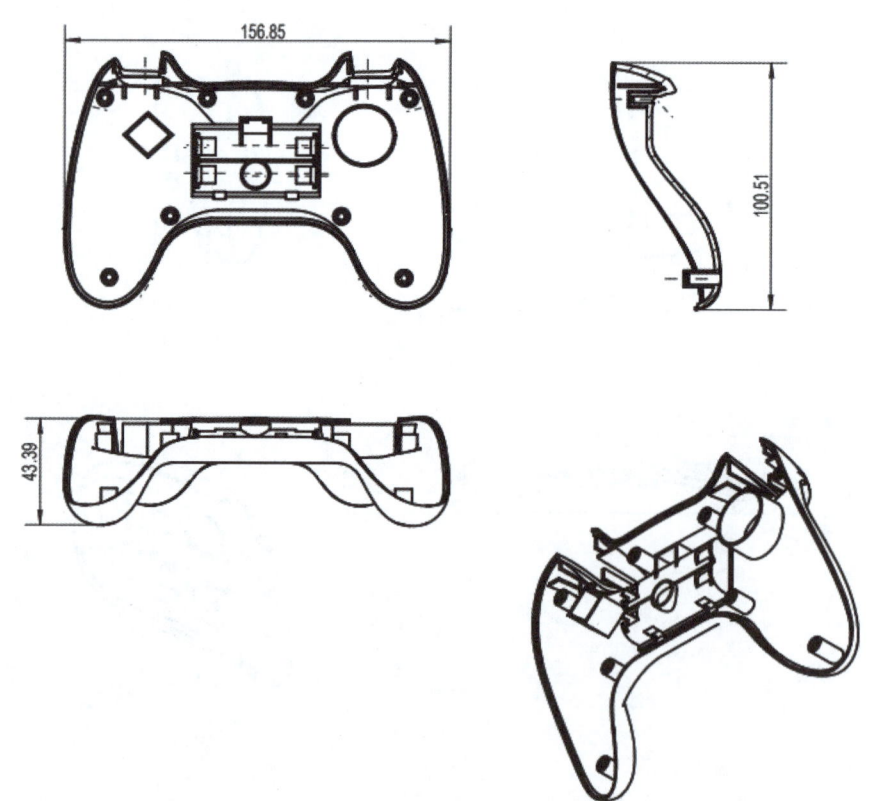

【案例 41】

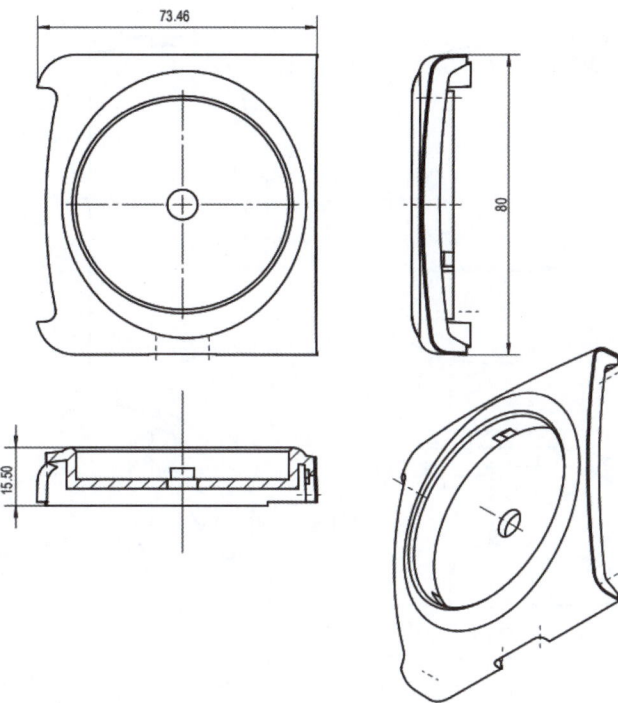

【案例 42】

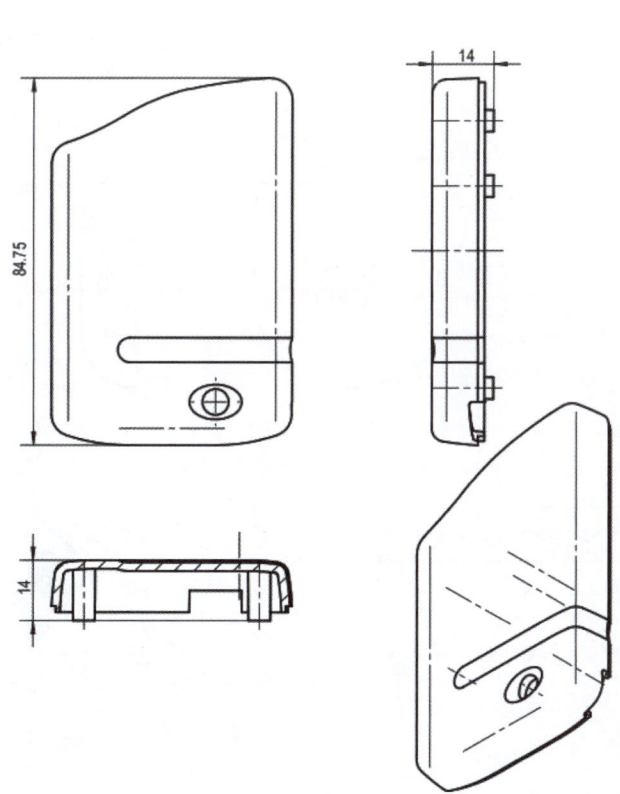

【案例 43】

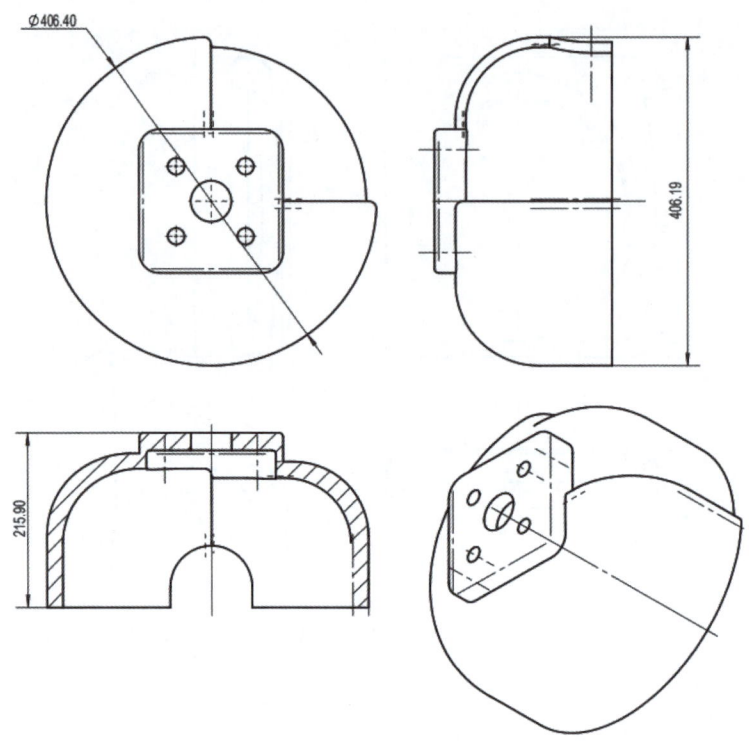

【案例 44】

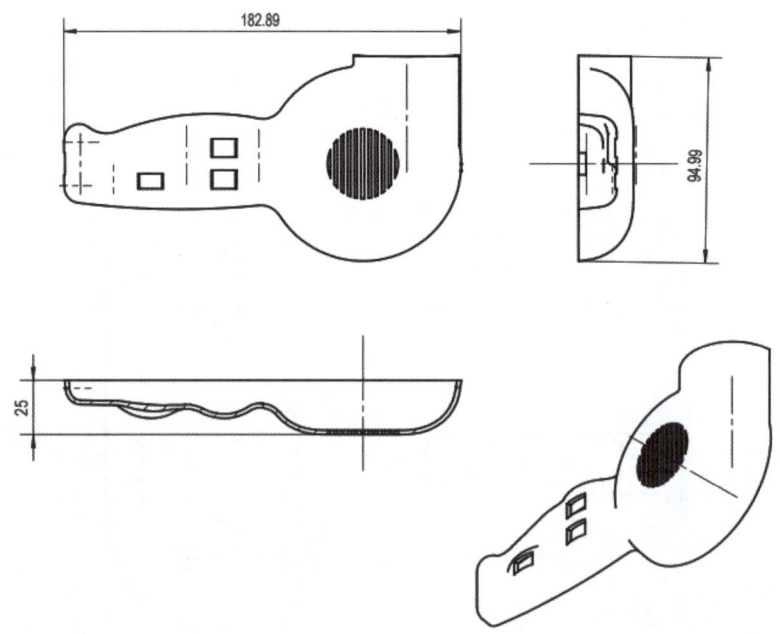

【案例 45】

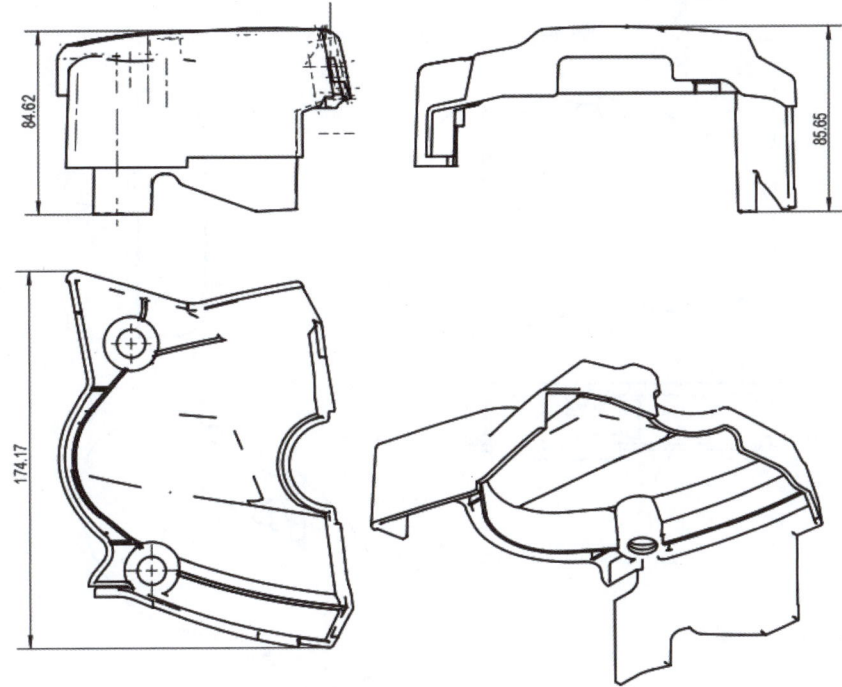

【案例 46】

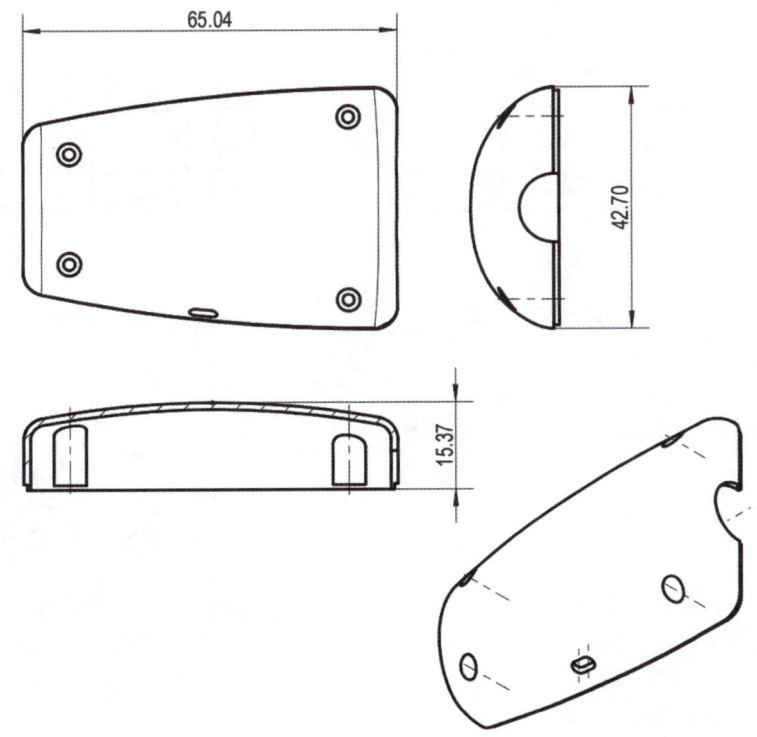

【案例 47】

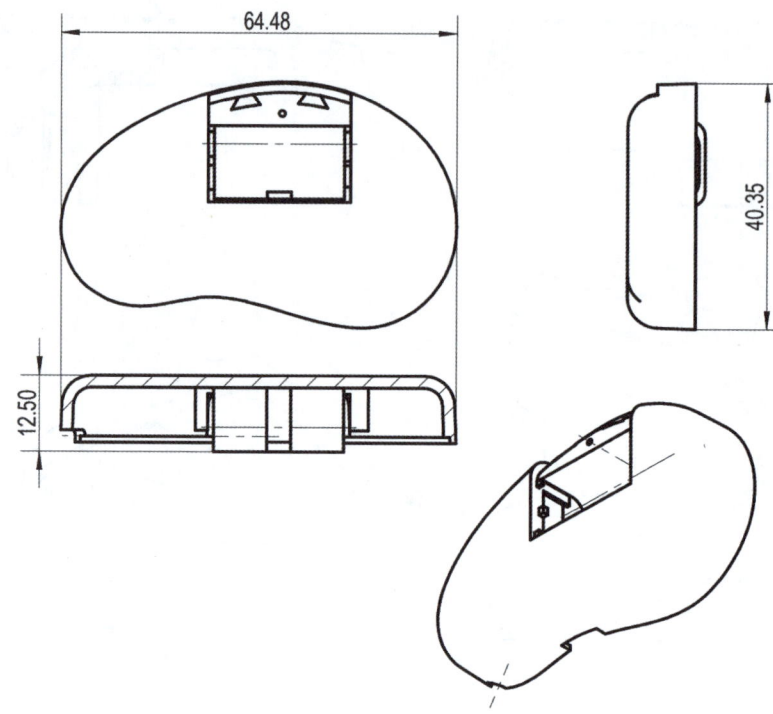

【案例 48】

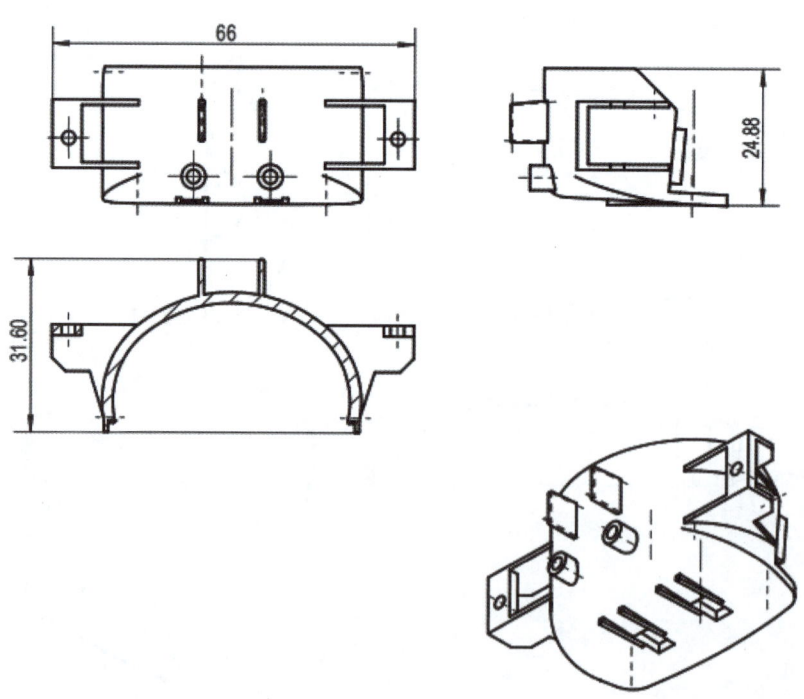

【案例 49】

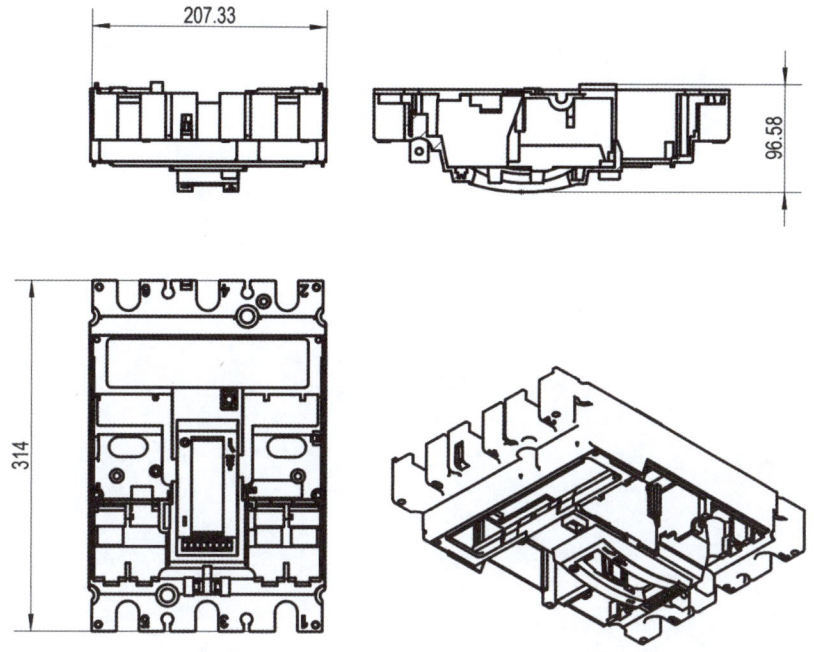

【案例 50】

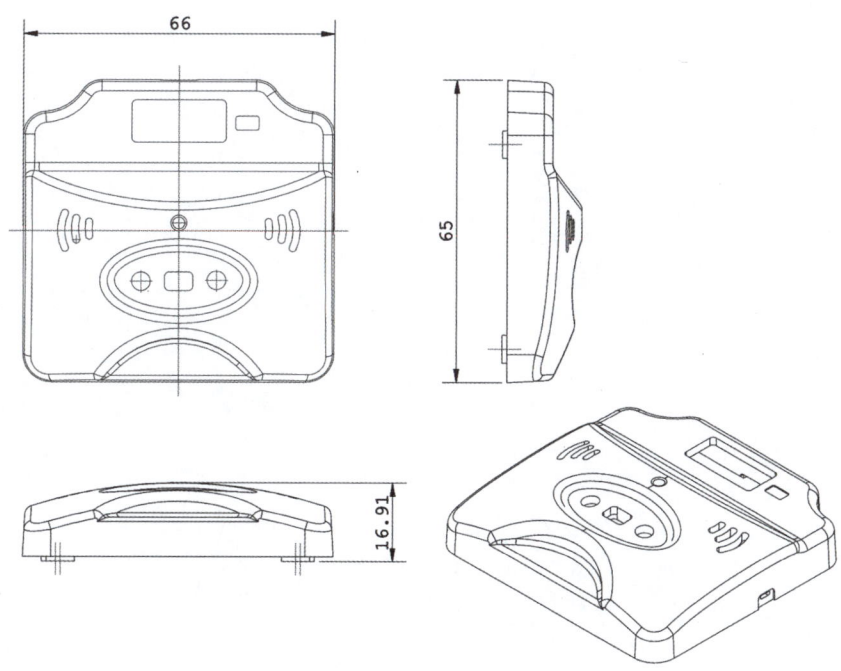